包装设计开发

实战手册

韩美萍　高艳飞　编著

電子工業出版社
Publishing House of Electronics Industry
北京・BEIJING

内 容 简 介

本书以沉浸式场景培训的方式，分享了知名品牌商和跨国企业在包装设计开发方面的先进方法论、创新工具和成功实践案例。本书的主要模块包括如何进行消费者洞察、设计概念的生成、评审及工程实现、多维度验证测试、设计迭代、可持续包装与创新、包装项目管理、供应链管理等，同时也介绍了成为包装行业从业者必须具备的包装常识、跨国企业常用的设计思维及包装人才的职业发展路径等。

本书可作为应用型本科及高职高专院校包装策划与设计及其相关专业的教学用书，也可作为相关领域职场新人的入门参考书。

图书在版编目（CIP）数据

包装设计开发实战手册 / 韩美萍，高艳飞编著.
北京 ： 电子工业出版社，2024. 7. -- ISBN 978-7-121
-48432-2

Ⅰ. TB482

中国国家版本馆 CIP 数据核字第 2024AC0718 号

责任编辑：郭乃明
印　　刷：天津千鹤文化传播有限公司
装　　订：天津千鹤文化传播有限公司
出版发行：电子工业出版社
北京市海淀区万寿路 173 信箱　邮编　100036
开　　本：787×1 092　1/16　印张：14.75　字数：377.6 千字
版　　次：2024 年 7 月第 1 版
印　　次：2024 年 7 月第 1 次印刷
定　　价：49.00 元

凡所购买电子工业出版社图书有缺损问题，请向购买书店调换。若书店售缺，请与本社发行部联系，联系及邮购电话：（010）88254888，88258888。

质量投诉请发邮件至 zlts@phei.com.cn，盗版侵权举报请发邮件至 dbqq@phei.com.cn。

本书咨询联系方式：（010）88254561，guonm@phei.com.cn。

前 言

» PREFACE «

来自作者的碎碎念

恭喜您发现这本书！这是一本能帮您从职场小白快速进化到包装达人的实战手册。这本手册里有包装策划与设计专业（以下简称包装专业）教科书里找不到的实践案例、方法论和工具，也有包装领域领先的创新理念和创意，还有包装领域职场新人必须具备的常识和见识。

万物皆可包装，所以包装是一个永不落幕的领域，但由于缺乏相应的人才、知识和能力储备，包装领域的进化颇为缓慢。过去二十年，我们很幸运地在全球化的浪潮中，深度参与了知名品牌商和跨国企业在包装设计开发及项目管理方面的各种实践。独乐乐不如众乐乐，我们很乐意把学到的 Know How（具有无形资产性质的技术诀窍、专业知识、私家配方的统称）总结并分享于您。

如果您是包装专业的学生，平时接触到的是偏理论的书本知识，所学的多门专业课之间也是割裂的，对雇主企业的工作场景和技能要求了解有限，那么本书的内容可以让您从容应对这种尴尬，从零开始，快速衔接职场工作实践。

如果您目前还处于职场爬坡的阶段，日常承担的也多为琐碎的支持性工作，暂时还接触不到核心的、有科技含量的工作内容，尤其是在全球经济不景气的大环境下，在国内，包装领域的培训机会也很少，那么本书的内容可以给您带来灵感“外挂”，在为公司创新包装或节省成本的同时，也为自己赢取升职、加薪、跳槽的资本。

如果您已是包装领域的大咖，请不吝赐教，也请您顺便向年轻后辈分享本书。

在写书期间，ChatGPT 和 AIGC/AIGS 的发展如火如荼，乐于接受新事物的人们纷纷将它们应用于产品设计、视频创作、游戏制作、文案创作、数据分析、电商选品、论文翻译等。科研领域的著名期刊《自然》甚至将 ChatGPT 列为十大“人物”之一，因为它带来了一场重磅的学习革命。我们也亲自体验了几款 AIGC 工具（如 Midjourney、DALLE-3 等），并借助它们生成了许多包装设计概念图，虽然图稿细节还有待改善，但已经让我们强烈感受到 AI 工具的便利和高效。

对于从业者关心的一些问题，如“AI 会替代包装开发设计人员吗？”我们也询问了 ChatGPT。它的回答大致如下：AI 可以协助完成诸如生成设计概念选项、分析数据获取消费者喜好等工作或自动执行重复任务等，但具体的设计交互细节和工程实现等工作的完成仍依赖人类的直觉和独创性。

如果您能活学活用本书所分享的包装设计开发实践案例，并培养自己的 AI 应用能力，借力 AI 一起设计开发包装解决方案，那您成为包装高手将指日可待。

从事包装设计开发工作的魅力就在于您有很多方案可以去探索、选择和尝试，从而 Fail Fast，Learn Fast，Grow Fast!希望这本包装实战手册能带给您一点点启发，引导您找到最适合自己的赛道——有事做，有钱花，有人爱。当然，如果您学有余力的话也请顺便反哺所处的行业或世界。

作　者

2023 年 12 月

目录

CONTENTS

关于本书的几点使用说明

（1）这本书适合高等职业院校、高职本科的设计类专业师生及工作经验不超过 5 年的包装领域职场新人阅读。

（2）在阅读本书时，您会时不时看到一些国际通用的英文术语，但这跟崇洋媚外无关。我们认为，思想和专业的交流碰撞应该是全球化的，要想成为最领先的，就必须向那些领先的同行学习，而不是闭门做包装，而且跟高科技、金融领域相比，包装领域急需一些有国际化视野的“新人类”。

（3）不必担心阅读专业书籍的枯燥。为了让本书每一部分内容直观易懂，我们为每个主题都附上了解释图片，还有各种长、短视频。您只要拿起手机，扫一下二维码，就可以轻松了解相关主题的案例或内容。这些案例或内容都是紧跟行业发展甚至是超前的，并非老掉牙的古董，请放心“食用”。

（4）本书的每一篇都可以拿出来单独成为一个模块，所有的模块组合起来又是一本完整的包装开发设计实践手册（Playbook）。是的，这也是一本采用积木式设计的非传统意义上的教材，即使您没有看过前面的内容，也完全不用担心看不懂后面的内容。

（5）本书中的案例主要聚焦于各个领域的零售包装（Retail Packaging，也称消费品包装，即 Consumer Packaging），而不是工业包装。零售包装既要在零售货架上吸引消费者的注意力，体现品牌的调性，又要能保护产品；而大部分工业包装则只需要在复杂多变的运输环境中保护好产品即可，所以工业包装又称运输包装（Transportation Packaging）或保护包装（Protective Packaging）。

（6）One more thing，尽信书不如无书，坐而论道不如起而行之，希望您能活学活用本书的方法论和案例，“因时因地因产品制宜”。实践实践再实践，欣欣然开启或加速您的包装人职业生涯吧！

第一篇

先导片——为包装新人类定制的入门培训（Orientation）

如果您在包装策划与设计或相关专业经历了 3～4 年的学习，熟悉常用的 2D 或 3D 设计软件（如 AutoCAD、ArtiosCAD、Adobe CC、SolidWorks 等），也有在寒暑假到包装设计开发公司和包装印刷厂实习的经历，对常用的包装材料（纸、塑料、玻璃、金属等）、印刷工艺也有初步的了解，那么，此时的您可以说已经具备了一定的专业知识和技能，但尚不能满足用人单位对包装人才的要求（见图 1-1）。

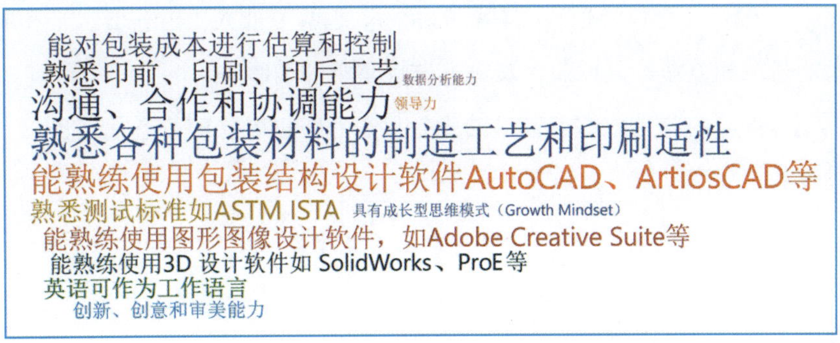

图 1-1　用人单位对包装人才的技能要求

也许已经有前辈告诉过您，毕业后最理想的职业生涯路径应该是先进入一家正规的大公司，跟着一个有经验的导师，塑造良好的职业素养和做事方式，但是有时候人生路上现实与理想之间会存在落差。由于经济增长放缓和就业形势严峻，您的求职之路并不一定顺畅，甚至有可能不得不凭借熟人介绍，才得以进入一家规模不大的初创公司，成为一名助理包装工程师（结构设计方向）。

在正规的大公司，新员工入职后都会接受关于公司文化（如价值观）、产品和职责的培训，说得通俗一点，就是给新员工指明努力“搬砖”、快速融入的方向。不过，您所在的初创公司正在高速发展，老板也正在积极进行 C 轮融资或寻求大公司收购，所以对新员工培训也没时间和精力进行精细化管理。就在您入职后的第一个月，公司经过市场调研论证和领导层投票一致通过，决定要组建一个研发团队开发 MR（混合现实）产品，产品同时推向国内和欧美市场。这个 MR 产品研发团队主要包括产品经理、服务器端开发工程师、人机工程专家、视觉感知算法工程师、软件测试、电池专家……当然，也必须要有为产品提供保护和外观美感的包装专家，毕竟包装也是产品的一部分。

负责包装的是您的一位资历较深的同事，恰好也是带您入门的导师。由于投资方资金迟迟未能到位，等三个月后项目正式启动时，您的这位同事兼导师已经跳槽到了一家知名高科技企业的智能硬件研发团队。现在，所有与包装设计开发相关的工作都移交到您的手上。作为新人的您，从来没有独立完成过一个完整的包装项目，即使求助于“万能”的 ChatGPT，它也只能给您一些似是而非的理论指导，但包装工程师是一个需要实际做事的职位，此刻实践经历几如一张白纸的您或许脑海中只有灵魂三问：我是谁？我在哪里？我要干嘛？

太阳下山有月光，年轻人不要慌，就让我们手把手来教您从 0 到 1 做包装吧！

接下来的入门培训主要聚焦在包装实践领域，从全景图到微观细节都会涵盖，如包装人才的就业方向、一般公司的包装团队的配置、与包装有关的角色和责任（Role & Responsibility）、做好一个包装项目要具备的能力、包装专业人士的薪资水平和职业发展前景、工作上的挑战和方法论，以及包装领域发展趋势和前瞻等。

您可以把这部分内容当成综艺节目的先导片来看，以轻松的心态代入自己，说不准会有意外的发现和惊喜哦！以下，Enjoy～

1.1 包装专业毕业生都去哪儿了？

在包装产业和相关职业教育发达的国家，如美国、德国、日本、英国、法国、泰国（是的，您没看错，泰国的包装相关职业教育也是很发达的），包装专业毕业生的流向主要是食品（饮料）、药品、保健品、日化美妆、汽车制造、消费类电子、包装制造、化工、农业、物流运输、零售等领域。

通常，我们会根据用人单位在包装产业链上所处的位置将其分为制造商（Manufacturer）、品牌商（Brand Owner）和零售商（Retailer）。

先简单举例介绍一下这三个“商”。

1）品牌商（Brand Owner）

品牌商，国内也有人称其为用户端（End User），这是经常被制造商称为甲方的存在。先介绍一些常见的品牌商（此处多说一句，列举这些品牌商并不是因为收了他们的广告费，而是因为它们在包装战略的制定、包装设计开发过程和包装供应链管理方面的理念、方法论和经验都已相当成熟，也有分工清晰的包装团队，非常值得我们国内的企业学习和借鉴）。

快速消费品（Fast Moving Consumption Good，FMCG；国外称之为 Packaged Mass Consumption Good，PMCG）领域常见的品牌商如图 1-2 所示。

图 1-2　快速消费品领域常见的品牌商

消费类电子产品（Consumer Electronics，CE）领域常见的品牌商如图 1-3 所示。

日化美妆（Cosmetics and Beauty Brand）领域常见的品牌商如图 1-4 所示。

2）制造商（Manufacturer）

上述品牌商的众多产品的一级包装（Primary Packaging）、二级包装（Secondary

Packaging)、三级包装（Tertiary Packaging），很多都是在中国的包装制造企业生产的，在本书中我们统一将这些包装制造企业称为制造商（俗称乙方）。

图 1-3　消费类电子产品领域常见的品牌商

图 1-4　日化美妆领域常见的品牌商

上述一级包装、二级包装、三级包装的说法常见于快速消费品或日化美妆等领域。以日化美妆为例，我们能够直接接触的产品的瓶瓶罐罐或塑料管、薄膜袋等为一级包装（见图 1-5），这些一级包装被装进印刷精美的彩盒（见图 1-6），这些彩盒就是二级包装，然后彩盒再被装进瓦楞纸箱（见图 1-7），这里瓦楞纸箱即被称为三级包装。

制造商如果成为某知名品牌商的供应链中的一员，例如，某制造商成为苹果公司（Apple Inc.）供应链（简称果链）中专门提供包装盒的供应商，在品牌商严苛的质量管理和工艺要求下，其生产效率、质量管理、供应链管理及工作环境等的水平就会快速得到提升，但在软实力方面（如管理层和技术人员的管理思想和国际视野等）提升得却较慢。

图 1-5　一级包装

图 1-6　二级包装

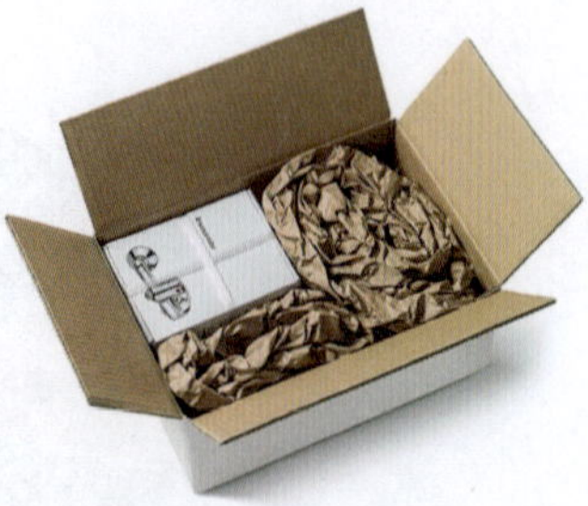

图 1-7　三级包装

根据深圳翊堃包装技术咨询有限公司[以下简称翊堃（Ecoin）]对 2020 年粤港澳大湾区包装相关职位的大数据分析，制造商（包括各类包装、印刷、造纸厂等）仍然是包装专业毕业生的主要去向（见图 1-8）。

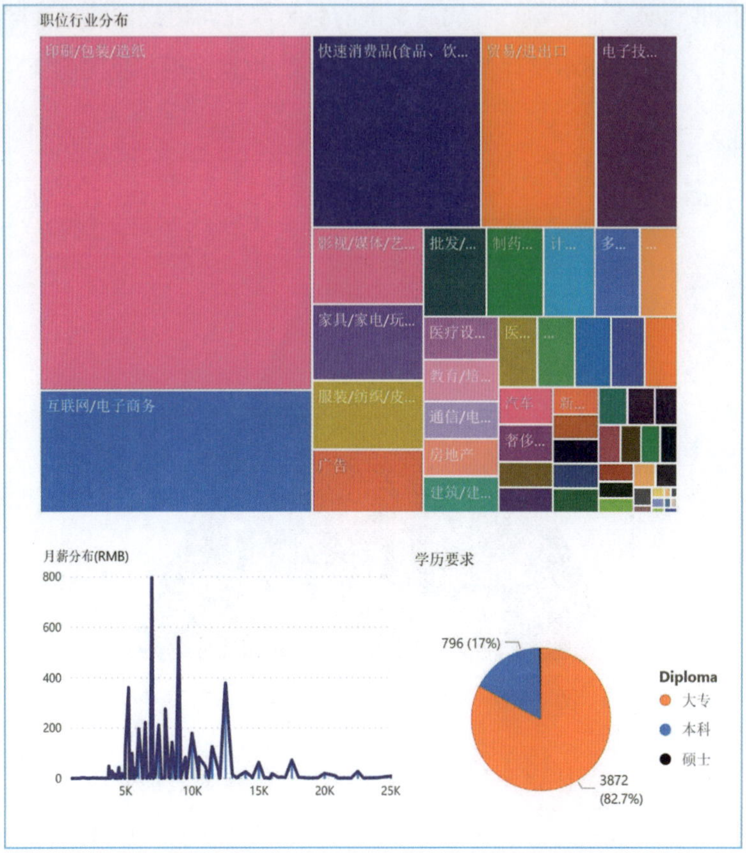

图 1-8　粤港澳大湾区包装专业毕业生的主要去向

国内的包装制造商分类如图 1-9 所示。

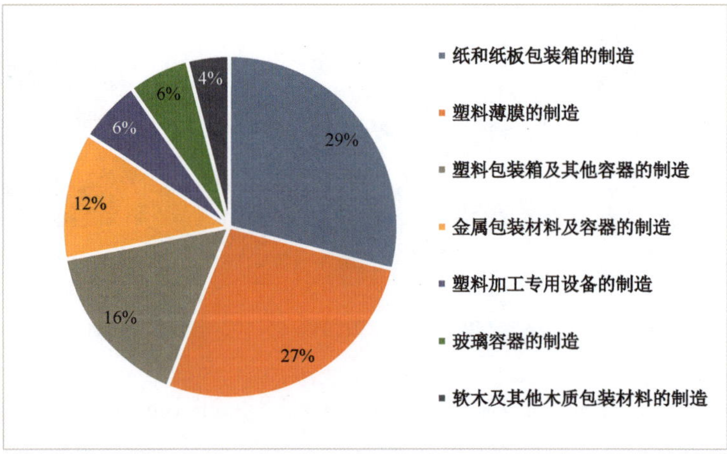

图 1-9　包装制造商分类

目前，中国的包装产业产值已经比肩美国的包装产业，但我们的包装产业中大部分公司赚的是辛苦钱，行业利润率整体偏低（见图 1-10），也就是说，我国属于包装大国，却还不是包装强国。

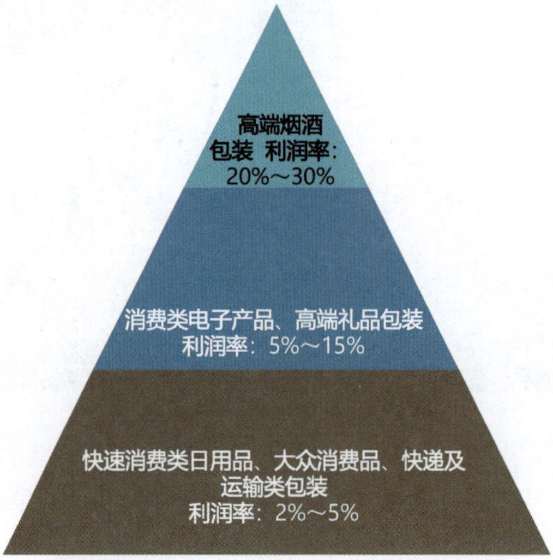

图 1-10　不同类别包装制造商的利润率

目前，在国内，跟高科技企业和金融企业相比，包装制造企业懂技术、有市场营销意识、有供应链管理全局观且具备商业思维的高端人才密度很低，导致国内的包装产业一直是创新洼地，就拿礼品盒（Rigid box 或 Gift box）中制作难度较大的奢侈品包装来说，国内的包装制造企业可能会因为提供的配件（饰品）或材料不够高档失去订单。很多业内人士热衷于高谈阔论，而很少去研究怎么做。希望您在学到先进的创新理念、掌握先进的工具后，将来能反哺我们本土的包装制造企业，一起发展。

3）零售商（Retailer）

关于零售商的相关内容，我们将会在后文结合包装设计过程展开细讲，此处不展开介绍。

接下来，我们会以品牌商为例，看看它们的包装团队配置、对候选人的能力要求、角色与责任（R&R）、薪资水平、工作中面临的挑战，以及职业前景等。

1.2 品牌商的包装团队介绍

从图 1-11 可以看出，品牌商的营销传播组合通常包括广告、促销、直销、公关、销售终端展示、展览、包装、赞助、网络/社交媒体营销、口碑传播、企业识别系统、销售等途径。

包装既是营销传播的重要途径之一，又是产品的一部分，所以品牌商一般都非常重视包装，并都设有专门的包装团队。品牌商的包装团队规模从十几人到几百人都有，分布在全球各地，团队内各岗位定义清晰，各司其职，成员职业生涯相对稳定。部分国外知名品牌商在国内的团队规模大都在 5～20 人，国内一些品牌商的包装团队配置也已经或正在逐步发展、完善。

图 1-11　包装是市场营销和宣传的重要元素之一

一般来说，受公司主要业务和所属领域的影响，包装团队会被安排在不同的职能部门里。例如，以研发设计为主导的公司，包装设计被当作产品设计的一部分，包装团队一般会被安排在产品设计部门；注重宣传和对外形象的公司，会把包装团队放在市场与沟通部门；生产工业品或以采购贸易为主的公司，则会把包装团队放在供应链管理部门。

1. 与包装相关的职位

品牌商的包装团队常设的与包装相关的职位如下：

- 包装工程师 Packaging Engineer
- 包装开发工程师 Packaging Development Engineer
- 包装设计工程师 Packaging Design Engineer 或 Product Design Engineer（Packaging）
- 包装工程项目经理 Packaging Engineering Program Manager
- 包装设计师 Packaging Designer
- 包装专员 Packaging Specialist 或 Packaging Program Specialist
- 包装结构工程师 Structural Packaging Engineer
- 包装结构项目经理 Structural Packaging Program Manager
- 包装开发经理 Packaging Development Manager
- 包装项目经理 Packaging Program Manager
- 可持续包装经理 Sustainable Packaging Manager
- 包装科学家（设计方向）Packaging Scientist（Design）
- 包装管理顾问 Packaging Management Consultant

以上职位一般不带团队，只负责包装设计的工程实现和包装项目的管理，像您在贵司的现任职位就属于这一类。

还有部分职位会领导一个团队，工作侧重点在包装设计、供应商管理、印刷包装采购或包装创新等，常见的有：

- 印刷&包装经理 Printing and Packaging Manager
- 包装与设计服务经理 Packaging and Graphics Service Manager
- 包装采购经理 Packaging Sourcing Manager
- 包装开发创新经理 Packaging Dev/Innovation Manager
- 供应商质量控制经理 Supplier Quality Manager（Packaging）

根据翊堃（Ecoin）在 2020 年的调查，国内品牌商的包装团队的常设职位如图 1-12 所示，以包装结构设计（商业零售包装方向）为例，参与调研的企业中，设置此职位的企业占全体的 55%，此比例远低于美国平均水平。

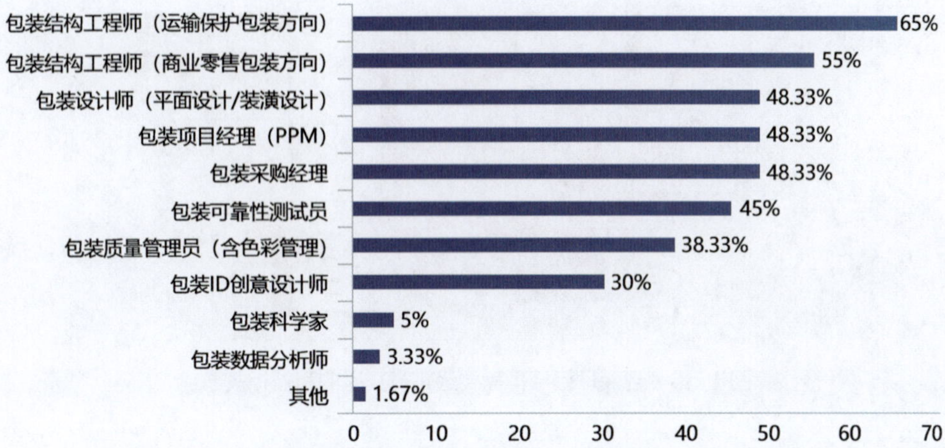

图 1-12　国内品牌商包装团队常设职位

在上述这些包装职位中，有 5 个职位的人才属于包装人才中的稀缺资源，很多跨国公司花半年时间都不容易找到合适的人选。这些职位也可以成为您努力的风向标：

- 包装项目经理
- 包装结构工程师
- 包装设计师（平面设计）
- 包装科学家
- 包装数据分析师

以排在第 1 位的包装项目经理为例，担任此职位的人相当于专门负责包装的产品经理，需要的是一个能综合把控设计理念、材料选择、印刷工艺选择、成本、项目管理、与各利益相关方（见图 1-13）合作及整体创新的多面手，对候选人的综合素质要求相当高：

- 工程方面（Engineering）：需要有包装工程师的业务能力。
- 项目管理（Program Management）：需要有端到端（End to End，E2E）管理多项目的能力。
- 3C（Communication、Collaboration、Coordination）：需要出色的跨部门沟通、合作、协调能力。

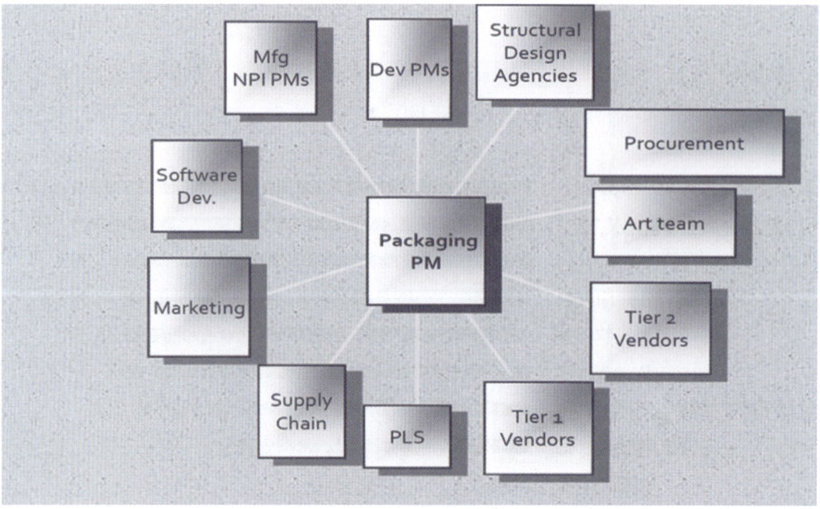

图 1-13 包装项目经理需要经常打交道的利益相关方

排在第 2 位的包装结构工程师，其教育培养一直是国内包装专业的弱项，要想在此方面取得较大进步，一方面需要相关职业院校加大人才教育培养力度、创新教学方法，另一方面也需要包装行业积极探索 AI+包装发展模式、开发智能结构设计软件。

至于包装科学家这一职位，它有可能侧重消费者洞察和市场数据分析（既要有包装专业知识和经验，又要有定性或定量研究消费者购物行为的能力）；也有可能侧重包装材料的研发创新（既要有材料学的专业基础，又要有包装设计经验，通常需要博士学位）。目前国内包装行业从业人员的学历普遍不高，获得有博士学位的高素质包装人才相对较难。

2. 包装行业从业人员的角色和责任（Role & Responsibility）

以包装工程师这一常见职位为例，不管偏向于设计、技术还是项目管理方向，其工作内容都跟如下几点有关：

（1）开展市场调研和消费者洞察，收集产品信息，收集销售、市场、工业设计（ID）、项目经理、物流规划等相关部门或人员对包装设计的要求和意见。

（2）根据产品的市场定位及预算，完成 ODM/OEM 新产品的包装设计开发与成本控制。

（3）组织并主持包装设计评审会（Design Review），共同评审包装设计方案。

（4）选择合适的包装材料，快速制作包装样品（Quick Prototyping），跟包装供应商沟通，核算大概成本。

（5）验证测试包装结构设计方案的有效性和可执行性（测试包装的保护功能，验证包装是否方便 ODM 工厂进行量产组装，测试潜在消费者的用户体验，以及包装是否符合出口目的地的环保法规等）。

（6）管理视觉创意设计过程，生成设计稿（Artwork），安排彩色数码打样。

（7）建立包装 BOM，制定包装材料技术规格（SPEC），完成生产线装配指导书（Assembly Instruction），优化集装箱出货装柜方案等。

（8）保持与包装供应商的良好技术沟通，到包装制造厂现场看色（Press Check）、签样，确保印刷色彩和后续工序质量达标。

（9）安排试产（又称过程验证，Process Verification）和量产（Mass Production）的包装材料，跟踪由试产到量产过程中的包装问题，及时解决突发问题，确保顺利出货。

（10）对已上市产品的包装进行优化、验证，持续改进包装设计方案。

包装工程师或包装项目经理对上述工作内容所承担的责任大致包括时间、质量、成本和环保 4 个维度：

（1）按时提交包装设计方案（Schedule）。不能因为包装耽误整个产品研发的进度。这是最低要求。

（2）包装质量应有保证（Quality）。这里所说的质量有保证不仅包括大货产品的包装没有质量瑕疵，也包括所做的 SPEC 准确无误、包装设计方案是“用户体验友好”的，以及包装设计方案不能严重影响组装生产线的工作效率等。

（3）包装设计方案的物料成本应被控制在预算范围内（Cost）。这需要包装团队与包装供应商、采购部门合作完成。

（4）包装设计方案符合环保要求（Eco-friendly）。包装设计方案尽量遵循 3R（*Reuse*，*Reduce*，*Recycle*）原则。例如，如果产品出口目的地规定包装不能含有塑料部件或有害物质，而产品的包装却用了 PVC 材料，这就是不符合环保要求的。

对于跨国公司或实力雄厚的品牌商，上述工作至少需要 3～4 人完成，1 个人专门负责消费者洞察和市场调研，1 个人主要负责结构设计，1 个人主要负责平面设计，1 个人主要负责管控包装材料的质量，有时还需要签约的外部设计公司来一起完成工作。当然，一般情况下包装团队中的每个人不是只参与一个包装项目，而是同时参与多个项目，所以后面第五篇我们也会跟您分享如何同时管理多个包装项目。

大公司分工精细的好处就是，对每一项工作可以不断深挖，以便工作过程更专业、更完善，但坏处是跨部门沟通成本高，内耗造成的时间成本也高，决策效率低。就拿您所在的初创公司来说，对于除 MR 项目之外的一些手机或电脑配件项目，可能只需要 1～2 个月的时间就能将新产品快速推向市场，而在大公司，这个过程则至少需要 3～4 个月。

这里多说一句，虽然在现实工作中，与包装相关的岗位在整个产品研发团队中通常处于比较边缘化的地位，类似电影故事里的配角，但我们不能妄自菲薄、看轻自己，红花需要绿叶配，只要您认真、投入地努力，也会成为举足轻重的黄金配角。

3. 品牌商包装团队对工作能力的要求

先来看一个著名的消费电子（CE）品牌商的包装初级职位的职位描述（JD）（见图 1-14）。该职位为其包装设计开发团队的包装设计工程师，职责主要是在执行层面根据设计方案制作包装原型，分析材料性能和测试失败原因，逐步完善包装样品细节，保证设计方案最终能顺利用于量产。

虽然这只是一个初级职位，但它要求候选人具备全面的知识和能力结构，既要懂 2D 和 3D 设计软件的应用、材料和各种印刷工艺的相关知识，又要具备中英双语工作的能力，还要有出色的跨部门 3C（沟通、协调、组织）能力。仅语言能力和 3C 能力这两项要求就会将相当一部分应届包装专业毕业生挡在门外；而对专业知识结构的要求又会淘汰一批人，最后能进入人才蓄水池（Talents Pool）的数量少之又少，所以这个职位并不太容易招到合适的人选。

对于一个包装职场新人，专业知识（Expertise）、外语能力和 3C 能力是成为职场赢家的三件法宝。

虽然近些年不断传出跨国公司供应链向东南亚和印度转移的消息，但是仍有很多知名品牌商长期看好中国巨大的市场，计划在中国本土招募包装创新总监或包装可持续总监等人才，其税前年薪为 100 万元～150 万元（RMB），甚至更高，但该职位的要求也不低，候选者不仅要具备涉及包装材料、结构、设计、项目管理等各方面的丰富专业知识和实践经验，还要有团队管理能力、商业敏感、市场营销能力、对公司产品所在市场的深刻了解和科学的判断能力，当然，流利的英语沟通能力也是必不可少的。

包装设计工程师

综述：

你上一次享受到“和里面的产品一样棒的包装体验”是多久之前？在苹果公司，每一次与客户的互动都是一个收获惊喜和喜悦的机会！这种哲学超越了产品包装。我们的包装团队负责苹果公司所有产品包装的设计和实施——从运输保护设施到成品包装盒。我们的包装提供了优秀的用户体验，也在整个运输环境中起到了保护产品的作用，而且，我们的包装还有助于推进苹果公司的可持续发展目标。在设计过程中，我们与不同的团队（包括工业设计、市场营销、运营等）合作。我们正在寻找以激情、创造力和好奇心来解决问题的人。苹果公司的包装设计思路是杰出的，我们重视那些渴望学习新技能并进一步提高包装设计、制造工艺和拓展包装材料知识的人，我们欢迎来自包装行业外部的新鲜血液，以创造性的方式推动创新。

要求：

- 具备丰富的 3D 设计相关软件的应用经验
- 具备创新思维
- 具备较强的自我驱动力及扎实的工程基础
- 在快速变化的环境中能保持灵活性和与其他合作者的有效沟通
- 具备能有效表达自己思路的语言和撰写技能
- 有设计产品原型的工作经验
- 对于复杂的设计要求，能采用数据驱动设计思路
- 具备大批量/大规模生产中从设计到制造的完整工作经历
- 具备一定的材料学（纤维材料方向）知识基础

职责：

- 设计和实施包装设计
- 利用 2D 和 3D 设计软件进行设计并为所有部件和组件添加详细的说明
- 通过材料分析、压力和拉伸分析，确保包装设计在整个生命周期中的性能满足相关要求
- 与工业设计和技术团队合作，对包装设计进行改进
- 构建模型和原型以阐明设计概念，评估功能，并验证包装的重要性
- 与内部管理团队和外部供应商合作，以优化设计
- 工作时间的 20%用于出差，主要内容是支持工程实施，包括寻找生产过程中发生故障的根本原因和解决阻碍项目推进的问题

图 1-14　某品牌商包装设计工程师职位描述

国内的某些电商平台也曾经高薪招聘物流包装专家，意图改变国内大量快递包装对环境造成污染的情况，但截至目前，笔者并没有看到这些电商平台在可持续电商包装领域有较大的进步，其中很重要的一个原因还是缺乏包装高端人才。

事实上，每个行业都缺乏高端人才，但是在包装行业，这个问题尤其突出。如果阅读本书的您能坚持下去，也许就可以在这个方兴未艾的领域做到金字塔顶端。

4. 包装人才的薪资状况

图 1-15 为翊堃（Ecoin）在 2020 年发布的粤港澳大湾区包装人才（工作年限在 5～20 年之间不等）的年薪情况。

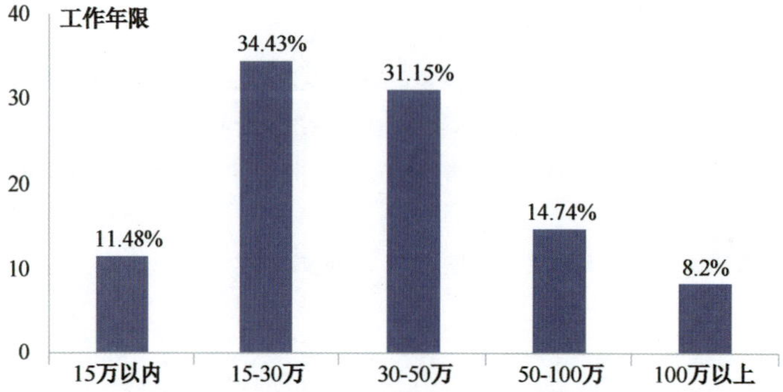

图 1-15 粤港澳大湾区包装人才年薪情况

图 1-16 是美国加州湾区（即国内俗称的硅谷）的圣何塞地区的包装人才年薪情况。

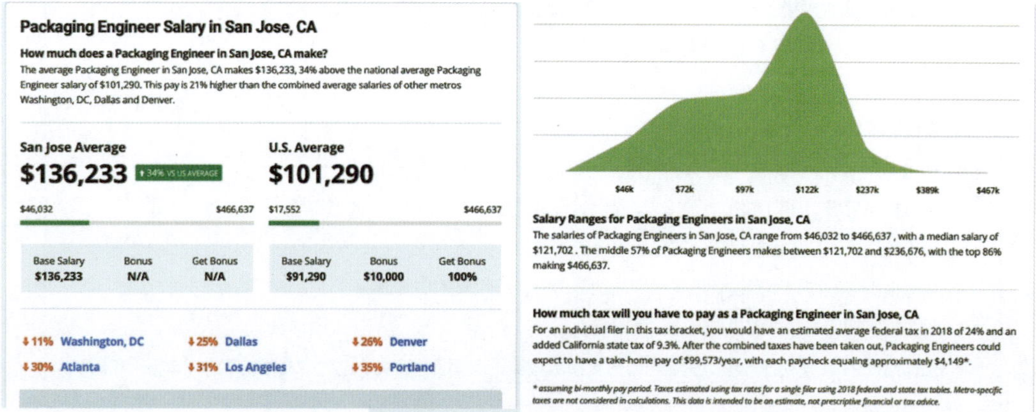

图 1-16 硅谷圣何塞地区包装人才年薪情况

以上两图可以说代表了中美包装产业最发达地区的包装人才的薪资现状。粤港澳大湾区包装人才的年薪中位数在人民币 30 万左右，硅谷圣何塞地区包装工程师的年薪中位数在 13.6 万美元左右（以上均为税前工资）。从图 1-16 还可以看出，硅谷圣何塞地区包装工程师的年薪中位数比美国国内包装工程师的整体水平（年薪中位数在 10.1 万美元左右）高出约 34%，比其他发达大城市（如华盛顿、达拉斯和丹佛等）的平均薪资水平高出 21%。这主要是因为硅谷聚集了主要的高科技巨头。

5. 包装人才的职业发展路径

我们还是以包装工程师为例，分享一个美国的包装工程师的级别划分（薪资与级别挂钩，级别数字越大，薪资越高）。

（1）五级包装工程师（对应国内的包装行业的专家与顾问）。

（2）四级包装工程师（对应国内的包装行业的项目领导）。

（3）三级包装工程师（对应国内的包装行业的高级工程师）。

三级包装工程师的主要岗位要求是设计产品包装，确保产品在多变的运输和零售环境下，功能与质量完好；根据包装耐用性和成本效益，测试、分析和选择包装材料；具备学士学位及4～6年包装工作实际经验；熟悉本领域的概念、技术规格和程序；依靠丰富的经验和对计划的判断力，达成工作目标，完成多种任务；能领导与指挥其他人的工作，有较广泛的创造性和思路，能向经理提交典型报告。

（4）二级包装工程师（对应国内的包装行业的中级工程师）。

（5）一级包装工程师（对应国内的包装行业的初级工程师）。

一级包装工程师的主要岗位要求是具备学士学位及至少 2 年该领域相关工作实际经验；能在主管领导下，依据工作指南执行相关任务，能向上级提交典型报告。

下面分享三个真实的招聘需求（见图 1-17～图 1-19），这三个招聘需求显示了国内包装行业从业者职业发展的不同阶段和对应薪资水平。

职位：包装结构设计工程师　　月薪：7000～10000 元

职位描述：
1. 对色彩较为敏感，负责产品的包装结构、外观设计，以及配色创意等。 2. 熟悉相关设计软件及外包装结构。 3. 参与新产品包装的方案论证工作，进行可行性分析。 4. 协助部门负责人对产品包装持续优化，通过包装设计方案来降低成本。 5. 配合产品设计师核定外包装设计是否合格。 6. 完成上级领导交办的其他工作。
要求：
1. 熟悉 PS 和三维设计等相关软件。 2. 了解纸、PE、PP 等包装材料的特性。 3. 毕业于包装专业，有印刷或外包装工厂工作经历者优先。
其他信息：
语言要求：不限。

图 1-17　包装初级职位招聘需求

职位：包装工程师　　　　月薪：20000～40000 元

职位描述：
1. 在整个新产品制造导入过程中负责开发新包装和改进现有的各种产品的包装。 2. 提交包装解决方案，以满足关于安全性、客户满意度、成本、质量和环保（如碳足迹追踪）等的要求或提升相关品质。 3. 在战略决策中发挥重要作用，例如，在所有业务团队中使包装规范、BOM 和组装标准化，并在整个 HM ODM 供应链网络中部署可持续的包装战略。 4. 领导或管理多个包装项目的细节工作，同时参与跨职能工作组，为包装设计、规格制定、质量和可靠性管理、装配、仓储运输和印刷等关键技术的开发提供支持。 5. 研究环保包装、可持续包装及其可行性。
要求：
1. 熟练使用 AutoCAD、Illustrator 等软件，能够审阅和编辑包装模具线、图纸文件和 3D 结构布局。 2. 具备良好的英语口头和书面沟通能力，能使用 Microsoft Office 等常用办公软件编写技术文档。 3. 熟悉常用的生产方法和与包装相关的各种制造技巧。 4. 具有包装结构实践的相关知识和经验，包括 3D 打印和后打印工艺，如精加工、模切、手工组装。 5. 有 8 年以上包装工程相关工作经验，有家用音响包装工程相关工作经验者优先。

图 1-18　包装中级职位招聘需求

职位：包装副总监　　　　月薪：90000～100000 元

职位描述：
负责搜集数字产品消费者对在线体验（包括产品视觉、包装格式和结构设计）的见解，并建立数字体验设计团队，引领创新，适应不断发展的趋势，以快节奏占领市场，赢得新的渠道，支持业务增长。 1. 负责数字产品消费者洞察的获取和传递。 2. 将区域数字创新重点转化为设计开发项目： （1）与主要利益相关方和合作伙伴建立联系，确保各方对品牌和战略的认识和理解一致。 （2）抓住调整工业设计/设计思维的机会，以优化公司战略，从而形成设计执行项目的管道。 （3）提交包装解决方案，以满足关于安全性、客户满意度、成本、质量和环保等的要求或提升相关品质。 3. 管理工业设计流程的执行： （1）使项目解决方案获得利益相关方的认可。 （2）管理简报、预算、时间表和资源，以确保高效地交付项目。 （3）通过与内部利益相关方和外部供应商的合作，确保交付理想的、可行的原型。 （4）负责项目的执行（从最初的原型到大规模生产的可持续包装材料）。 4. 通过内部和外部的实践，在业务中建立数字体验设计团队。 5. 负责项目的沟通和知识管理。 6. 与本区域和全球其他区域的团队建立紧密的联系。
要求：
1. 学历及专业：本科及以上学历，包装工程、包装设计、工业设计、设计管理等相关专业，硕士及以上学历优先。 2. 知识/经验： ● 具备 6 年以上包装设计开发相关工作经验。 ● 具备成熟的设计策略，以及设计管理和设计执行技能。 ● 有创意机构、战略设计顾问或企业设计工作经验者优先。 ● 能够在快节奏环境中茁壮成长。 ● 具有良好的行业网络关系。 ● 具有流利的英语口语和书面表达能力。 ● 具备良好的沟通和影响能力。

图 1-19　包装高级职位招聘需求

对于美国加州湾区一些做硬件产品研发的高科技公司，从工程和技术角度（非管理角度）出发，它们对于包装工程师的职级设置一般会从实习生（Intern）开始，然后依次是包装工程师（Packaging Engineer）、高级包装工程师（Sr. Packaging Engineer）、主任包装工程师（Staff Packaging Engineer）、首席包装工程师（Principal Packaging Engineer），级别依次递升，薪资依次增多（见图 1-20）。

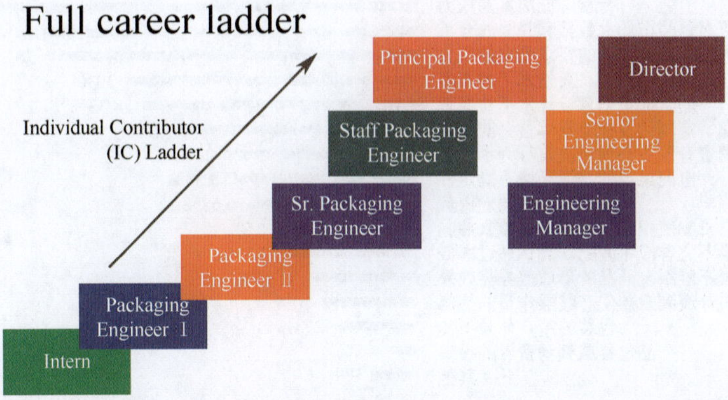

图 1-20　美国加州湾区的硬件产品研发公司的包装工程师晋升路径

包装工程师的职责主要是把包装设计概念转化为看得见、摸得着的原型（Prototype）或白样（Dummy Sample）。这是一个非常注重实践经验积累的职位，短时间内被 AI 替代的可能性也不大。要想成为一名资深的包装工程师，至少需要在本领域工作 8～10 年，深度参与 5～8 个项目，才能在结构设计、工程实现、材料、设备和工艺选择方面为产品提供成熟的包装设计方案。

待包装工程师的经验积累到一定的程度，对某一应用领域、消费者和市场发展趋势有了较深的理解，就可以进阶成为高级包装顾问型人才或自己创业。

包装工程师是一个可持续发展的职业，只要您具备了扎实的专业知识和技能，又注重实践经验的积累，不断精进，就能够成为不易被替代的高级实战型专才。

看到这儿，您是不是已经暗暗“立下 Flag”，为了更高的薪资和更好的发展机会，为了职场选择自由，无惧裁员，要赶快升级自己的职业技能呢？

我们的看法是，在刚参加工作的五年内，在不影响生存的前提下，尽量不要太在意一时的薪资高低。建议年轻的您尽量选一些有难度、能提升自身竞争力的职位，厚积薄发，您的职场之路才会走得更长远。

1.3 包装团队面临的工作挑战

图 1-21 为品牌商包装团队在日常工作中经常遇到的一些挑战。

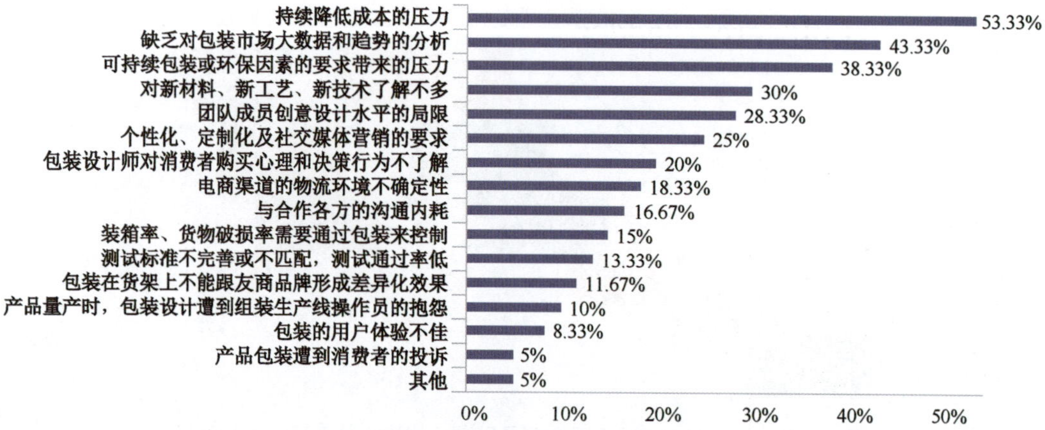

图 1-21　品牌商包装团队面临的一些挑战

由于产品的差异，不同领域的包装团队遇到的难题也不同。例如，某消费电子（CE）类品牌商的包装团队面临的工作挑战主要有：

- 可持续包装或环保因素的要求带来的压力。
- 量产时，包装设计遭到组装生产线操作员的抱怨。
- 测试标准不完善或不匹配，测试通过率低。
- 持续降低成本的压力。
- 与合作各方的沟通内耗。

而某快速消费品（FMCG）类品牌商的包装团队面临的工作挑战则是：

- 团队成员创意设计水平的局限。
- 缺乏对包装市场大数据和趋势的分析。
- 包装在货架上不能跟竞品形成差异化效果。
- 包装设计师对消费者购买心理和决策行为不了解。

就拿消费电子（CE）类产品中的当家花旦——智能手机来说，其包装在过去的十年中都没有什么进步：清一色的天地盖结构，包装盒上印着巨大的产品图片，包装盒外裹收缩膜（Shrink Wrap），需要借助尖锐的刀具将其割开，不仅带来受伤的危险，还会产生大量塑料薄膜垃圾。

再如，图 1-22 所示的这款智能产品的包装过度追求用户开箱体验，产生了大量的包装废弃物，也难怪世界各地的品牌专家和环保爱好者经常写公开信给苹果公司的 CEO 抱怨。其中一封的主要内容如下：苹果产品的开箱体验已经被工程师文化和循环设计所取代了。你们有很棒的产品，但包装艺术品味却越来越荒谬和落后，只剩下包装技术一如既往地在线（*The Apple "UNBOXING" experience has been overtaken by environmental engineering and circular design. Just saying...you have great products，but increasingly ridiculous backward-looking packaging，even if your packaging is technically "on board"*）。

图 1-22　过度追求用户开箱体验的智能产品

很多快速消费品的包装多年来重平面设计而轻结构，“以用户为中心”被喊了多年，但在包装行业，却很少有人沉下心来从细节开始，设计出能给用户带来惊喜的作品。就拿月饼的包装来说，过度包装的奢华之风依然盛行，作为货架生命周期很短的产品，却浪费了大量的人力、物力和财力，这自然不受“Z 世代[①]”消费者的喜欢。

电商包装则是可持续包装的重灾区。在某些品牌商的电商中心，一些商品（如洗手液）的快递包装大量使用缓冲气泡柱和透明 PVC 胶带。每天发出十几万件快递，累积下来就是巨大的塑料材料浪费。如果这些塑料材料不能回收处理，又会对土壤和水资源造成污染。国外的电商平台（如亚马逊）在此方面做得稍微好一些，至少在封箱胶带的使用上已经有所改善，但仍然普遍存在包装浪费的问题。

提前了解上述这些挑战和包装工作中常犯的错误（见图 1-23，分别为包装材料选择不当、胶带使用不当、标签错误、没有做包装测试、包装设计方案陈旧过时、没有考虑到“是自动化生产线组装还是人工组装”、包装过度或过于复杂、不重视用户的评论），有助于您提前熟悉工作中可能会遇上的问题，以便您真正遇到这些让人头疼的问题时，能深思其背后的原因和商业意义并提出解决方案，处变不惊，从容应对。

图 1-23　包装工作中常犯的错误

① Z 世代是一个网络流行语，通常指 1995 年至 2009 年出生的人，他们一出生就与网络信息时代无缝对接，受数字信息技术、即时通信设备、智能手机产品等影响比较大。

1.4 品牌商的包装设计方法论

单说方法论有点抽象，那我们就通过几个真实的案例来感受一下。

案例 1 关于用户体验（User Experience）

早在 2006 年前后，微软的包装团队已经非常重视“用户体验”。例如，对于一款游戏手柄的不同包装设计方案（见图 1-24），他们会请不同职业和年龄的潜在用户来拆解产品的包装，并了解他们的感受，然后根据这些潜在用户的反馈不断改进包装结构设计。这就是最初的开箱体验（Out of Box Experience，OOBE）。

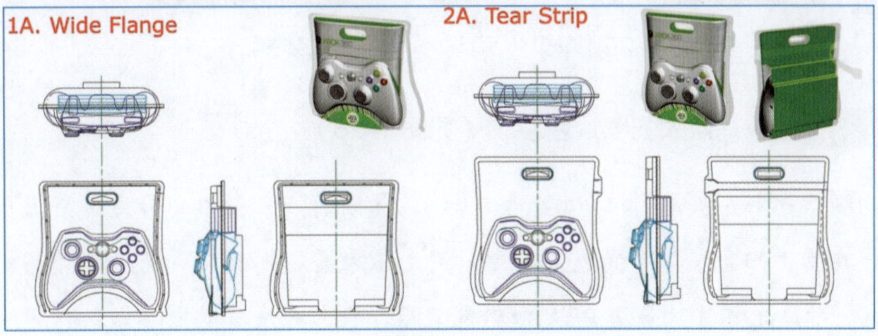

图 1-24 一款游戏手柄的不同包装设计方案

直到 2011 年，当时智能手机行业的竞争还不太激烈，小米科技有限责任公司（以下简称小米）瞅准时机推出了其第一代手机，手机不贵，包装也比较简约。在将新手机和简约包装推向市场的同时，小米也将“用户体验”这个热词带给了业内同仁（但之后产生的群羊效应使得“用户体验”快速沦落为陈词滥调）。

也就是从那时开始，国内的视频网站开始模仿国外视频网站，以高科技产品为主流的开箱体验视频逐渐兴起。不管怎么样，小米让设计圈的人意识到：用户的体验和感受比设计师的个人满足感更重要；辨别产品包装设计是否成功应该以用户是否获得了良好的用户体验为基准。

案例 2 苹果的神秘开箱实验室

在乔布斯和乔纳森·艾维主导苹果公司的工业设计（ID）和包装设计风格（见图 1-25）的年代，其加州总部有一间“神秘”的包装设计实验室，里面放置了无数包装白样。包装设计师们被“大 Boss”乔布斯要求在长达几个月的时间内拆解数百个各式各样的包装盒，以便确定哪种包装盒的设计能让用户在第一次开箱时有一种仪式感，更能感觉到产品带来的特别的情感价值。

图 1-25　苹果公司某时期的产品包装设计风格

案例 3　噪声有点大的薯片包装袋（见图 1-26）

在生物降解塑料刚兴起时（2007 年前后），美国的一家食品公司为了突出自己的环保先锋形象，在其“阳光薯片”的包装袋中采用由玉米淀粉发酵制成的生物降解材料——聚乳酸（PLA）。“阳光薯片”采用 PLA 材料包装后，顾客并没有觉得环保新材料给品牌带来荣誉感，反而抱怨新材料制成的包装袋发出的噪声“有点烦人”。来自佛罗里达州纽波特里奇的鲍勃 · 奥康奈尔在网上投诉留言：“我晚上想偷偷吃点‘阳光薯片’，可是打开包装袋时发出的噪声太大了，结果把我老婆吵醒了。”

图 1-26　采用 PLA 材料做成的薯片包装袋

案例 4　自带社交属性的咖啡包装

国货咖啡新品牌三顿半的包装采用了不同于雀巢等传统咖啡的条状或罐装形态，而是设计成小巧的咖啡杯造型。这种注塑杯便于携带，还能通过多款杯身颜色和数字的搭配代表不同的风味（见图 1-27）。

这种创新的包装形态自带社交属性，不少用户会忍不住对三顿半咖啡摆拍并将照片发布在社交平台，成图率相当高（成图率是市场营销部门衡量市场营销活动的一个指标，意思是每一百个购买产品的用户中，会自发地拍照分享的用户比例。这个指标也能侧面反映新消费群体的审美倾向），甚至有淘宝店专卖喝过的三顿半咖啡包装，说明这个包装能吸引到部分用户为包装单独付费。

图 1-27　不同的数字和颜色代表不同的风味

介绍上述 4 个真实的案例，其实我们是想告诉您：在工作之初就应该建立起以用户为中心的态度，学会用设计思维解决问题。

扫描下方二维码，查看一款智能手表的开箱体验：

知易行难，经验和道理说起来容易，执行起来却经常被抛诸脑后。在实际工作中，很多年轻的包装设计师刚开始设计包装时，往往要么以老板的意志或审美为中心，要么以自己的审美标准去判断包装的好坏。

作为一个普通消费者，您是不是也经常遇到与包装有关的问题？例如，从超市买来的牛奶或鱼罐头，包装怎么那么难打开？网购手机，为啥要借助尖锐的刀具才能拆开包装？朋友送的化妆品，包装的盒子又大又奢华，打开一看，产品只有一点点；还有些包装边缘锋利，这难道不会产生让消费者受伤的隐患吗？……制造这些让消费者头疼的问题的，正是和你我一样会经常使用这些产品的包装设计师或包装工程师。

那么，如何避免上述情况的发生呢？我们可以从知名的美国设计机构 IDEO 在 2001 年提出的设计思维模型中得到一些启发，这个模型被很多大公司和设计机构所推崇。设计思维模型分新旧两种，两种模型对上述问题的解决都有参考价值：

旧设计思维模型：发现问题—形成设计想法—竞品分析—设计策略—原型—测试。

新设计思维模型（见图 1-28）：同理心（Empathize，以人为本/和用户在一起）—定义需求（Define）—构思方案（Ideate）—原型（Prototype）—测试（Test）。

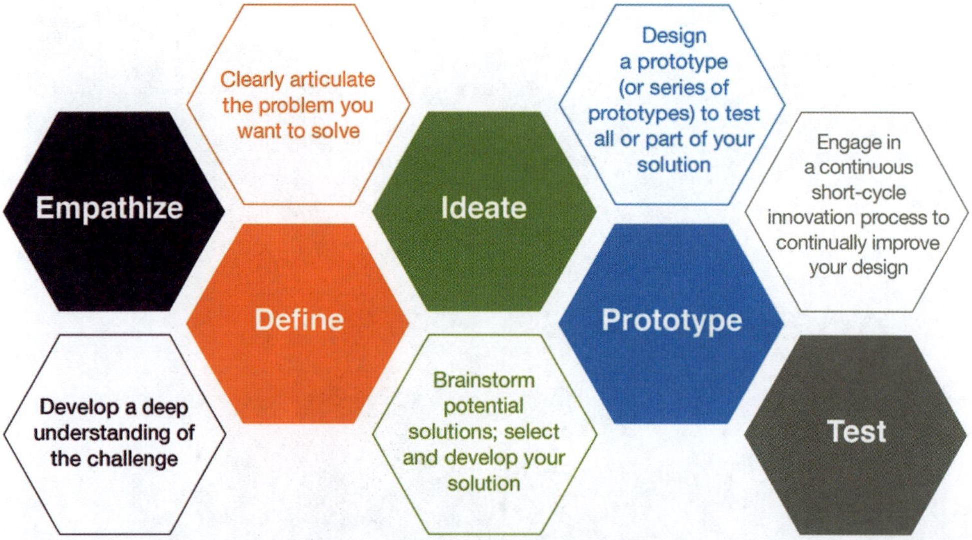

图 1-28　新设计思维模型图

新设计思维模型中的同理心（Empathize）也可以解释为“设计以人为本”（Human Centered Design，HCD），即站在用户的角度去了解他们的需求和想法。

这个模型具体到一款产品或包装的设计过程，主要分为四个阶段：观察、头脑风暴、原型化、实施。

观察：观察是一切设计开始的原点，在此阶段要求包装设计师通过仔细观察（而不是言语交流）去发现真实使用场景中消费者对包装的反应。

头脑风暴：IDEO 认为找到好点子的最佳方式是通过头脑风暴先找到一堆好想法，并总结了开展头脑风暴的 7 个诀窍：

（1）单一议题。针对问题，以目的为导向而不是以产品为导向，从物的角度转向功能的角度，如不是讨论“杯子盖”而是讨论“如何防止水流出来”。

（2）不要批评，鼓励任何想法。

（3）给想法编号。

（4）会议召集者应善于启发议题的转化，避免大家陷入一个方向而不能自拔。

（5）空间记忆。将所有想法写在墙上，辅助记忆。

（6）热身运动。在开始会议前先做些智力游戏，伸展“心灵肌肉”。

（7）具象化。把想法用漫画表示出来，或亲身体验一下，尝试操作一下，让想法变成可看的、可感知的，而不仅仅是语言描述的。

IDEO 认为以下方式对头脑风暴的产出无效：老板先发言、轮流发言、专家至上、异地开线上会、禁止提出蠢点子、做笔记。他们认为头脑风暴是一种类似艺术创作的过程，僵化的、束缚思想的模式是最忌讳的。

原型化（Prototype）：制作产品或包装的 3D 原型。一个具象化的原型是有效沟通的媒介，胜过千张图片。

实施：所有的可能性、原型的有效性都会被评估。项目团队对设计细节、工程实现与后续制造进行跟踪并落地。

既然谈到设计思维，就顺便介绍一下国内的设计界。笔者发现，近十年来，国内的很多包装设计工作室都在为了拿奖而设计，个别设计单位甚至以向组委会行贿的方式让自己设计的花哨标签或“噩梦似的”酒瓶获奖，然后凭此在一些不明就里的本土用户面前吹嘘。除此之外，包装设计教育在很多学校被默认为训练平面设计操作，对消费者洞察和包装设计过程的训练还落后于产业的发展和需求。

1.5 包装设计的发展趋势

未来未知，笔者在此凭借自身的阅历和经验，从四个维度（技术、商业、审美和人文关怀）来分析、预判包装设计的发展趋势。如果笔者所述与各位读者的看法有所不同，非常欢迎您与我们交流，因为这个话题本身就是仁者见仁智者见智的。

1. 技术趋势

趋势 1　AI+包装

这里所说的 AI 是一个概念，机器学习（Machine Learning）是一种实现 AI 的方法，而深度学习（Deep Learning）则是一种实现机器学习的技术。为了简便起见，本书就用 AI 指代相关的技术和方法。目前，有些 AI 模型已经开始在包装领域得到应用，举例如下。

AI 可以为产品匹配理想的包装设计方案

对于一些新的、形状独特的产品，AI 可以为其设计新颖的定制包装；AI 可以为电视等需要更多边缘保护的产品设计边角较厚的包装盒，也可以为易碎产品匹配有内部锁定装置的包装容器，以最大限度地减少震动对产品的损坏。同时，AI 还能综合考虑产品保护和材料使用量，以平衡可持续性和安全性。

AI 可以减少包装材料的浪费

亚马逊于 2018 年推出的用于配送中心的 PackOpt 是一种 AI 模型。它可以模拟要发货的产品在当前快递盒中的适合程度，计算纸板总重量、盒子利用率和包装体积等指标，提出可能的替代方案，并进行快速计算和比较优化，形成最合适的方案。当 PackOpt 确定了产品的最佳包装时，它会针对该包装类型自动进行认证；当 PackOpt 不太确定哪个方案最佳时，它会标记产品及其包装以供人工测试。

PackOpt 还可以非常快速地确定要一起交付的多种不同商品的配置方案，以配合选定的快递盒子。PackOpt 目前正应用于北美、欧洲和日本的亚马逊配送中心。

AI 可以让包装设计变得更高效、更便利

目前最容易让包装从业者与 AI 技术亲密接触的方式包括用 ChatGPT 制定文字版的包装战略和实施方案，以及利用 Midjourney、DALL·E 等 AI 工具让包装设计师获得更丰富的设计概念，让创意快速可视化。这比包装设计师自己构思、提出创意、画图，然后再进行 3D 渲染要高效得多。

在现阶段，这些工具还不太完善，展现细节（如人物的手和中文文字）的能力还有待加强，在向其输入具体的结构或造型来生成效果图时，也经常不能达到预期效果，所以，将惊艳的设计概念转变成实际的产品包装，中间还需要包装结构设计师和平面设计师的大量介入和调整。例如，一个包装设计师兼珍珠奶茶爱好者想利用 DALL·E 生成一款个人专属的珍珠奶茶包装设计效果图，她的操作如下。

第一轮：直接输入“珍珠奶茶包装设计”提示词，得到如图 1-29 所示的效果图。

第二轮：包装设计师对目前的效果图有点失望，继续输入“奶茶杯上的清新标签设计”，得到如图 1-30 所示的效果图。

第三轮：包装设计师认为 DALL·E 给出的效果图不能匹配自己的风格，于是转变设计思路，将提示词改为“在奶茶中游泳”，得到如图 1-31 所示的效果图。

图 1-29　第一轮

图 1-30　第二轮

图 1-31　第三轮

第四轮：包装设计师感觉创意方向是对的，要求 DALL·E 出一张平面图，所以将提示词继续细化为“可爱的鲸鱼在充满黑色泡泡的水池中游泳”，得到如图 1-32 所示的效果图。

第五轮：继续优化提示词为“可爱的鲸鱼在装满黑木薯珍珠的水池中游泳”，得到如图 1-33 所示的效果图。

第六轮：基于上一轮的成果继续优化，得到如图 1-34 所示的效果图。

图 1-32　第四轮

图 1-33　第五轮

图 1-34　第六轮

接下来，根据第六轮的结果借助 AI 制作标签和 LOGO，如图 1-35 所示。

图 1-35　制作标签和 LOGO

最后，在 3D 渲染软件里生成个人专属的珍珠奶茶包装的模型（Mockup），如图 1-36 所示。

图 1-36　珍珠奶茶包装的模型

由以上 AI 和人工干预的生成过程可以看出，如果想有效地利用 AI 来提升包装设计效果，关键是需要有创造性的思维和经验、清楚自己想要哪种设计风格、该输入什么样的内容提示词等，这样才能更好地驾驭 AI。

趋势 2 数据驱动（Data Driven）包装设计

在大部分包装工作者和普通消费者的眼中，包装设计是一个依赖主观感受的决策过程。其实，包装设计过程也是可以由数据来指导的。影响包装设计最终结果的数据主要来自两方面：一是潜在消费者，二是生命周期评估（LCA）和可持续发展目标。

如何从潜在消费者处获得数据

如果您所在的初创公司的这款 MR 眼镜产品的包装设计方案想要从一众竞品中脱颖而出，以前的传统做法是借助问卷调查或焦点小组访谈，通过开放式问题来获得潜在消费者对包装的主观体验、反馈（建议、需求、期望）等定性信息。然而，因为人的大脑每秒能处理的信息量极为有限，参与者不太可能在复杂的任务中完全表达（或回忆）他们的感受，所以通过焦点小组访谈或问卷调查得到的信息并不全面。为了更精确地获得消费者对产品包装的潜意识反应和购买决策的关键数据，可以借助情绪追踪、眼动追踪或脑电波监测等生物测定技术（Biometrics）来实现。

例如，在对如图 1-37 所示的洗涤剂的电商包装开箱体验的情绪追踪实验过程中，消费者在开箱体验中每一步的表情和情绪细节都被精准捕捉（在打开某个结构时消费者可能表现出蹙眉的表情或负面的情绪，而在发现某个操作很容易时可能又表达出积极的情绪）。对这种细节的关注可以帮助包装设计师快速地评估结构和图形设计，什么设计对取悦消费者有效，什么设计可能会招来差评。

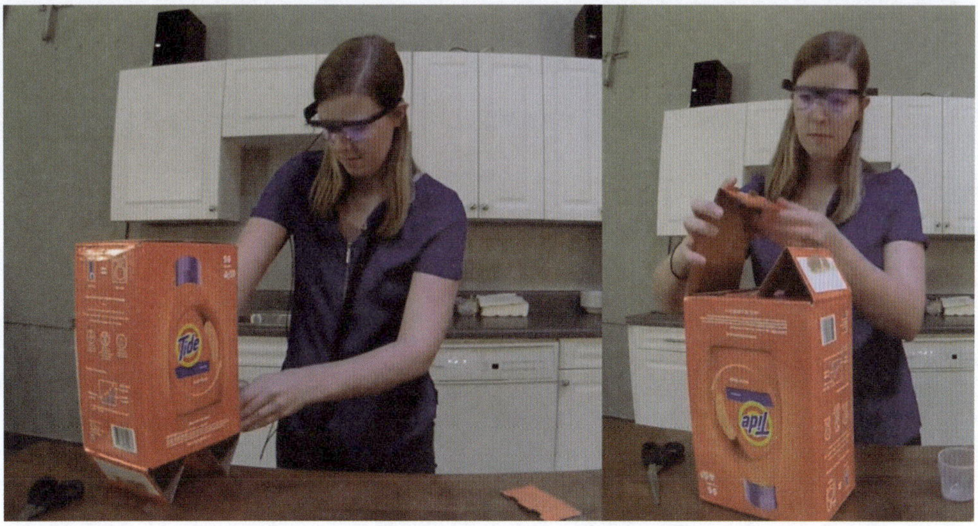

图 1-37 电商包装开箱体验中的情绪捕捉

眼动追踪技术可以让包装设计师看到消费者在决定购买某件商品之前眼睛会盯在哪

里。基于眼动追踪技术还可测量消费者注视特定细节所用的时间，并计算出消费者看某些物品所用的时间，数据精度可达到毫秒级。

数据分析师与包装团队合作，可以根据自家产品包装与货架上的竞品的生物测定数据结果，结合消费者所说的话与其潜意识的即时反应，验证包装设计的哪些元素有效，哪些应该更新。对包装设计进行更新时，一般每次只改变包装的一个元素，然后再做进一步测试。通过多次迭代和测试，可以让包装设计成功吸引消费者的注意力并激发购买行为。

关于生物测定技术在包装设计上的具体应用，我们将会在第二篇的 Step 3 展开叙述。

如何获得与生命周期评估和可持续发展目标相关的数据

随着 ESG（Environmental、Social、Governance）和碳中和（Carbon Neutral）等投资概念的兴起，品牌商对自家产品及其包装都制定了可持续发展和碳排放的目标。虽然包装一般只占一件产品碳排放的 5%～10%，但因为包装废弃物是很显眼的存在，所以包装经常受到环保人士和公众的关注。

与生命周期评估和可持续发展目标相关的可量化数据包括但不限于以下方面：

- 包装材料：投放到市场的包装材料的总量和类型。
- 产品包装比：使用的包装数量与产品数量的比例。
- 回收成分：包装中使用的消费后和消费前成分的总百分比。
- 可回收性：广泛回收、可回收性有限且目前未回收的材料的百分比。
- 材料认证：具有生物基材料和/或森林认证的最小存货单位（即库存进出计量的基本单元库存单位，又称 Stock Keeping Unit 或 SKU）。
- 受限材料：投放市场的受限材料总量（如 PVC）、包含该材料的 SKU 数量及不含这些材料的包装百分比。
- 一套完整的影响环境指标：如温室气体（GHG）量、能耗、耗水量及其他相关业务指标。
- 生产者责任延伸（EPR）费用：现在全球 50 多个国家/地区都设定了 EPR 费用，如果品牌商在该国家/地区的市场开展业务，一般会将 EPR 费用纳入商品成本（COG）分析。

上述数据一般由可持续包装经理收集、分类并以此为依据绘制包装材料生命周期示意图（见图 1-38），分析各种包装材料在生命周期的各个阶段的碳排放及对环境的其他影响（见图 1-39 和图 1-40），并与整个包装团队分享。

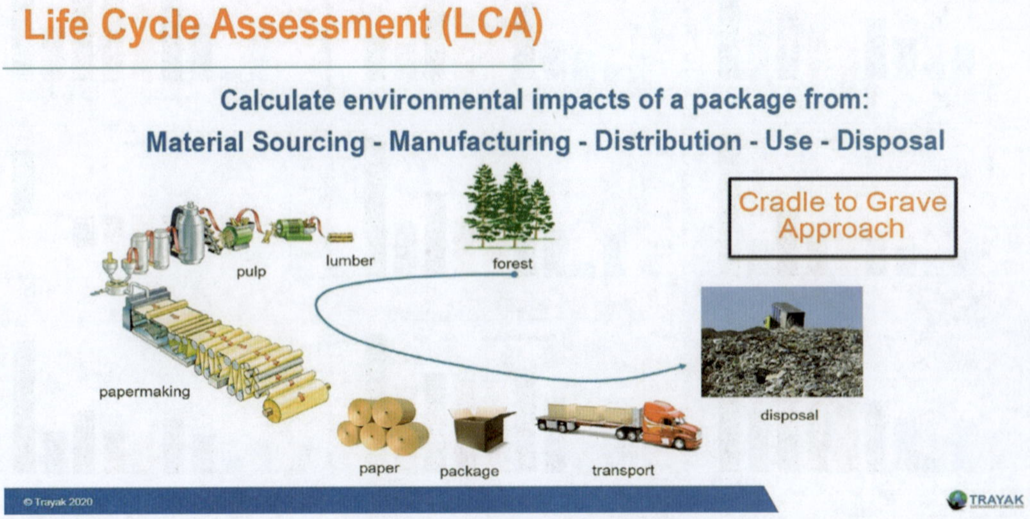

图 1-38　包装材料生命周期示意图

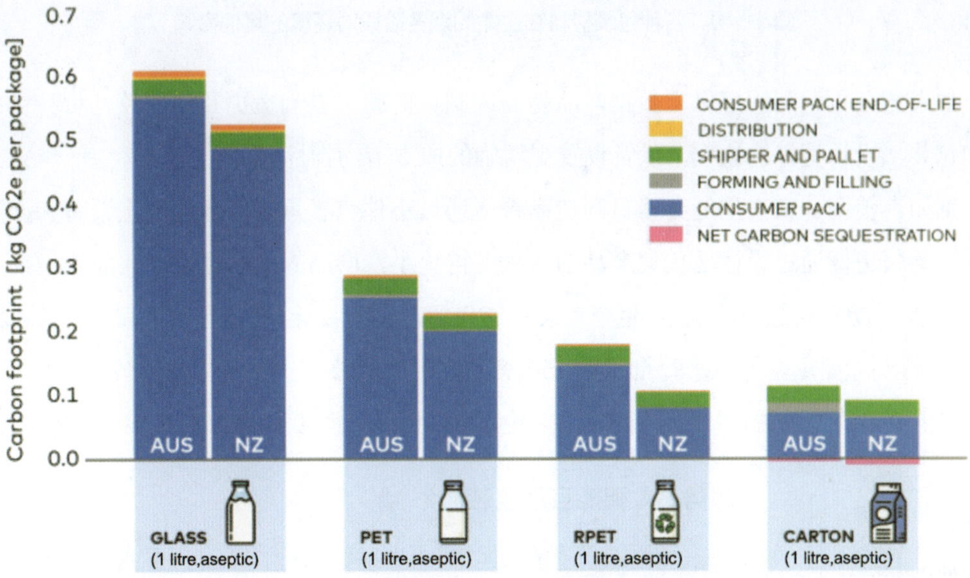

图 1-39　各种包装材料在生命周期各阶段的碳排放

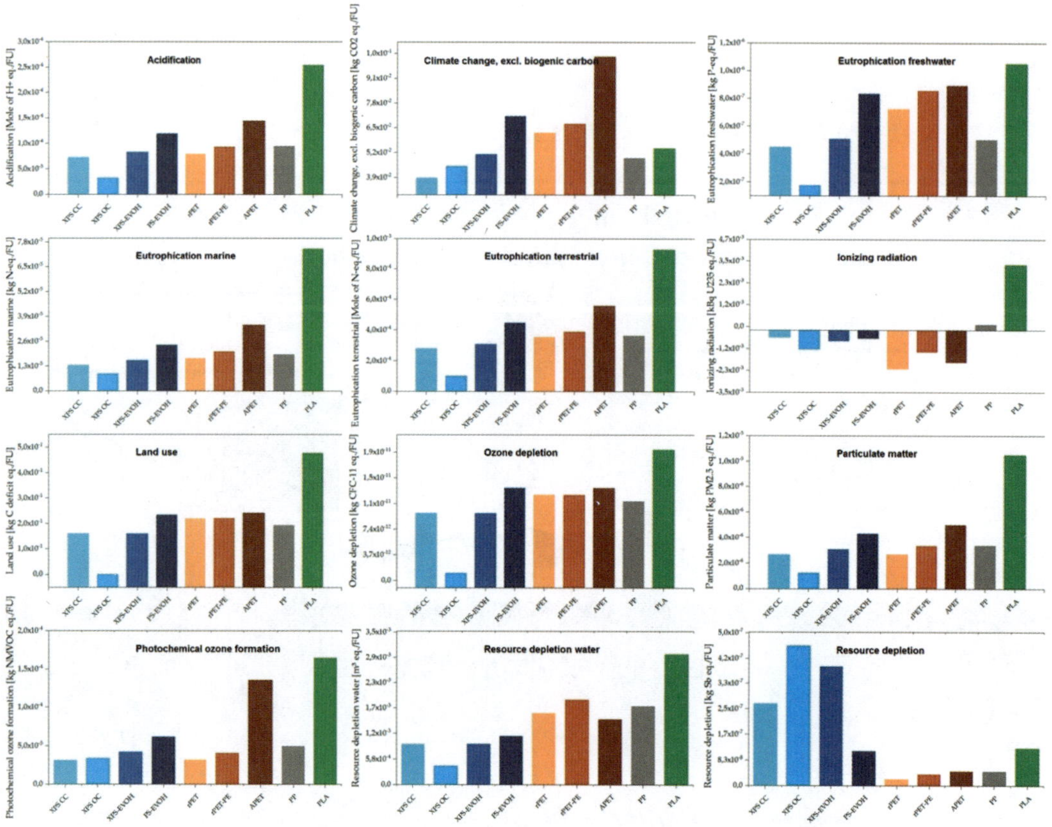

图 1-40 各种包装材料在生命周期各阶段对环境的其他影响

如果能分析、利用好以上数据，品牌商或制造商就可以创造更具创新性、可持续的产品和包装，设计更好的流程，以及设置更精确的成本节约指标。

例如，美国一家大型健身器材制造商希望通过小件包裹承运商运送举重设备和必要的配件。该制造商通过设计迭代使产品的体积变得更小，产品的模块化设计还能让最终消费者在家享受 DIY 式组装的乐趣，整个包装系统也随之重新设计，使得包装外尺寸符合 FedEx 和 UPS 的尺寸要求，避免了每批货物 150 美元的附加费。

关于更多的关于生命周期分析和可持续包装应用的案例，我们会在本书第三篇展开叙述。

扫描下方二维码，了解这方面的趋势：

趋势 3 智能互动包装

想象一下消费者在超市购买食材时的心理活动：有人担心变质，有人担心商品的真伪，也有人想知道原产地，还有的人可能不知道如何烹饪某种食材。这时如果有一款食材的包装使用了智能传感技术，当您扫描包装上的二维码时，会得到上述信息，是不是很方便？

2. 商业趋势

趋势 4　包装设计日趋个性化

在欧美国家和中国，年轻消费者的消费理念正在变化，他们不再盲目追随传统大品牌，反而更青睐具有独特的个性化设计和产品理念的小众品牌。包装设计成为区分不同品牌调性及同一品牌不同品类的重要手段之一，其个性化的趋势会更加突出。

趋势 5　更易受到销售方式的影响

全渠道销售（Omni-channel Retailing）会影响到包装的设计风格和包装的多样化，例如，亚马逊平台和 COSTCO 卖场对产品包装的要求是截然不同的，很多品牌商会采用通用设计（Generic Design），也有的品牌商会分别设计适合不同销售渠道的定制包装（Customized Packaging）。不同的方式各有利弊，最终取决于包装预算的多少和品牌的调性。

趋势 6　包装设计更新周期越来越短

季节性包装（Seasonal Packaging）逐步兴起。一般来说，欧洲国家生产的产品，其包装设计更新换代的周期是 5～6 月，国内很多产品的包装设计更换周期则是 1～2 年。

3. 审美趋势

趋势 7　包装设计日趋多元化

随着消费群体的细分，消费者的审美越来越多元化，包装的视觉设计也随之多元化，极简主义（Minimalism）、复古风、手绘涂鸦风、卡通二次元风等将百花齐放、百家争鸣。包装的结构设计则更加讲究外简内繁的内涵设计。

4. 人文关怀趋势

趋势 8　包装设计要能给消费者提供便利和情绪价值

包装设计要能给消费者提供便利和情绪价值，如专为儿童和老年人设计的简单包装、专为盲人设计的人体工学包装、关注人们精神健康的包装、宣传保护稀有动物的包装等。

拿食品、饮料的包装来说，消费群体中的儿童和老年人都有敏捷度和力量上的不足，相关的包装设计要尽量遵从“简单愚蠢”的KISS原则（即Keep It Simple and Stupid）①，做到包装大小适当、容易握持、易于开合。此外，对于老年人视力下降的现象，包装的开口

---

① 这里所说的愚蠢不是贬义的，而是指非常容易理解，类似“傻瓜相机”中傻瓜表达的意思。

标志要足够大、直观和清晰。事实上，这类照顾特殊群体的人性化包装设计最终来看对所有年龄层的消费者也都是有益的。

对于高科技产品的包装，关怀行动不便人士的无障碍包装设计更是发展迅速。例如，微软的包装团队在为新的 XBox Adaptive Controller 设计包装（见图 1-41）时，考虑到有需要帮助的游戏玩家群体的特殊需求，其包装结构设计经过一百多次迭代，最终能让这些游戏玩家只用一只手就可以轻松打开包装盒并取出商品。

图 1-41　XBox Adaptive Controller 的包装

在这个充满人文关怀的包装结构设计中，最关键的部分就是如图 1-42 所示的环形设计。

图 1-42　XBox Adaptive Controller 包装的环形设计

要想成为一名全面发展的包装工程师，既要踏踏实实做好手头的工作，也需要时不时抬头看看远方的路，把握大方向和趋势，希望以上对趋势的分析对您有所启发。

扫描下方二维码，了解 Xbox Adaptive Controller 包装的开箱视频：

1.6 前景较好的包装细分领域

随着人们生活方式的变化和硬科技（Hard Tech）的进步，以下细分领域的包装产业有机会迎来高增长。本书的包装设计案例也大多会聚焦在这些领域：

- 美妆日化产品包装（其在亚洲地区一直处于高增长态势）。
- 即食食品和外卖包装（如可微波加热的即食食品包装）。
- 宠物周边产品包装。
- 奢侈品&高端产品包装。
- 个人护理产品和小家电包装。
- 冷链物流包装。
- 物联网（IOT）+包装。

在一家市场调查公司对近年来包装应用市场的预测中，物联网+包装（又称智能包装）成为最被看好的领域（见图 1-43）。包装依靠二维码和简单的增强现实（AR）来吸引用户注意力的方式已经落后，由物联网加持的智能包装将成为主流。

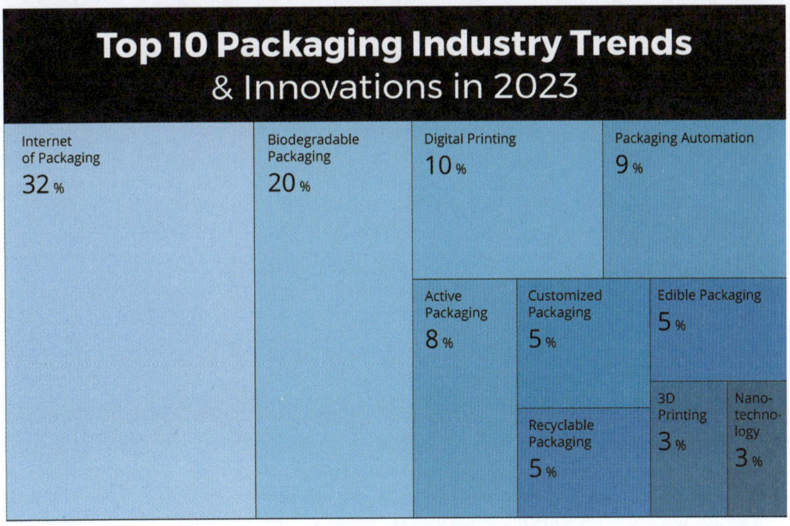

图 1-43　物联网（IOT）对包装的影响

相比传统包装，智能包装具有诸多优势：对于品牌商而言，采用智能包装更易于与消费者互动、减少假冒产品生存空间、实时跟踪和分析产品、延长保质期等；对于制造商和分销商而言，包装上的传感器可以简化运营、提升供应链和仓库管理效率、提高安全性及降低成本。

本篇小结：

至此，我们的包装先导片已经将包装产业链上的主要参与者、工作场景、必备技能、薪资水平、职业前景、设计发展趋势和细分领域都讲完了，希望此篇能给您一个俯瞰的视角，让您心中有丘壑，眼里有包装。

《小王子》里有一句很经典的话：如果您想造一艘船，先不要雇人收集木头，也不要给人分配任务，而是激发他们对海洋的渴望。希望我们这篇“先导片”也能激发您对这个行业的热忱！

第二篇

跟着跨国企业学习，从 0 到 1 做包装

本篇我们会从洞察消费者的真实需求开始，定义包装的设计方向和理念，并进行快速的工程实现，然后代入商品的生产制造和零售场景，验证、测试包装设计方案，管理包装的视觉设计和技术规格，参与大货生产和包装迭代，从 0 到 1 一气呵成，完成整个包装项目。同时，本篇也将帮您把所学的包装设计、包装材料、包装工程、包装测试、印刷色彩管理及项目管理等知识串联起来加以应用，打通您的“任督二脉”。

2.1 Step 1 商品的包装由谁来决定

2.1.1 外部客户（零售商、消费者）

在本书的使用说明中，提到过本书内容主要聚焦零售包装。英语语境里有三个跟零售相关的单词：Customer、Consumer、User，分别对应中文里的客户、消费者、用户。我们先简单说一下它们的区别。

Customer（客户）是商品/服务的购买者，可以是企业客户（to B），也可以是个人客户（to C），Customer（客户）并不一定需要使用该商品/服务，而 Consumer（消费者）是具体使用这些商品/服务的 User（用户），在本书的语境中 Consumer 与 User 在绝大部分情况下意思相同。

听起来有点“绕”，那就举个具体的例子吧：

假设您所在的公司开发的 MR 眼镜，一年后成功出货给北美的某个知名零售商，然后，

一个年轻的程序员从该零售商的连锁店买了一套包装完好的 MR 眼镜，用于体验各种游戏或用于游戏开发；某天，他把 MR 眼镜拿到公司与同事分享使用体验，结果一位中年同事也觉得这款商品不错，于是也去附近的连锁店买了一套包装完好的 MR 眼镜，送给自己上中学的孩子作为圣诞礼物。孩子主要用它来体验各种游戏，或用于上科学课。

在这个销售场景中，零售商是您所在的公司的企业客户，年轻的程序员和他的中年同事则是个人客户，年轻的程序员和中学生是用户（User）。如果这款 MR 眼镜及其包装能让其用户觉得满意或愉悦，他们会通过自媒体自发推荐分享，从而给商品带来好口碑（Word of Mouth）。如果能快速打开市场，那您所在的公司对这个项目的投资也会得到丰厚的回报，您的职业生涯也会随之闪亮。

介绍过必要的背景知识后，先来看看零售商对包装的影响力。

1. 外部客户之零售商

还是以 MR 眼镜为例。首先，通常由擅长产品制造的中国厂商按照品牌商的设计要求打样、测试、量产（这种生产方式被业内称作 ODM），然后，被包装好的商品从 ODM 工厂出发，经过海运或空运到达北美或欧洲，然后再经陆路运输到达零售商的仓库，再被摆上货架，其路线图如图 2-1 所示，图中最右端的零售商可以是百思买（BEST BUY）/沃尔玛（WAL-MART）/塔吉特（TARGET）/开市客（COSTCO）等线下连锁商超（见图 2-2），可以是亚马逊（Amazon）这样的电商平台，还可以是某品牌商的自建体验店。

图 2-1 商品从工厂到货架的路线图

图 2-2 部分零售商

1）传统线下商超

在北美，线下商超仍是消费者购物的主要场所，虽然从 2020 年开始，受新冠疫情的影响，亚马逊、Shopify 等电商平台的销量大增，但时至今日，北美的电商平台销售占比仍然低于线下商超；反观国内，电商购物和配套的物流体系已经相当发达，线下商超的销售占比则一直在萎缩。

那为什么设计包装时要把零售商作为客户来看待呢？举两个例子。

例 1

某个品牌的消费类电子产品是通过多渠道销售的，除去自家的线下体验店和电商旗舰店，其商品也需要放在上述传统线下商超进行拓展销售，因为这些传统卖场有忠实的用户群体或会员。

例 2

2018 年前后，国内的跨境电商行业异军突起，深圳成为消费类电子产品的供应商聚集地。这些消费类电子产品会在亚马逊电商平台上销售，也会摆放在线下商超的货柜中，以增加曝光度。

各家线下商超对包装外观的要求不尽相同，就拿北美最大的消费类电子产品零售商百思买来说，为了方便客户快速找到想要的商品，创造更好的实体店购物体验，百思买的实体店会在店内设置分类展示区，对货架的摆放进行统一的形象管理（见图 2-3），对进驻的所有品牌商的商品的包装外观、尺寸、标签、质量等做出统一指导要求（见图 2-4），例如：

- 便于展示（可悬挂亦可站立在货架上）和储藏。
- 满足货架吸引力和防盗相关要求。
- 外观尺寸满足相关要求，商品名称容易分辨。
- 包装要经得起配送、装卸、上架等过程中的野蛮操作而不会破损。
- 标签齐全，易于在收银台或其他终端处理。
- 不要过度包装或包装减量化（Less packaging）。

如果供货商不遵守包装方面的某些要求，则其产品不会被纳入分类展示区，所以每次开发新商品时，品牌商负责渠道销售的人员需要提前跟这些零售商实体店的相关负责人沟通，有时还需要提交包装模拟彩样供其测试摆放效果；如果跟零售商的合作关系密切，商品分得的货架位置也会更有优势。

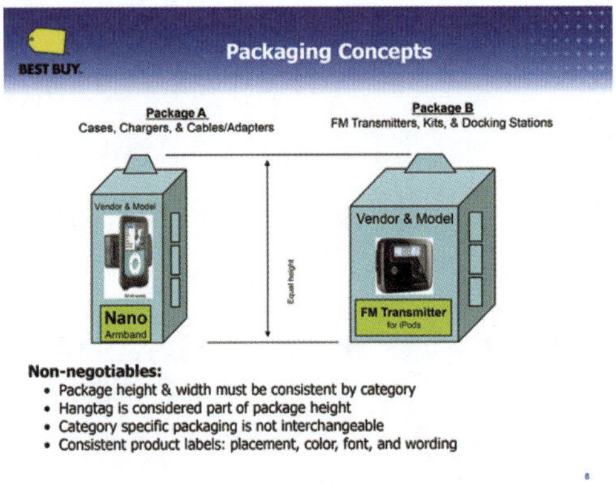

图 2-3　实体店对货架摆放进行统一形象管理

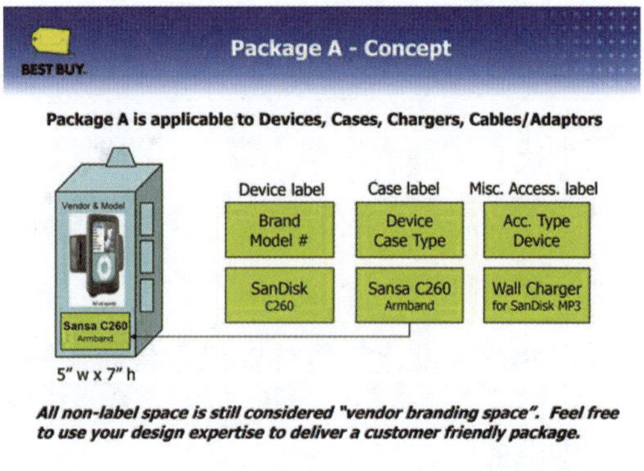

图 2-4　零售商对商品包装要求的示例

百思买在提出这些对零售包装的限制条件的同时，也不忘提醒品牌商尽量设计对消费者友好的包装和对环境友好的可持续包装。

说到对可持续包装的要求，全球知名零售商沃尔玛的要求相对较为严格。从 2008 年起，沃尔玛就开始动员其全球范围内六万余家供应商减少包装。沃尔玛曾做过如下测算：减少 5%的包装，将减少数以百万磅计的垃圾被运往垃圾填埋场，排放到空气中的二氧化碳也相应减少，同时，此举相当于每年在公路上把 21.3 万辆卡车撤下来；或者相当于节约 32.3 万吨煤炭。另外，这个计划还能帮沃尔玛每年节约 34 亿美元的开支。

沃尔玛当时还围绕 7R（Remove、Reduce、Reuse、Recycle、Renew、Revenue、Read）推出了可持续包装记分卡（Sustainable Packaging Scorecard，以下简称记分卡）。这也是沃尔玛在其供应链中使用的第一个可持续性测量工具（见图 2-5 和图 2-6）。

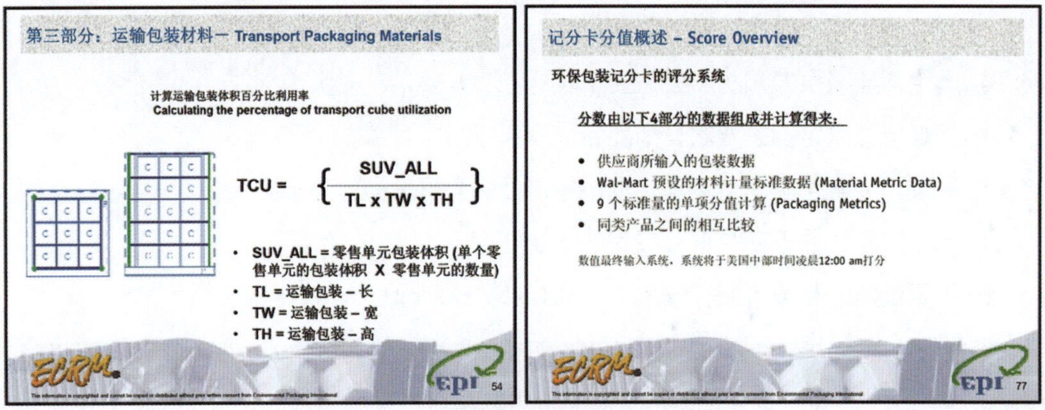

图 2-5　记分卡的计算方式举例（1）

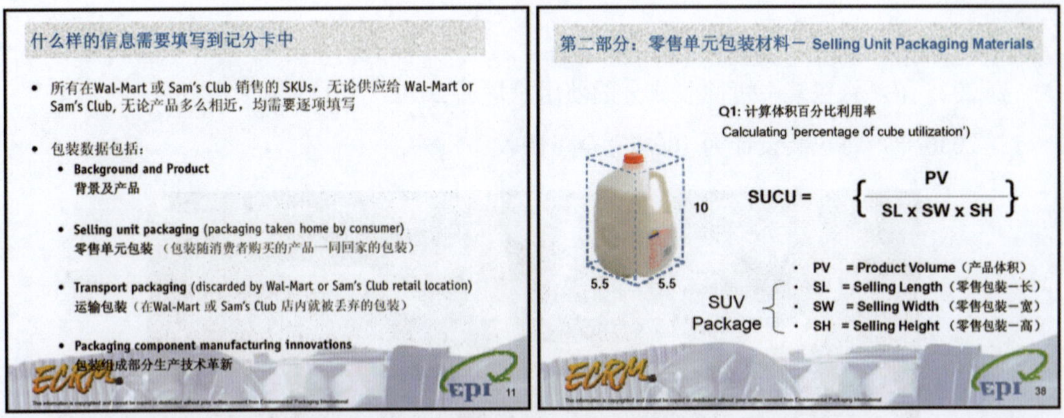

图 2-6　记分卡的计算方式示例（2）

记分卡的评分内容大致如下：

- 生产每吨商品的温室气体/二氧化碳排放量（GHG/CO_2 per ton of Production）占总分的 15%。
- 材料价值（Material Value）占总分的 15%。
- 商品/包装比（Product/Package Ratio）占总分的 15%。
- 货柜空间利用率（Cube Utilization）占总分的 15%。
- 运输过程（Transportation）占总分的 10%。
- 包装材料的回收利用（Recycled Content）占总分的 10%。
- 包装的可再生价值（Recovery Value）占总分的 10%。
- 是否使用了可再生能源（Renewable Energy）占总分的 5%。
- 创新程度（Innovation）占总分的 5%。

但在实际执行层面上，将包装的可持续性量化为一个简单的分数具有一定的局限性，因为整个过程有很多不确定因素，计算得出的分数不一定能在所有场景下都客观地反映包装的可持续性，所以在 2016 年，沃尔玛将可持续包装记分卡改为包装指导手册。在包装指导手册中，沃尔玛向供应商强调的优先事项之一是支持回收利用（见图 2-7），其次是倡导优化包装设计和可持续采购。

对于自有品牌的包装，沃尔玛则要求全部采用可回收材料并印上可持续包装联盟（SPC）的“如何回收”（“How2Recycle”）标签，以指导消费者回收包装。同时，沃尔玛鼓励供应商践行零塑料废弃物愿景（Zero Plastic Waste Aspiration），承诺：

到 2025 年，将减少 10%的原生塑料包装。

到 2025 年，将包装重量减轻 10%。

到 2025 年，将包装中可回收成分的使用量增加 20%。

到 2030 年，将包装设计为 100%完全可回收。

图 2-7　包装的回收利用

除去对可持续包装的要求之外，沃尔玛对供应链的管理也一直以高效著称。例如，对于服饰、电子产品、家居产品、体育用品、汽车用品等类别的货物，沃尔玛要求供应商在 2022 年 9 月后必须将当前所用的 UPC 条形码标签更换为射频识别（RFID）标签。

RFID 标签（见图 2-8）一般会被放到包装物料表中，作为包装系统的一部分，也是包装创新的应用领域之一。如果某公司的消费类电子产品将来会进入沃尔玛的销售渠道，那么该公司需要结合沃尔玛的供应链系统，对零售包装运输纸箱和托盘进行感知信息的关联，这样就可以对组装生产线，以及打包、装托盘及出货的全过程实现系统状态监控。

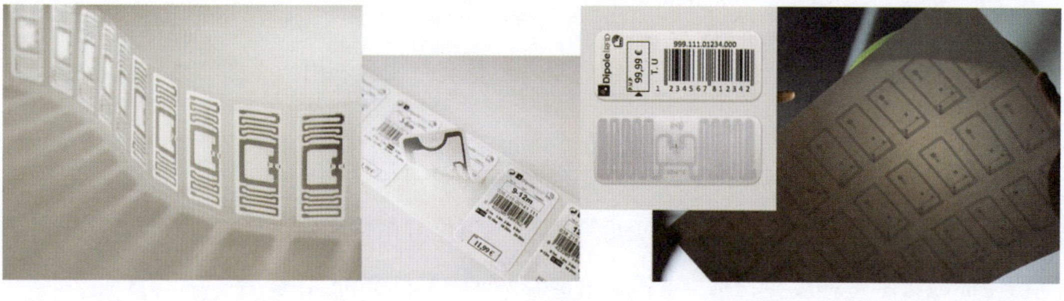

图 2-8　RFID 标签

数据的收集、存储和处理系统是沃尔玛控制商品及其物流的强大武器，若上述关于 RFID 的计划实施顺利，沃尔玛的供应链管理将又前进一大步，与之相比，目前大部分企业仍大量采用条形码、ERP 和数据仓库等技术管理自己的生产和销售过程。

扫描下方二维码，了解 RFID 的基础知识和应用场景：

其实早在2003年，沃尔玛就计划使用RFID标签代替包装箱上的UPC条形码，但受制于 RFID 标签的成本、可靠性，数据处理和分析的成本，以及系统升级成本等因素，计划的推进一度受阻，由此可见，创新不仅要有前瞻性眼光和科学的预判，还需要具备天时、地利与人和。

简单介绍一下 RFID 标签在零售业务中的优势：

- 节省运营成本（例如，据沃尔玛测算，使用 RFID 标签预计每年可为沃尔玛节省 80 亿美元的运营成本），主要是配送中心员工工资，因为不再需要手动扫描所有进货商品。
- 库存减少 5%～10%，不必保留“安全库存”，因为能确切地知道每种商品的库存量，并且可以在正确的时间订购新商品。
- 可以即时获得准确的信息流，完善物流过程中的监控，商品周转率提高 2%～10%。
- 减少了物流过程中不必要的环节及损失，运输成本降低 2%～4%。
- 货架商品改善率达 5%～8%，可以及时根据消费者的消费偏好调整优化商品结构，减少了客户流向竞争对手的概率，获得更高的用户满意度和忠诚度。

需要提醒的是，沃尔玛这个级别的大零售商对于想进入它的卖场的制造商或品牌商来说，是绝对强势的。要保持长期的合作关系，制造商或品牌商需要及时了解沃尔玛对包装和标签要求的变化。2022 年 7 月份就有制造商因为不清楚沃尔玛对于包装和标签要求的变动而收到罚单。

相比之下，介于批发和零售模式之间的专门出售大包装商品的会员制零售商 COSTCO 对零售包装的要求就没有那么苛刻了，如果您有机会去北美地区的 COSTCO 探店，会发现很多小件商品通常也都使用大尺寸包装（见图 2-9）。这种方式虽然用额外的营销空间帮助小件物品在其他大件商品中脱颖而出，但是也确实有点浪费材料，按照其他零售商的标准，这种包装也一定会被归为过度包装，但这实际上是 COSTCO 降低用户购物成本的一种策略，在供应链高效率和包装的可持续环保之间，COSTCO 更注重前者。

扫描下方的二维码，查看 COSTCO 常用的 PDQ shelf display：

COSTCO 的托盘、叉车系统有固定的标准，40 英寸×48 英寸的托盘（Pallet），叉车每次能搬运两层，每个托盘最多可装四层展示纸箱（PDQ

Shelf Display）。叉车将托盘上的商品搬运到卖场，其外层纸板或包装纸的保护层被移除后，商品就可以出售了，员工几乎不需要进行额外处理，这样就减少了人工干预。相比之下，其他零售商需要员工拆开箱中箱，然后把商品摆放到货架上，费时费力。

图 2-9　用大尺寸包装的小件商品

在可持续环保方面，COSTCO 在其发布的包装指南中也会鼓励供应商使用可回收材料，在不损害商品质量的情况下尽可能减少用料，但其更看重供应链的高效运转和用户购物成本的节省。为了实现更高效的运输、存储和销售，COSTCO 对码垛方式、运输纸箱、展示纸箱、托盘等都有比较明确的指导和要求，这可以从其发布的结构包装规格文件目录（见图 2-10）窥见一斑。例如，这个结构包装规格文件目录对展示类包装、非展示类包装及袋装产品的装托方式都提出了相应的规格要求。

2）电商和新零售场景对包装提出新要求

全球排名靠前的电商平台有亚马逊、eBay、乐天（Rakuten）、阿里速卖通（Ali Express）、沃尔玛（WAL-MART）、虾皮（Shopee）等。其中，亚马逊是北美最大的电商平台，也是全球商品品类最多的线上零售商。

COSTCO WHOLESALE

Structural Packaging Specifications

Table of Contents — Page

图 2-10　COSTCO 发布的结构包装规格文件目录

这些电商平台的销量排在前十名的商品品类涵盖了日用品、服饰、手工艺品、家居用品、唱片（含光盘）、体育商品、书籍、玩具等。北美消费者为这些电商平台创造了最多的流量，其次是欧洲和东亚（主要包括中国和日本）的消费者。作为一名包装从业者，也需要对以上销售平台和品类的信息有一个大概的了解，这样您做出的包装与新零售场景的适配度会更高。

对于传统零售商来说，货架上商品的展示包装最好能快速吸引消费者的注意力，而对于电商平台，零售包装对客户购买决定的影响要小很多，所以电商零售包装可以不必做得跟展示包装一样花哨或吸睛，也不必采取防盗设计等，但是仍然要考虑客户收到快递包裹后的开箱体验和包装的整体质感，因为这会直接影响客户对商品和服务的评价。

电商平台上卖家经常收到的差评有一部分就源自商品的包装，主要集中在以下几点：商品被过度包装（如配送一小瓶药水却用了一大堆包装材料，造成资源的浪费，见图 2-11）、快递包裹拆起来很麻烦、包装材料味道大、所用材料不环保、包装破损等。

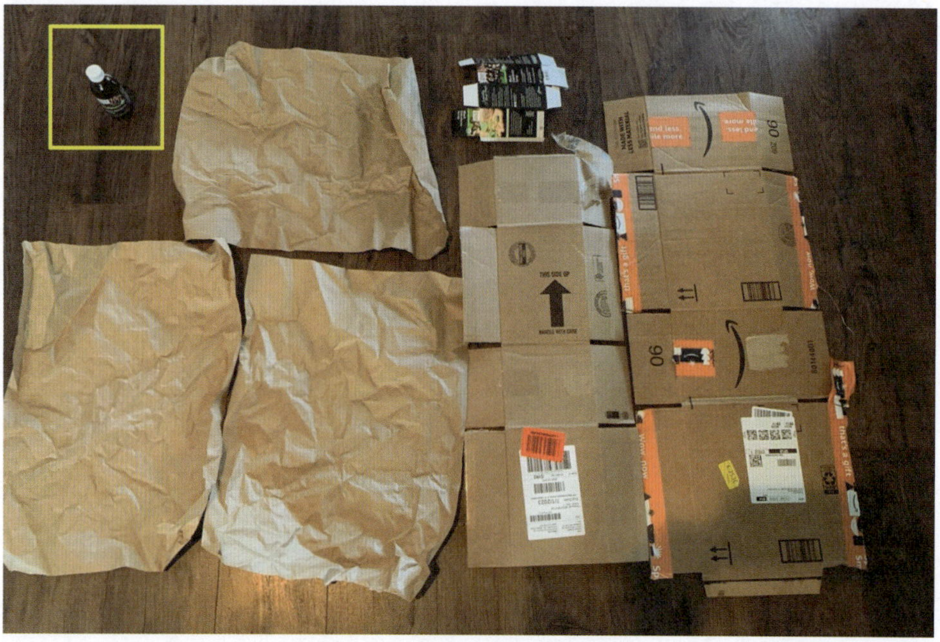

图 2-11 快递包装的材料浪费

为了改善消费者的网购体验，提高供应链效率，亚马逊早在 2008 年就开始推出无忧包装（Frustration-Free Packaging，FFP）认证计划，也有人将 FFP 译为简约包装或无挫折包装。不管哪种称呼，都旨在让网购消费者获得正向的开箱体验，同时，参与者（制造商、品牌商、销售商等）也会在各自的供应链中获益。

在介绍 FFP 认证计划前，先科普一下亚马逊的 FBA（Fulfillment By Amazon）物流服务。它依托于亚马逊在世界各地建立的专门的物流配送中心（Fulfillment Center，FC），亚马逊平台上的卖家可以先将商品批量发送至相应的亚马逊物流配送中心，由亚马逊员工负责帮助卖家存储和上架商品；当消费者在亚马逊平台下单后，由亚马逊完成订单分拣、打包（Pack），将卖家的带有零售包装的商品装入有亚马逊统一标识的外箱，并进行发货（Shipping）、退货等客户服务，帮助卖家节省人力、物力和财力。

当然了，天下没有免费的午餐，卖家在使用 FBA 物流服务时，亚马逊会收取相应的服务费用，一般是按件收费。每件收费的标准又跟商品的重量、零售包装外尺寸有关，而且这个 FBA 物流服务费用每年都会调整（在本节后半部分，我们将在电商包装成本节省案例中举例说明）。

亚马逊一直希望简化上面提及的“打包”这一步骤，其最终的理想目标是卖家向其物流配送中心提供能够充分保护商品的包装，物流配送中心的员工或机器人只需要在发货之前贴上标签即可，不需要再使用亚马逊外箱，从而大大减少包装材料浪费和提高供应链效率，所以亚马逊对电商包装的要求一直在优化迭代。

扫描下方二维码，观看亚马逊物流配送中心的自动化运行场景：

3）亚马逊平台的 FFP 认证计划

到 2023 年初，亚马逊平台的 FFP 认证计划将卖家的单件商品的零售包装分为 3 个级别（见图 2-12）：

第 1 级（Tier 1）：无忧包装（FFP）。

第 2 级（Tier 2）：自有包装（SIOC）。

第 3 级（Tier 3）：无准备包装（Prep-Free Packaging，PFP）。

自此，“FFP”既可用于表示整个认证计划，又可用来表示该计划的第 1 级。

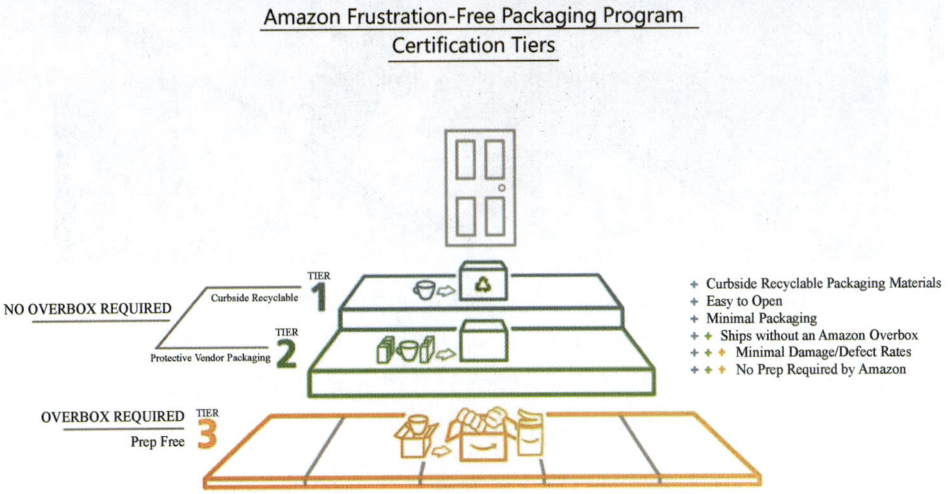

图 2-12　亚马逊平台的 FFP 认证计划

从图 2-12、图 2-13 可以看出，第 1 级无忧包装（FFP）的认证标准最严格；第 2 级自有包装（SIOC）的认证难度居中；对卖家来讲，申请第 3 级的 PFP 认证是最简便、最容易实现的，适用于包装尺寸小于 6"(152.4mm)×4"(101.6mm)×0.375"(9.5mm)的商品。亚马逊物流配送中心不需要为保护商品而做任何准备（即无准备），但是需要准备一个额外的运输纸箱（外箱），把卖家的包装好的商品装进去，贴上标签，然后再发送给消费者（见图 2-14）。这个外箱在亚马逊看来就属于被浪费的包装材料。

Certification Requirements

	Amazon Packaging Certification Tiers		
REQUIREMENTS:	**Tier 1 (FFP)**	**Tier 2 (SIOC)**	**Tier 3 (PFP)**
Protective Against Damage • ISTA 6 Compliant • No Amazon-Prep Required	✓	✓	✓
Designed to Reduce Waste • Ships Without an Amazon Overbox	✓	✓	
Recyclable Packaging	✓		
Easy-To-Open	✓		

图 2-13　亚马逊平台的 FFP 认证计划中三个级别的对比

图 2-14　亚马逊物流配送中心的外箱

如果卖家的商品没有经过任何认证，或者只获得了第 3 级 PFP 认证，卖家需要继续为不可自动分拣的商品支付 1.99 美元/件的费用。

如果卖家为商品设计的零售包装尺寸大于等于 6"（152.4mm）×4"（101.6mm）×0.375"（9.5mm）或者重量超过 5 磅，且符合以下条件，则可以申请第 2 级的 SIOC 认证。

（1）能完全通过 ISTA 6A 测试（我们会在后面包装测试部分专门讲一下亚马逊的电商包装测试标准），保护商品免受损坏。

（2）发货时不再需要亚马逊的外箱，减少包装材料浪费和碳足迹。

符合 SIOC 认证的包装形式可参考图 2-15。

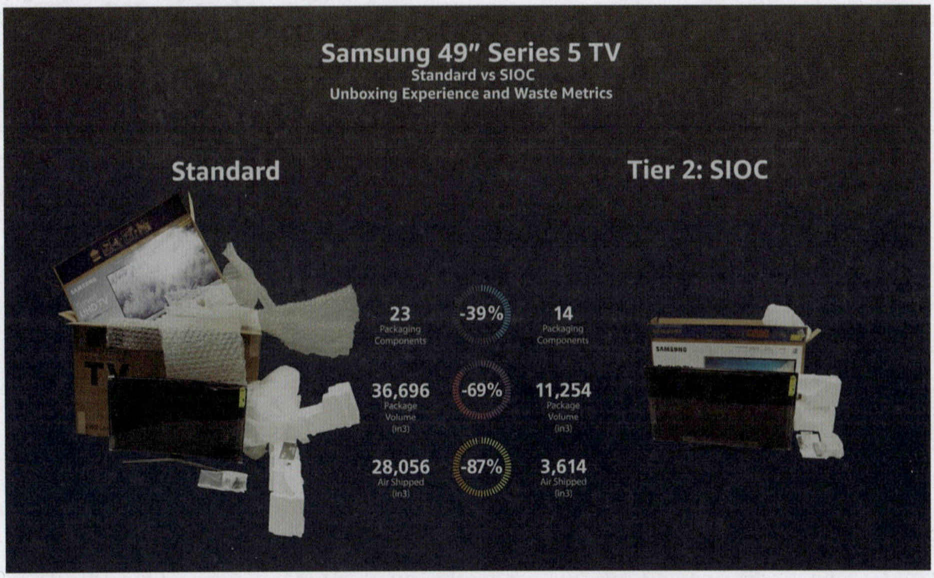

图 2-15　符合 SIOC 认证的包装形式

通过第 2 级的 SIOC 认证后，可以继续申请第 1 级的 FFP 认证，但是 FFP 认证的要求更为苛刻，在通过 SIOC 认证的基础上，还需要满足以下条件：

（1）包装必须使用 100%的路边可回收（Curbside Recyclable）材料，如瓦楞纸板、纸张或部分标有 SPI 代码（1：PET、2：HDPE、5：PP）的塑料材料。

（2）包装盒内不含塑料材质的缓冲件、吸塑包装、捆扎带、碎纸、缓冲花生（Peanut）和焊接蛤壳，并遵守市场所在国或地区的与包装相关的法规。

（3）包装必须容易被用户打开，只需要有限地使用剪刀或美工刀就可以打开，所有内容物必须可在 120 秒内从包装中取出。

符合 FFP 认证的包装形式可参考图 2-16。

达到第 1 级的 FFP 认证的包装必须采用最少的包装材料。亚马逊通过盒子利用率得分（Box-Utilization Score）来确定这一点，计算方法是将商品的体积除以包装的总体积。对于一般的商品，该得分必须大于 50%；对于精致、易碎的商品（见图 2-17 中的酒杯），该得分必须大于 30%。

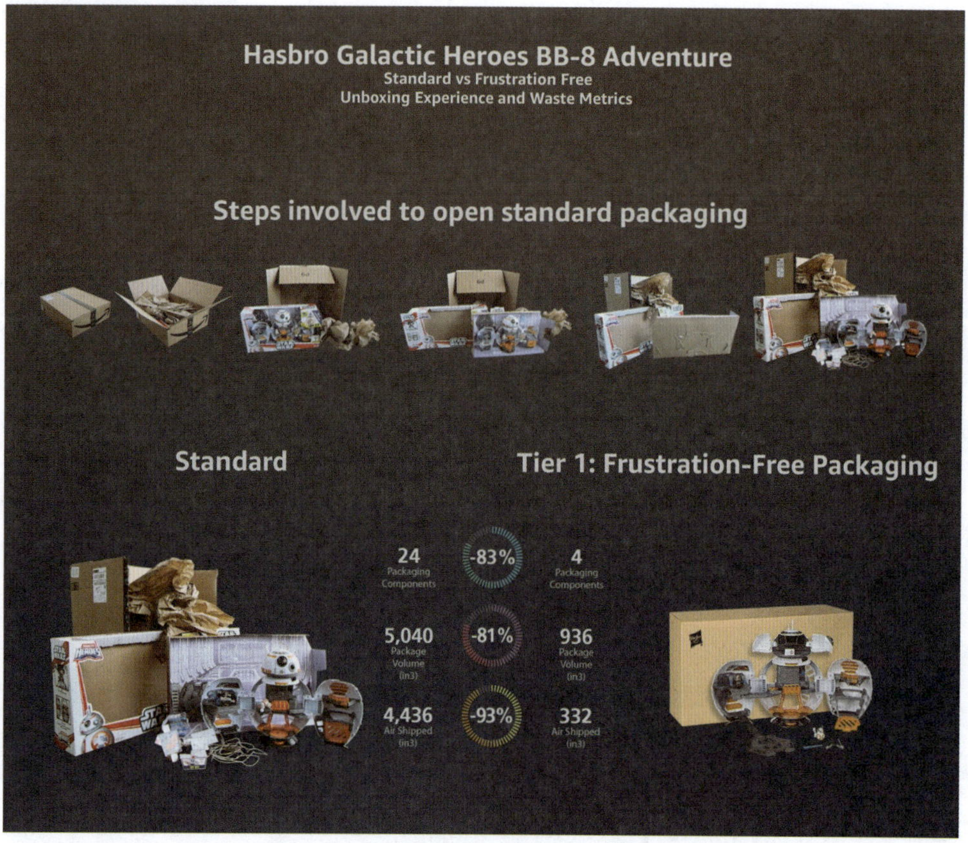

图 2–16　符合 FFP 认证的包装形式

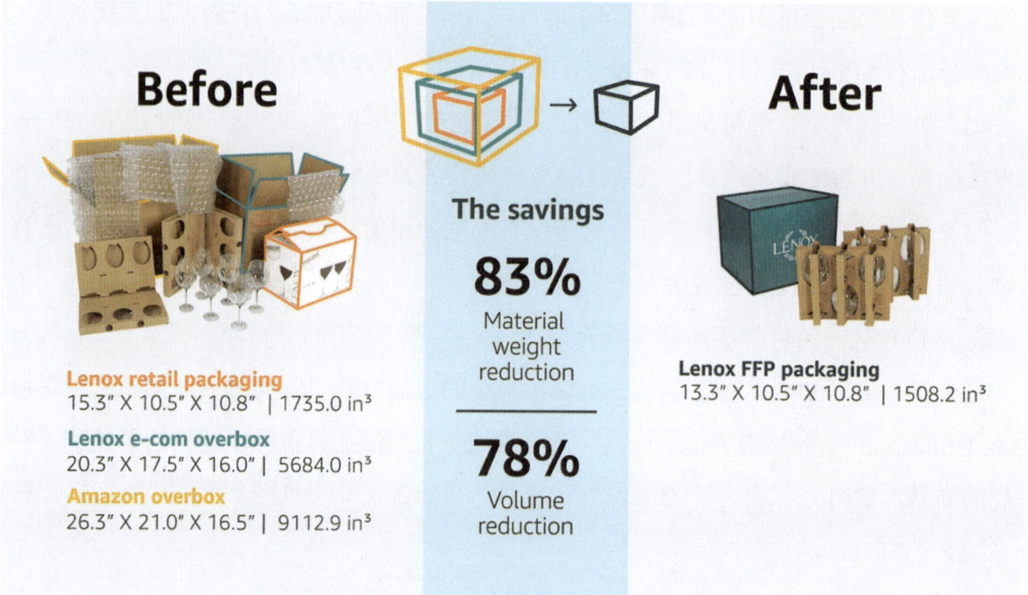

图 2–17　亚马逊的盒子利用率得分计算示例

亚马逊 FFP 认证计划的认证流程如图 2-18 所示。

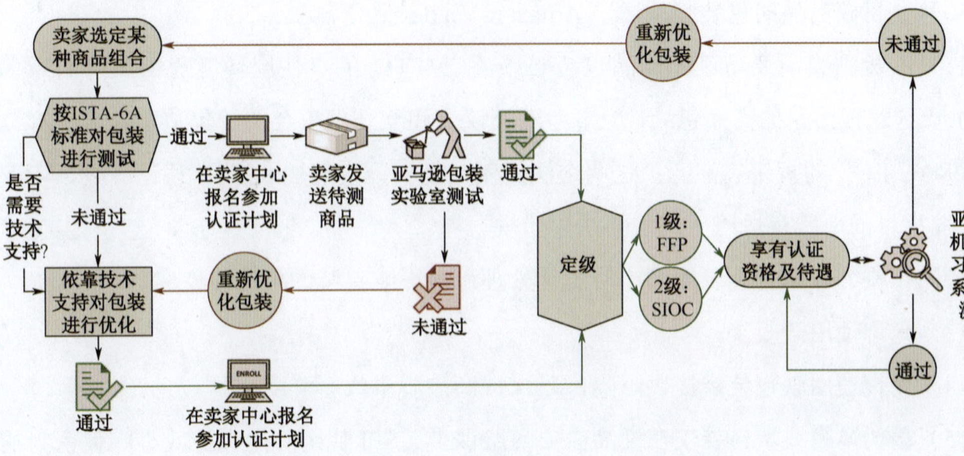

图 2-18 亚马逊 FFP 认证计划的认证流程

从 2019 年 10 月 1 日起，亚马逊开始强制执行上述第 1 级或第 2 级认证，要求卖家的商品包装至少要符合其中的一个，许多供应商纷纷响应以避免罚款。

目前亚马逊正在继续扩大该认证计划的适用范围（包括可自动分拣商品和不可自动分拣商品）。为激励更多卖家积极参与到该认证计划中来，亚马逊对于每件经过认证的商品，给予卖家 0.08～6.49 美元不等的奖励（注：该奖励有一定的时效性，且奖励金额与具体的认证等级和节省的空间相关）。

卖家如果要申请加入亚马逊 FFP 认证计划，还需要满足一些前提条件：

（1）确保所售商品是全新的并且由卖家制造或委托制造，二手商品或翻新商品不能加入 FFP 认证计划。

（2）卖家必须已经在使用亚马逊 FBA 服务且申请认证的商品经过品牌备案。

（3）商品有库存，缺货商品不能加入 FFP 认证计划。

（4）危险品（如带有锂电池的商品）和生鲜商品不能加入 FFP 认证计划。

（5）仅使用唯一的 UPC 代码/重复利用 UPC 代码/没有 UPC 代码的商品不能加入 FFP 认证计划。

（6）商品符合亚马逊规定的尺寸范围和重量要求（注意：这些数据会经常被调整）。

（7）六面硬瓦楞纸箱是首选的包装方法，纸箱表面必须平整，没有凸起，允许有手提孔/检修孔。

（8）对于小件商品，卖家可以使用带衬垫的牛皮纸袋或硬质信封。

（9）易碎商品的包装必须通过 ISTA 6-A SIOC 测试。

（10）非易碎商品的包装必须通过 Amazon-Vendor 跌落测试。

（11）供货到美国亚马逊的商品包装必须遵守 FTC 的“使用环境营销声明的绿色指南”；供货到欧盟国家的商品包装，应参考欧洲议会和欧洲理事会关于包装和包装废弃物的“指令 94/62/EC”的规定。注意：这两个法规仅是示例，要想加入 FFP 认证计划，卖家必须遵守发货目的地所有适用于包装的法律法规。

（12）印刷方式和包装表面的印后工艺处理不能影响包装的可回收性。

（13）允许使用硅胶袋。

（14）允许使用软包装袋提供阻隔，以保持商品质量或新鲜度。

（15）塑料薄膜或塑料袋仅在商品需要耐磨保护、SPI 代码防尘保护或小零件密封的情况下才被允许使用，且只限于印有 SPI 代码 2（HDPE）和 SPI 代码 4（LDPE）的塑料薄膜或塑料袋。

（16）捆扎带只能用于整理线缆，不能用于将商品固定到包装上。

（17）卖家提供的包装必须用胶水或胶带充分密封商品，不允许使用订书钉作为密封方法。

4）对亚马逊 FFP 认证计划的评价

对于通过 FFP 认证后的商品，消费者在亚马逊平台上下单时，可以在“样式”下选择商品的运输方式（见图 2-19，可选择“AAA Pack of 40 Frustration-Free”），这样，物流系统将商品送达客户手中的过程就不需要任何额外的亚马逊包装盒了。

图 2-19　选择商品的运输方式

为了帮助卖家更快地通过 FFP 认证，亚马逊安排了亚马逊包装支持和供应商网络（APASS）来帮助供应商满足卖家的包装需求，但这个网络对国内的卖家在优化包装方面帮助不大。

从上述认证要求、奖励措施和支持网络等可以看出，亚马逊对电商包装的优化可以说是面面俱到，体现了大公司的可持续包装理念和 ESG 责任感，同时显著减少了电商包装废弃物对环境的影响。正如亚马逊在其官网上声明的：亚马逊的使命是通过与全球制造商合作，优化整体的客户体验，创造可持续的包装，让客户满意，消除浪费，同时保证商品质量，确保商品完好无损地抵达消费者手中。

不过，这种认证和标准化也存在一些弊端：

（1）认证过程比较烦琐，费时费力，第三方认证的平均费用在 1000～1600 美元之间，这对中小规模的卖家并不友好。

（2）在众多包装法规的限制下，卖家较难创建适合其品牌调性的个性化包装。

（3）在某些情况下，卖家需要衡量加入 FFP 认证计划是否值得。例如，卖家只有少量 SKU 商品使用亚马逊 FBA 服务，支付退款费用可能会比加入 FFP 认证计划成本更低；或者，通过了 SIOC 或 FFP 认证后，反而造成远洋运输碳排放增多和海运成本上升，付出的代价可能比从亚马逊获得的奖励还要高。

不管怎么样，亚马逊推进可持续包装的态度和责任感仍然非常值得国内的电商平台学习。国内的电商行业发达程度远超过北美，但几大电商平台对快递包装的管理却还比较粗放，可能受限于人才密度、成本及创新能力，也可能其优化或创新包装的责任感和意愿不强烈，如对聚氯乙烯（PVC）材质的透明胶带和劣质塑料袋的滥用，要知道这些材料在土壤里要耗时百年才能降解，地下水会受到微塑料颗粒的污染。

快速增长的电商包装垃圾给环境带来极大的隐患，这是电商平台、快递公司、商品/包装制造商及消费者无法回避的挑战。一方面，我们的包装设计理念和方法论要持续创新；另一方面，实力雄厚的大企业应向亚马逊学习，认真履行 ESG 责任，在包装废弃物（尤其是塑料包装）的回收领域积极探索和投资。更多关于可持续包装的具体案例和技术趋势分析，我们会在本书第三篇展开介绍。

2. 如何做消费者洞察（Consumer Insights）

乔布斯曾经说过“消费者没义务去了解自己的需求”，消费者只知道自己抽象的需求，如好看的、方便的、颜色看起来舒服的、好的、坏的等，所以为了做出叫好又叫座的商品和包装，一些知名品牌商（如宝洁、联合利华等）一直非常注重对终端消费者需求的洞察。宝洁称自己营销的第一性原理就是消费者洞察（用户洞察）。

早在本世纪初，美国某大型零售商就通过分析女性客户购买记录，“猜出”哪些是孕妇。他们发现大部分女性在怀孕四个月左右时会大量购买无香味乳液，由此挖掘出 25 项与怀孕高度相关的商品，并发明了“怀孕预测”指数。在推算出预产期后，他们又抢先一步将孕妇装、婴儿床等折扣券寄出，赢得先机。

即便是杜邦这样的以 B2B 业务为主、“离消费者比较远”的工业品公司，早在三十多年前其市场部也已经设立专门的团队来收集信息，分析消费者的需求，用于指导自己的产品创新。

大概从 2012 年开始，国内的互联网大厂和一些新零售品牌商，也都开始重视消费者洞察，以求设计出更好的产品和包装。比较典型的一个案例就是风靡一时的江小白的心灵鸡汤包装。一个磨砂酒瓶加一个成本只有几分钱的酒标，再画上江小白人物形象，成本极低，但走心的文案却引起消费者的情感共鸣，被誉为“互联网时代最懂消费者的白酒品牌”。其创始人曾表示：自己 40%的工作时间用于做消费者洞察和调研；30%的工作时间用于做产品开发。

例如，服装与家居领域的无印良品，手机领域的小米，通过消费者洞察和分析后，他们发现简单、反奢侈、回归品质、有情感共鸣的商品更受年轻消费者欢迎，遂引入极简主义（Minimalism）的设计理念，将外部包装与产品形式简约化。

看过各种消费者洞察的例子后，咱们还是回到具体的方法论，来快速了解做消费者洞察的两大类方法：一类就是传统的定性分析法，如店内随机访问、问卷调查、焦点小组访谈、专家访谈等；另一类是借助工具或各种数据的定量分析法。

3. 传统的定性分析法

1）店内随机访问

店内随机访问即准备一些不同结构或平面设计风格的包装实物样品，在商店内随机选择消费者进行访问，去探测消费者的反应，并统计消费者的选择（见图 2-20）。

比较值得推荐的方法就是，先设计一些简单问题让消费者回答，以大概了解消费者的职业、价值观、消费习惯、生活方式、思维模式，再详细询问消费者对包装的反应：期待什么？想要什么？愿望是什么？……然后记录调查结果。

注意事项：

- 控制访谈时间，并准备一些相应的礼物回馈受访者。
- 不要直接询问受访者对包装的看法，尽量引导他们讲述自己的生活日常。
- 不要让受访者感觉像是在完成一项任务，尽量让受访者感觉不到自己在接受采访。
- 不要以营销人员或调研人员的身份严格地对所听到的内容做出反应，而是先以普通消费者的身份认真倾听。
- 注意观察受访者的实时反应。
- 不要试图改变受访者的观念，应该考虑包装设计如何适应消费者现在的生活习惯。

店内随机访问方式存在一定的弊端，因为有些受访者很难以适当的字眼解释使用过程或开箱过程中的痛点，或者根本不知道自己想要什么样的设计。例如，当受访者说“还行”时，您就会发现这样的回答既空洞又无价值。

图 2-20 店内随机访问

2）问卷调查（Survey）

扫描下方二维码，查看相关视频：

（1）问题的数量。一份问卷应该包括多少个问题，这要依据调查的内容、样本的性质、分析的方法、拥有的人力和财力，以及时间等各种因素来决定，没有固定的标准。但一般来说，问题不宜太多，问卷不宜太长，通常以回答者能在 20 分钟内完成为宜，答题时间最多也不要超过

30 分钟。问卷太长往往会引起回答者心理上的厌倦情绪或畏难情绪，影响填写质量和问卷回收率。

（2）问题的顺序。问卷中问题的前后顺序及相互间的联系，既会影响回答者对问题的回答，又会影响调查是否能顺利进行。那么如何安排问卷中问题的顺序呢？首先，应将同一维度的问题集中在一起。在保证这一点的同时，还有下列常用的规则：

- 把简单易答的问题放在前面，把复杂难答的问题放在后面。
- 把能引起回答者兴趣的问题放在前面，把容易引起他们紧张或产生顾虑的问题放在后面。
- 把回答者熟悉的问题放在前面，把他们感到生疏的问题放在后面。一般先问行为方面的问题，再问态度、意见和看法方面的问题。
- 个人背景资料的填写一般放在结尾，但有时也可以放在开头（只要调查的内容不涉及比较敏感的问题，并在封面上给出较为合适的说明和解释，就可以把个人背景资料的填写放在问卷的开头）。
- 若有开放式问题，则应放在问卷的最后。
- 选定要衡量的指标和评价标准，然后设计问题。

例如，若想知道某个包装设计是否能在货架上脱颖而出，可能需要具体询问可见性、美学方面的问题（如“是否易于查找”）。在针对包装设计主题的调查问卷中，我们推荐在设计的问题中包括但不限于下列衡量指标：

▷ 吸引力：您觉得这款包装对您的吸引力是否较强？

▷ 易于查找：您觉得在货架或网站上发现这款包装的难易程度如何？

▷ 购买意愿：您根据这款包装购买产品的意愿有多强？

▷ 质量：您觉得这款包装的质感如何？

▷ 相关性：您觉得这款包装跟产品的匹配度怎么样？

▷ 独特性：您觉得这款包装与其他同类产品的包装差别大吗？

如果您希望包装设计能真正推动销售，购买意愿可能是您最重视的衡量指标；如果您的主要目的是让公司产品在竞争激烈的市场中脱颖而出，您可能会看重设计的独特性，具体情况请具体分析。

我们建议使用李克特量表来评价这些衡量指标。李克特量表对于回答者而言简单直观（提供了形式一致的选项），结果分析也清晰明了。例如，衡量指标是购买意愿，设计的问题和评价标准可能就是这样的：

您根据包装设计购买产品的可能性有多大？

□ 极有可能

□ 很可能

□ 有点可能

□ 不太可能

□ 完全不可能

有时候，人们对测试中的每个设计都有相似的反应，并且不清楚他们最喜欢哪个设计。此时可以通过在调查结束时加入一个强制回答问题来解决这个问题，如要求回答者从所有选项中选择他们最喜欢的设计。

（3）调查问卷的发布渠道：

- 线下“拉人”填写纸质问卷。
- 使用线上调查问卷平台。

线下发放问卷可以和回答者面对面沟通，回收的问卷质量也会更好一些，但线下发放问卷的成本会比较高，费时费力；线上调查问卷平台不受时间和空间的限制，可以获得更多的信息，可以快速生成问卷分析，但缺点也是很明显的：不易回收，回答质量参差不齐。

（4）做问卷调查的注意事项：

- 不要搞形式主义，问卷的内容要与目的相符。
- 问卷是有用的，但不能被问卷结果牵着鼻子走；一般来说，回收率如果仅有30%左右，结果只能作为参考；回收率达50%以上，结果可以作为建议；当回收率达到70%~75%，甚至更高时，结果方可作为研究结论的依据。因此，问卷的回收率一般不应少于70%。
- 如有可能，可以进行小范围的跟踪调查或访谈调查，了解受访者对未回答问题的真实看法，以防止分析结果过于片面。

（5）问卷调查范本：

我们仍然以您所在的公司的MR眼镜包装项目举例，假设您现在要做定性的消费者洞察，就可以设计以下调查问卷邀请潜在消费者来回答。

1. 请在下列三款 MR 眼镜包装设计方案（见图 2-21）中选择您最喜欢的一款。(　　)

2. 您为什么做出这样的选择？

____

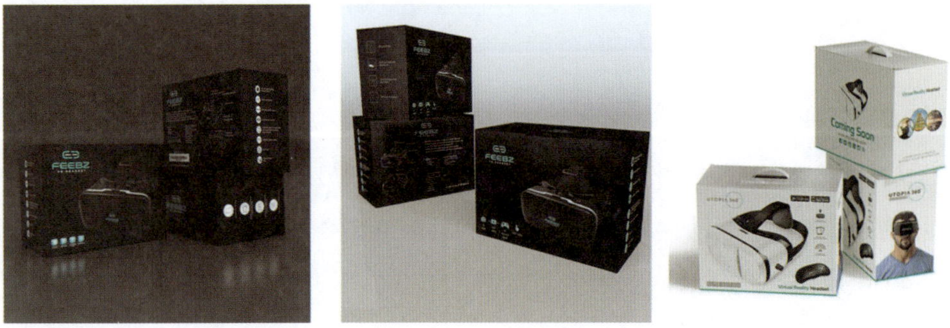

方案 1　　方案 2　　方案 3

图 2-21　三款 MR 眼镜包装设计方案

3. 这款包装的视觉吸引力如何？

□ 极具吸引力

□ 非常吸引人

□ 有点吸引人

□ 不太吸引人

□ 一点都不吸引人

4. 您如何评价这款包装的质感？

□ 非常好

□ 高品质

□ 质量不高也不低

□ 品质较差

□ 品质很差

5. 您觉得这款包装有多独特？

□ 极其独特

□ 非常独特

□ 有点独特

□ 不是那么独特

□ 一点也不独特

6. 您认为您在指定市场或商店找到这种风格的包装的难易程度如何？

□ 非常容易

□ 很容易

□ 比较容易

□ 没那么容易

□ 一点也不容易

7. 您认为这款包装在特定市场或商店中的可见度如何？

□ 非常明显

□ 比较明显

□ 一般明显

□ 不太明显

□ 完全没注意到

8. 这款包装与其他两款包装是否差异很大？

□ 差异非常大

□ 差异比较大

□ 差异有点大

□ 差异没那么大

□ 基本没什么差异

9. 这款包装提供的信息量如何？

□ 信息量过大

□ 信息量较大但能接受

□ 信息量适中

□ 信息量有点小

□ 信息量过小

10. 这款包装与您的需求相关度如何？

□ 极其相关

□ 非常相关

□ 有点相关

□ 不太相关

□ 完全不相关

11. 如果该产品今天有售，您根据包装购买该产品的可能性有多大？

□ 极有可能

□ 很有可能

□ 有点可能

□ 不太可能

□ 完全不可能

如果您和您的包装团队需要制定未来 1～3 年的包装战略和工作计划，也可以考虑用问卷调查的方式。问卷中所列的问题可以参考由杜邦和包装世界联合发布的调查数据（见图 2-22）。这份调查虽然完成于 2012 年，但放在现在仍然是非常有前瞻性的。

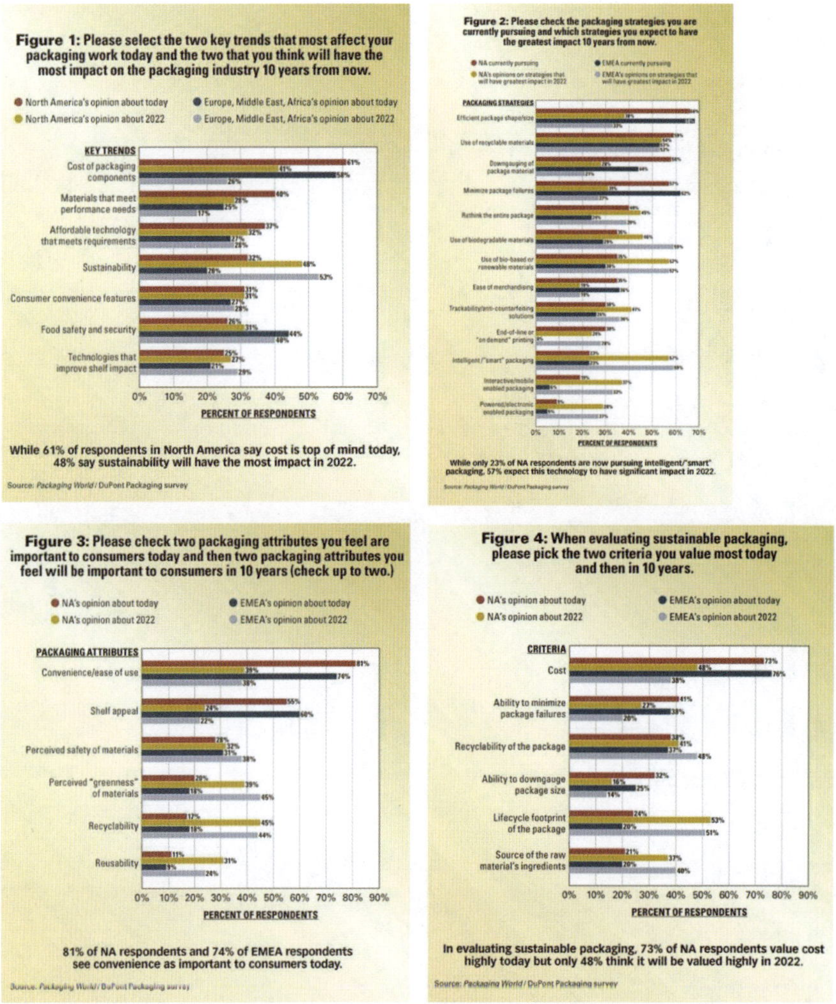

图 2-22　由杜邦和包装世界联合发布的调查数据

3）焦点小组访谈法（Focus Group）

焦点小组访谈法又称小组座谈法，即挑选一组具有同质性的参与者，由一位经过培训的主持人以一种无结构、自然的形式，组织小型座谈会，从而获得对所讨论主题的深入了解（见图 2-23）。

图 2-23 焦点小组访谈法

有些人对焦点小组访谈法有偏见或误解，认为在这个互联网高度发达的数字时代，此法是一种落后的、低技术含量的做法。其实，正如每个人都有优缺点一样，焦点小组访谈法有它的优点，如易于实施和广泛适用，参与者之间的互动作用可以激发新的思考和想法，研究者可以在单向镜后观察参与者的情绪和反应，了解其购买动机；焦点小组访谈法的局限性：同一个产品和包装，由于主持人和参与者的不同，访谈结果可能会存在偏差，也许不能产生有效的调查结果。

对于任何类型的包装项目（新设计、重新设计、产品线扩展、品牌扩展等），都可以用焦点小组访谈法搜集信息，形式可以是线下或线上，比较灵活。同时，如果再结合生物测定技术做定量分析，得到的消费者洞察结果会更准确。

实施焦点小组访谈法的过程：

（1）访谈准备。一般情况下要准备一间焦点小组访谈专用会议室（见图 2-24），室内主要设备应包括话筒、单向镜、室内环境调节设施（如空调等）、摄像机。单向镜可以让隔壁房间的研究者观察会议过程，但主持人和参与者是看不到研究者的，以便他们能以自然、放松的心态参与讨论。

图 2-24　准备一间专用会议室

（2）招募参与者。一个焦点小组一般包括 8～12 名参与者，对某些特殊商品，可能 4～5 人就够了。如果预算充足，最好是招募公司目标市场中的优质参与者，也有的市场调查公司会在商业街上随机地拦住一些人或是随机选择一些电话号码，邀请机主参加，应避免在小组中出现“职业”参与者。

例如，针对您所在的公司的 MR 眼镜和包装，您想通过焦点小组访谈法找出消费者对当前包装的看法（包括优点和需要提高的地方），最好能招募到目标市场（18～30 岁）的年轻消费者，参与者不一定需要具备包装知识，但至少应该对 MR 眼镜这样产品的类别、产品线有兴趣。

（3）选择主持人。拥有合格的参与者和一个优秀的主持人是焦点小组访谈法成功的关键因素，对主持人的要求是：第一、主持人必须具备一定的组织能力。第二、主持人必须具有良好的沟通技巧，以便有效地与调研发起方进行互动。

（4）编写讨论概要，如图 2-27 所示。

（5）实施访谈过程。该步骤一般包括三部分：首先，建立友好关系、解释讨论的规则。其次，提出需要讨论的系列问题，由主持人引导深度讨论（如果希望讨论能产生对包装相关决策有用的信息，单向镜后面的研究者最好包括来自品牌商的、与包装有关的专业人员，而不只是品牌经理或市场调查人员）。最后，总结重要的结论并致谢。

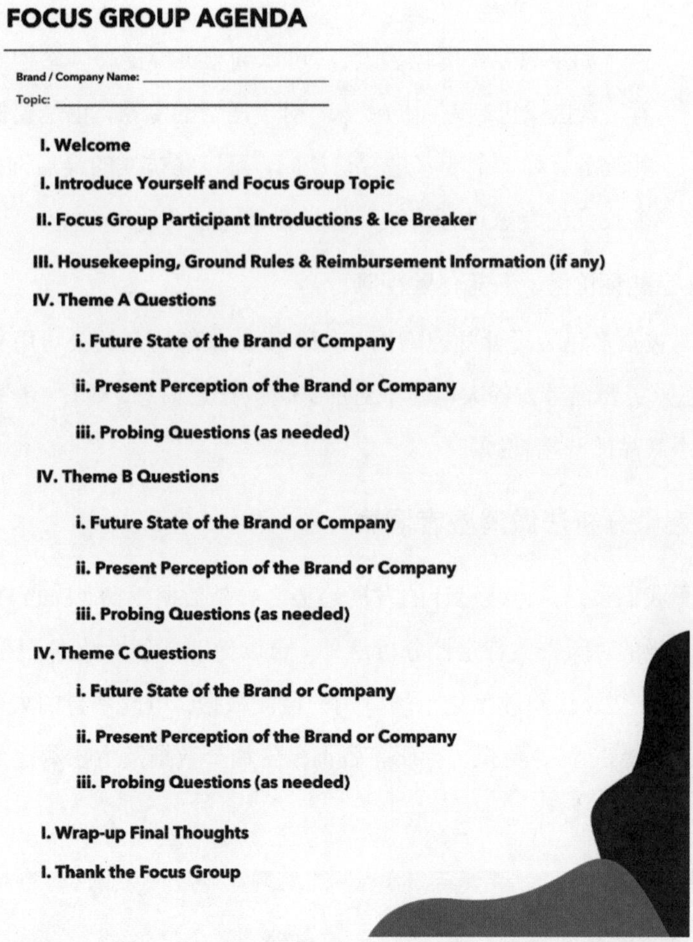

FOCUS GROUP AGENDA

Brand / Company Name: ______________

Topic: ______________

I. Welcome

I. Introduce Yourself and Focus Group Topic

II. Focus Group Participant Introductions & Ice Breaker

III. Housekeeping, Ground Rules & Reimbursement Information (if any)

IV. Theme A Questions

i. Future State of the Brand or Company

ii. Present Perception of the Brand or Company

iii. Probing Questions (as needed)

IV. Theme B Questions

i. Future State of the Brand or Company

ii. Present Perception of the Brand or Company

iii. Probing Questions (as needed)

IV. Theme C Questions

i. Future State of the Brand or Company

ii. Present Perception of the Brand or Company

iii. Probing Questions (as needed)

I. Wrap-up Final Thoughts

I. Thank the Focus Group

图 2-25　讨论概要示例

如果是对现有的产品包装进行优化或创新，可以让参与者亲身体验新旧包装样品的差别，研究者透过单向镜观察每个参与者的反应和情绪，并记录参与者在开箱过程中习以为常的行为，挖掘出店内随机访问和问卷调查等方式无法得到的更深层的需求。访谈过程会被记录下来，为研究者提供查缺补漏的机会。

（6）编写访谈报告。访谈结束时，主持人可进行一次口头总结，开头通常解释调研目的，申明所调查的主要问题，描述参与者的个人情况，并说明征选参与者的过程。接着，总结调研发现，并提出建议，通常篇幅为 2～3 页。如果访谈内容经过了精心归类，那么访谈报告的主体部分也就很容易编写了。先列出第一个主题，然后总结对这一主题的重要观点，最后使用参与者的真实表述（摘自访谈过程中逐字逐句的记录）进一步阐明这些主要观点。以同样的方式一一总结所有主题。

扫描下方二维码，
查看相关视频：

4）专家访谈

如果想要评价包装设计，可以到领英等招聘网站搜索或找业内好友推荐，直接找包装方面的专家。对于邀请的专家，也是要提供一定的报酬或礼物的。对一个专家进行访谈时，可以在访谈的最后询问：如果我们还想多找几位专家进行访谈，您觉得谁比较合适？

5）电商平台的评论区、开箱体验视频

这是很容易被众多包装设计师忽略的“金矿”。如果您所在的公司用于进行消费者洞察的预算有限，您一定要记得去各大电商平台的评论区挖掘信息，观看10～20个（甚至更多）自己或竞争对手产品的开箱视频。

4. 采用定量分析法做消费者洞察

在第一篇里我们讲过，包装设计的发展趋势之一是数据驱动（Data Driven），在消费者洞察领域也是一样的。除去各种定性分析法外，可以借助各种大数据（Big Data）和小数据（Small Data），如社交媒体和数字化市场营销的监测数据、电商平台的大数据、商业洞察工具（如PowerBI、SAP等）、财报、行研、咨询报告调查数据及生物测定数据等完成消费者洞察（见图2-26）。

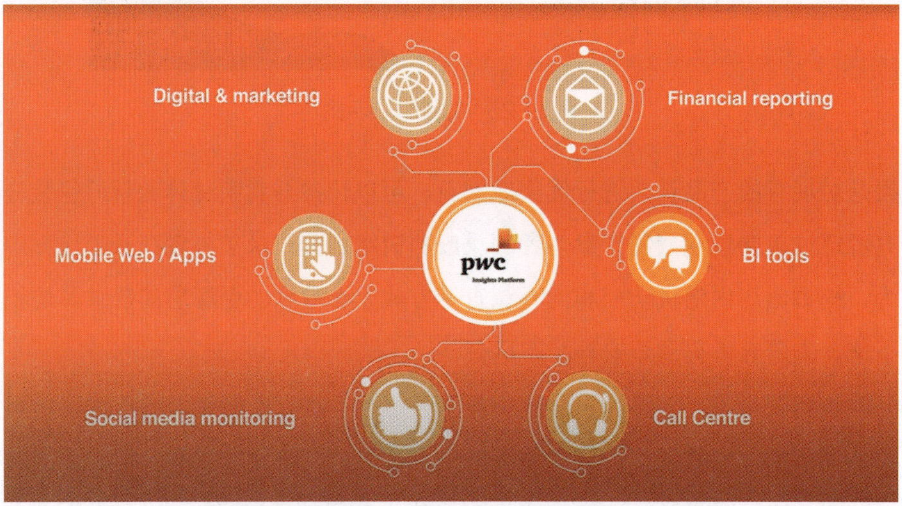

图2-26 借助各种大数据和小数据完成消费者洞察

关于借助生物测定数据的消费者洞察，我们将会在2.3.1节中细讲。在此只介绍一个挖掘小数据的案例。

案例 挖掘“小”数据，满足用户需求

所谓小数据，就是通过对用户各种生活、行为方式及喜好厌恶的洞察，挖掘他们潜在的欲望。

一家全球知名谷物生产商发现，自 2013 年以来，旗下的拳头产品麦片在印度的市场份额正在迅速下滑。和大多数竞品一样，此款麦片的包装设计瞄准的是新妈妈群体，这样的包装沿用了几十年。他们迫切需要一个吸引消费者的新包装来挽回颓势。于是，他们请来了全球知名品牌设计大师马丁 · 林斯特龙，希望他能找到解决这一棘手问题的方法。

马丁 • 林斯特龙到印度家庭去收集资料时发现，颜色越鲜艳的调料靠炉子越近，如黄色的小豆蔻、火红色的辣椒粉，而色彩越单薄的调料离炉子越远。在走访了好几家之后，他发现这一现象是普遍存在的。这是为什么呢？

待走访的家庭积累到一定数量，马丁 · 林斯特龙才恍然大悟：离炉子较近的调料颜色，跟大多数印度婆婆的衣服颜色一样。不仅如此，屋里的结婚照或者孩子的满月照，相框也是此类颜色。尽管在调研过程中，儿媳们声称自己要负责购物，决定为自己的家庭买什么生活资料，但调料的颜色证明，负责做饭的其实大部分是婆婆。

单凭一条小数据，无法形成有效的结论，也无法支撑一个商业决策。于是，马丁·林斯特龙决定从卧室寻找线索。大多数儿媳的卧室里面的墙壁通常是灰白色、淡黄色或沙黄色的；而婆婆们的卧室墙壁颜色则像她们的穿着、她们做饭用的调料一样五彩缤纷。

接下来，马丁 · 林斯特龙开始观察进出商场的婆婆们和儿媳们——她们在看什么？瞄了一眼左边还是右边？迟疑了吗？为什么停顿？伸手去拿的那件商品是在视平线以上、以下还是平行？

从婆婆们的角度看货架上的商品，几乎所有东西的边缘线条都是模糊的，她们唯一能看清的就是颜色，并且认为色彩越艳丽，食材就越新鲜，深紫、橙黄和荧光黄是她们心中最艳丽的颜色，而且她们盯着谷物包装时，由于货物位置、自身身高及观察习惯等原因，更多情况下她们首先会看到包装的下半部分；而当相对年轻、视力相对更好的儿媳们购物时，她们一般会瞄一眼包装的上半部分，然后再朝下看。受西方媒体和观念的影响，年轻的儿媳们都不约而同地喜欢天然、有机食品，而天然棕和新鲜绿代表了这一审美。

几周后，麦片的新包装设计方案出炉（见图 2-29）：针对婆婆们的需求，将包装盒的中、下部分（约占盒子高度的 2/3）换成艳丽、明亮的“调料颜色”。在包装盒的侧面，还增加

了一个触觉维度设计，激发老一代人拿起产品的欲望；包装盒上部分（约占盒子高度的 1/3）是给身材高些的儿媳们看的，色调以“天然棕”和“天然绿”为主，并详细介绍了谷物早餐的天然成分。

图 2-27　麦片的新包装

一个包装盒的设计也不可能只有颜色，还要有人物。世界各地的大多数谷物包装上，都会画着一个孩子。但是，印度拥有世界上最严格的包装设计规则之一——禁止人类形象出现在包装上。理由是：如果包装印上新生儿的形象，制造商可能在误导消费者，让他们以为自己的孩子有一天会像包装上的小模特一样漂亮。有鉴于此，马丁·林斯特龙在新包装上印了一个婴儿专用的勺子，里面盛满了谷物早餐。

就这样，同一款产品，完美地照顾到了气场和审美截然不同的两个群体的需求。

案例小结

快速消费类产品中的谷物的包装和消费类电子产品中的手机的包装一样，多年来一直缺乏创新。要知道，消费者对便利性、优质体验和可持续性的要求不断提高，品牌商只有了解自己的用户群并跟得上消费者的所需所想所求，在产品和包装上持续创新，才能在变化越来越快的商业浪潮中不被后浪拍死在沙滩上。

2.1.2 内部客户——利益相关方

正如先导片里提到的例子所说，您所在的公司是一家正在快速发展的初创公司。公司里分工没那么精细，包装预算没那么多，您可能需要承担大公司里 2～3 个人（结构设计、平面设计和包装项目管理）的工作职责。这肯定会全面锻炼您的能力，只是各项工作的深度会有所欠缺。当您提出包装设计方案后，跟市场部和老板开个会沟通一下，可能最终的方案就定下来了。

如果将来您有机会跳槽到国际知名品牌商的包装团队，就要有个心理准备：在分工细致的大公司做包装工程师或包装设计师，跨部门沟通、协调、合作能力是必需的，也会占用您大量的工作时间（甚至可能占据一半的工作时间），因为您要推动包装项目的进展，需要跟销售、市场、工业设计、物流规划、采购等部门及项目经理沟通，这些同事就是内部客户，又称利益相关方或业务相关部门（Stakeholder）。

一般在跨国企业或品牌商内部，与包装团队打交道的内部客户有工业设计（ID）部门、市场部门、销售部门、品牌部门、供应链管理部门、采购部门、新产品导入部门，以及产品或项目经理等。他们在包装设计的初期，都会或多或少提出对包装的要求和期望清单。正如某超级工厂招聘包装工程师的广告所说的一样：*我们正在招募一位专业技术全面、精通包装标准、具备良好沟通能力的包装工程师，负责包装设计与验证，与业务相关部门协同工作，确认包装设计方案的有效性，并推进包装在安全、成本、质量、人机环节的持续优化与改进*。这里的“业务相关部门”即上述各内部客户。

与包装团队打交道的内部客户及其关系如图 2-28 所示。

跟内部客户的沟通合作方式有多种选择，例如，包装团队可以在会议室或咖啡厅举办一个午餐分享会，邀请这些内部客户来分享他们对包装的想法、要求、意见、建议，分享可以是单向的，也可以是互动性很强的头脑风暴，形式不限。如果大家很忙，很难面对面坐在一起，就用国内常用的微信或北美常用的 Discord 群聊，或共享文档，或进行常规的电子邮件分享转发。善于利用各种先进沟通工具和资源也是包装人的一项必备技能。

这种跨部门、跨专业、跨背景的沟通合作通常会给包装设计师带来灵感和启发，使其可以大概了解各相关业务部门对产品包装的需求（这些需求往往是相互冲突的），如图 2-29 所示。

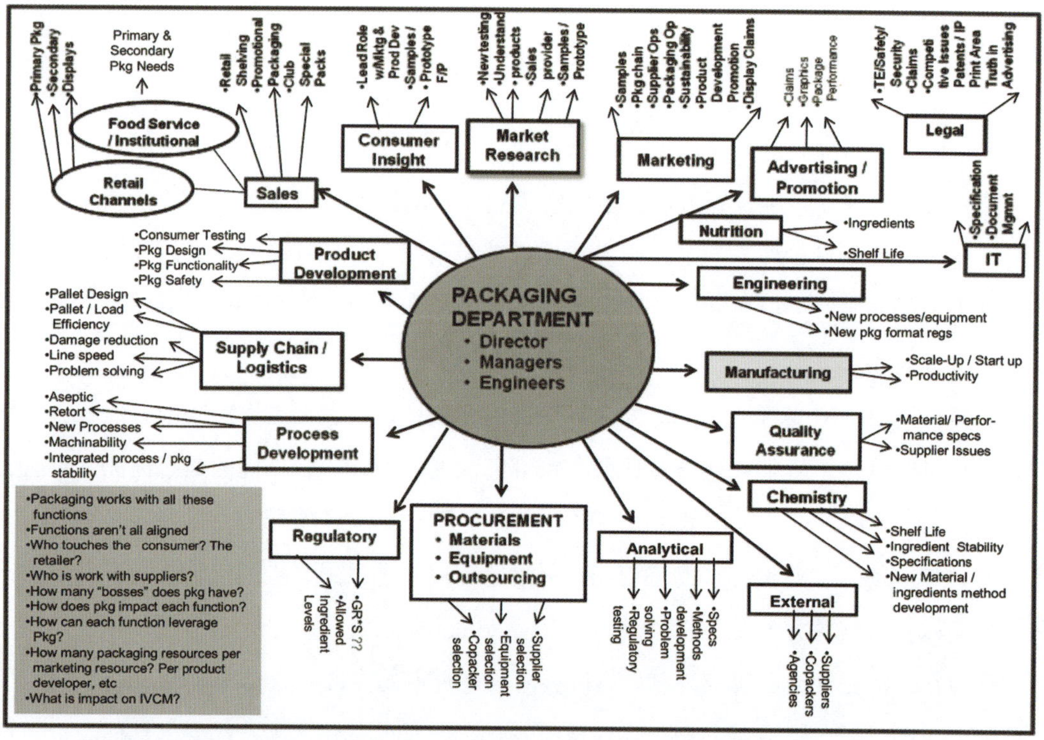

图 2-28　与包装团队打交道的内部客户及其关系

图 2-29　各相关业务部门对产品包装的期望

2.2 Step 2 包装设计概念的诞生过程（结构设计或造型）

2.2.1 编写设计概要（Design Brief）

在实际工作中，包装设计师或包装工程师跟内部客户沟通后，可汇总各方的意见或建议，生成一个（书面）设计概要（见图 2-30）。

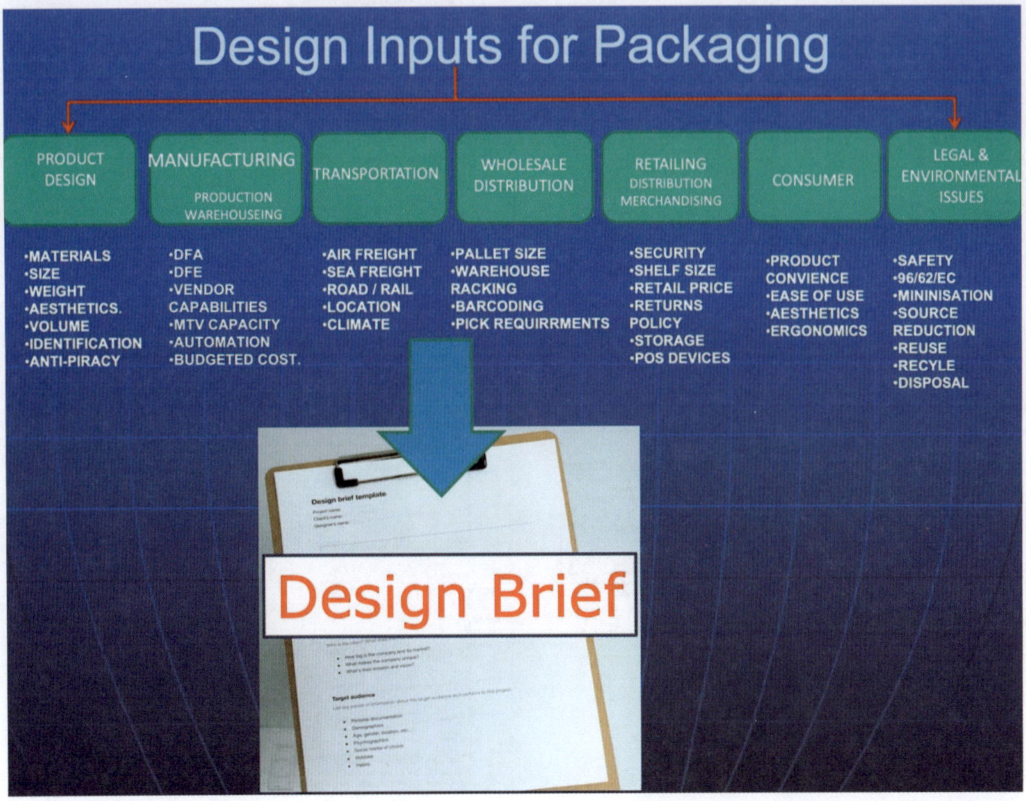

图 2-30 生成设计概要

下面介绍设计概要（示例见图 2-31）并举例解释一下各部门的愿望清单：

负责市场定位和沟通宣传的市场部经理认为包装作为市场营销的第 5 个 P①，要发挥有效的广告作用，整体质感要“高大上”，要吸引消费者注意力，能与竞品区别开来，但又不

① 5P 分别为产品（Product）、定价（Price）、销售渠道（Place）、促销活动（Promotion）和包装（Packaging）。

能脱离整个产品系列的视觉形象等。

MARKETING Input Completed by and date:	
Product Description *Provide a concise 1-3 sentence factual description of the product (not a messaging statement). What is it or what does it do? What is the main product benefit? What differentiates it from other products in the market place?*	The next generation Zune Devices, 2&4GB called Scorpius and 30&60GB called Draco.
Product Versions and Price points	
About the Brand	**Personality:** **Value Proposition:** **Target Audience:** **Other:**
Marketing Situation *Explain applicable past and present market information. What are the marketing challenges and/or opportunities that are being addressed? Are there trends we can exploit?*	
Competition / Competitive Offerings *What are the strengths and weaknesses of the competition with respect to product packaging?*	**Competitor #1:** **Competitor #2:** **Competitor #3:**
Describe the Product ID *Include pictures at the end of the document if available*	
Key Communications *List in order of priority the top product benefits / product features that the packaging should communicate.*	**Benefit #1:** **Benefit #2:** **Benefit #3:** **Match line look of:** ZUNE V1 device and accessories
Describe the desired packaging "experience" and how it can enhance the entire product experience	Continues the idea of a "reveal" either through material usage or structure. Genuine, authentic, sense of belonging to the "social" community, appeal the first degree of honesty and natural feel.
Is Product Visibility Within the Package Important?	☒ Yes, Specific Features ☐ No
Channel *What are the channels for distributing the packaged product?*	☒ Retail ☐ OEM ☐ DSP ☐ Other
Retail / Shelf Impact	Descriptor(s) of desired impact:
Display Requirements	Where will the product be displayed? ☒ Stand ☐ Peg ☒ Stack ☐ Other
Security / Anti-Pilferage Requirements	Standard US/NA and EMEA Hardware security requirements

3 of 7

Preferred Package Structure	☒ Carton ☐ Blister ☒ Other:
Package Size Limitations *What are the retail shelf sizes?*	Base on existing ZUNE device dimension - 5.12"x 5.12" x 2.5". Achieve to decrease thickness
Vision for Package Artwork	
Anticipated Masterpack Count	TBD
Launch Regions	☒ NA ☒ EMEA ☐ APOC ☐ Japan ☐ Other: UK only at this time for EMEA
Global / Regional Differences	NONE structurally, Bilingual for Canada.
Other	
Packaging Objectives *List the top 3 objectives of the package design, e.g. Introduce new product or version, highlight new features/benefits, reinforce purchase decision*	1. 2. 3.

PRODUCT DEVELOPMENT Input Completed by and date:	
Key Product Features	
Packaging COG's Limit *Maximum cost in $'s / retail unit covering all packaging materials (including media). This number should be consistent with the BOP. Packaging transformation costs are separate.*	$1.00
Documentation Requirements / Manuals	1 CD and 1 product manual (CD size) or NONE
Global / Regional Differences	
Other	

List Of Product / Components To Be Packaged
Pictures can be included on the last page if available

	Component Description	Dimensions / Weight	Component Fragility
1	Draco 30GB	59.4(L) x 108.1(W) x 12.8(D) mm	
2	Draco 60GB	59.4(L) x 108.1(W) x 12.8(D) mm	
3	Scorpius 2GB	41.2(L) X 91(W) X 8.1(D) mm	
4	Scorpius 4GB	41.2(L) X 91(W) X 8.1(D) mm	
5	Earbuds		
6	Sync Cable		
7	CD	TBD (with or without)	
8	Manual		
9			
10			

4 of 7

MANUFACTURING & SUPPLY CHAIN Input Completed by and date:	
Anticipated Production / Packing Location(s)	
Assembly Method	
Bulk Packaging Requirements	
Annual Volume (units)	
Labeling / Serialization Requirements	
Global / Regional Standards – Differences	
Shipping from POM	☐ Palletized ☐ Loose Load Comments:
Container loading	Use 20 ft. standard and high cube sea containers for shipment from China to regions. Design for pallet or loose load container configuration. Pallet configurations are: 48" x 40" , 1100mm x 1100mm, and 1200mm x 800mm. **Other:**
Load Height restrictions	Standard palletized loads height limits are: NA = 50", Europe = 1800mm, Japan = 1520mm **Other:**
Distribution methods	In region, by truck. Some air freight from China during launch window to meet inventory requirements. Truck shipments may be truck load, but normally are less-than-truckload (LTL) palletized shipments. Other:
Priority	☐ Maximize container loading OR ☐ Pallet efficiency
Point of distribution (POD) Customization Requirements	

5 of 7

STRUCTURAL PACKAGE ENGINEERING Input Completed by and date:	
Existing Packaging Standards	
Technical Challenges	
Package Sealing Requirements	
Packaging Materials	
Packaging Component Manufacturing Vendor Capabilities	
Product Protection	*Package designs must meet Microsoft test criteria for temperature/humidity variation, vibration, shock, and compression. See specification S000105 for testing requirements.* S000105 Other:
Environmental Requirements	*Package materials must meet Microsoft environmental requirements for material restrictions. Package designs must follow packaging protocol process for minimization of packaging and essential requirements.* *Metrics?* S002689 Other:
Anticipated Packaging BOM	1. 2. 3. 4. 5. 6. 7. 8. 9. 10.
Top Ten Packaging Design Objectives *Please use the embedded Excel document to prioritize and weight the design objectives. This document can also be used to rate concepts against the design objectives during the Design Review Process*	Microsoft Office Excel 2003 Workshee

6 of 7

图 2-31 某外企包装设计概要书面文件

产品经理则会要求尽量压缩包装的成本，只要能保护产品的基本功能，包装越简单越好，这样就容易控制产品研发成本。

物流部门希望包装尺寸合理，提高集装箱利用率，尽量减少货运成本。

管理 ODM 工厂的同事希望包装能容易成型，减少生产线的组装时间，提高出货效率……

品牌部门希望通过包装在用户心中创建出一种简单、好用的产品形象甚至是一个时尚品牌形象。

工业设计师希望包装设计作为产品设计的一部分，要“充分地与产品互动”（Total Interaction with Product），要给消费者带来情感价值。

负责零售渠道的销售部可能会提出：某个大零售商要求包装符合其卖场的尺寸和环保要求，能站立在货架上，也要有挂钩，要有防盗功能，还不能使用塑料。

需要特别提醒的是，如果兼顾所有部门的意见，设计出来的包装可能会面面俱到，但总体上很平庸，无品牌调性；如果只由公司老板拍板决定，流程的确很简单，但最大的风险就是老板的审美可能跟消费者的眼光不一致。所以，设计包装时需要综合权衡，主次分清，假如有 15～20 条意见（设计要求），一般情况下能完全满足其中的 3～5 条已经很不错了，必要时应放弃某些要求，如保证 ODM 工厂生产线的组装效率。

举例说明，图 2-32 是对一款游戏耳机的包装的设计要求（TOP 10），可以为您设计 MR 眼镜包装提供参考。图中自下而上依次为：

（1）用户体验要有诚意和吸引力，权重为 25%。

（2）包装成本控制在 1 美元内，权重为 25%。

（3）包装应该直接展示产品而不是将其隐藏，权重为 7%。

（4）包装的结构设计能让用户有揭开神秘面纱寻宝的感觉，权重为 5%。

（5）包装既要“吸睛”促进销售，又要能够防盗、防拆等，权重为 12%。

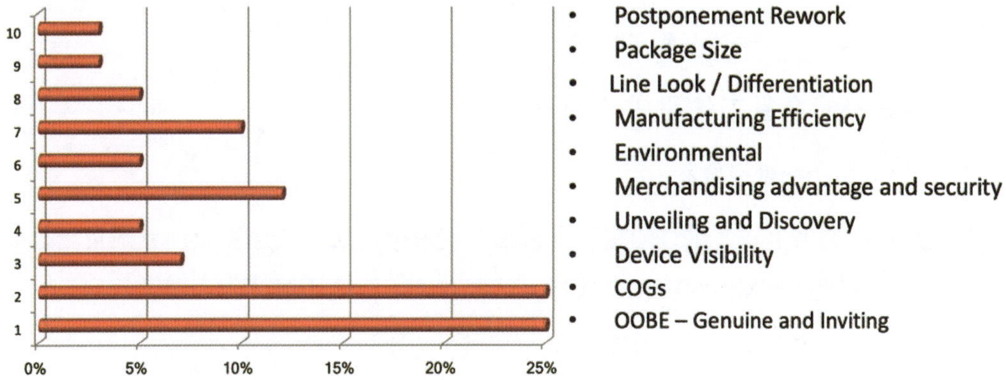

图 2-32　对一款游戏耳机的包装设计要求（TOP 10）

（6）包装材料符合相关的环保法规，权重为 5%。

（7）包装设计要能尽量减少组装步骤，权重为 10%。

（8）每个产品系列有统一的包装设计风格，又能从竞品中脱颖而出，权重为 5%。

（9）包装尺寸符合零售要求并与产品信息相符，权重为 3%。

（10）返工换新包装盒应较为容易，权重为 3%。

2.2.2 设计概念的生成和评审过程

按照设计思维的相关理论，设计主要围绕三个方面展开，分别是人的需求性、商业的永续性和技术的可行性（见图 2-33）。具体到包装设计，就是要有好的用户体验、要能充分保护产品、包装成本要合理、包装印刷厂能批量制作、OEM/ODM 工厂生产线组装时还要保证生产效率。

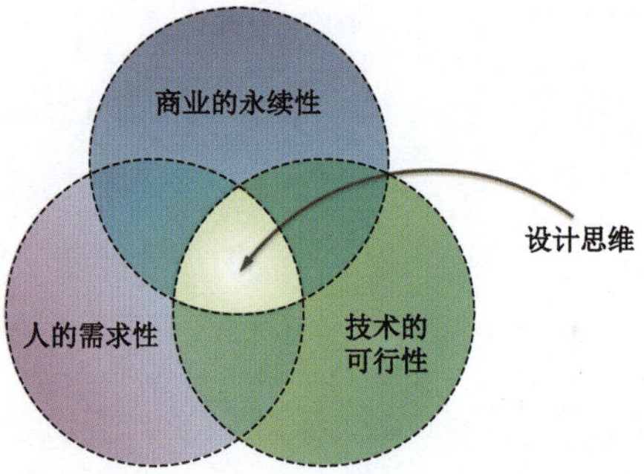

图 2-33 设计思维要考虑的三个方面

从纵向的流程来讲，一个典型的包装项目的开发过程分为三步：

市场调研和消费者洞察—设计概念生成—验证实施

您可以参考图 2-34 所示的包装设计管理流程，根据公司的实际产品和流程灵活做出改变。

1. 高质量的准备工作是成功的一半

1）市场调研和消费者洞察

咱们来活学活用上一节讲过的定性分析法和定量分析法，快速高效地完成市场调研和消费者洞察。针对您的 MR 眼镜包装项目，可以有以下行动计划：

（1）走访零售卖场。

（2）浏览电商平台评论区。

图 2-34 包装设计管理流程

（3）观看 10～20 条同类产品开箱视频。

（4）主持一个简易的焦点小组访谈。

（5）阅读一些关于 XR（VR、AR、MR）产品的评论文章。

（6）有预算的话，可以购买几款竞品来做实际的开箱体验。

（7）如果公司有数据团队，可以借助他们进行数据分析，如分析亚马逊平台的关于 FBA 的成本数据。

以走访零售卖场为例，您会看到目前市场上主流的 XR 品牌有 PlayStation、Oculus VR、PiCO 4、VIVE（见图 2-35）。拍照记录下实体零售商店内的竞品布置、价格、外包装等，也可以随机访问潜在购买者（如果对方愿意接受采访）。如果您觉得这些竞品品牌的包装不够有启发性，还可以跟市场上领先的科技品牌产品的包装学习借鉴，如 Macbook Pro 或 Surface 等的包装。

2）对标分析（Benchmarking）

完成上述线上/线下的市场调研和消费者洞察后，您就可以试着做对标分析（也叫竞品分析）。

对标分析的方法有很多种，不同的方法有不同的使用场景和不同的作用。

进行对标分析最常用的是 SWOT 分析法（常用于企业战略和竞争对手分析），此外还有矩阵分析法、PEST 分析法（常用来分析宏观环境）、商业画布法（常用来分析商业模式）、评分比较法（常用来评估用户体验等）、YES/NO 法（常用于横向比较产品特性）及功能拆解法等。

扫描下方二维码，观看某款 AR 眼镜的包装开箱视频：

图 2-35　目前市场上主流的 XR 品牌

矩阵分析法示例如图 2-36 所示。

使用矩阵分析法的流程：

（1）明确目标。

（2）选择竞品。

（3）确定分析维度。

（4）收集竞品信息。

（5）信息整理与分析。

（6）撰写总结报告。

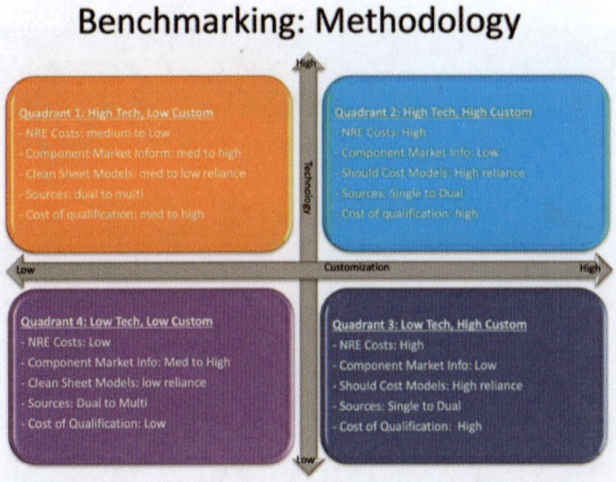

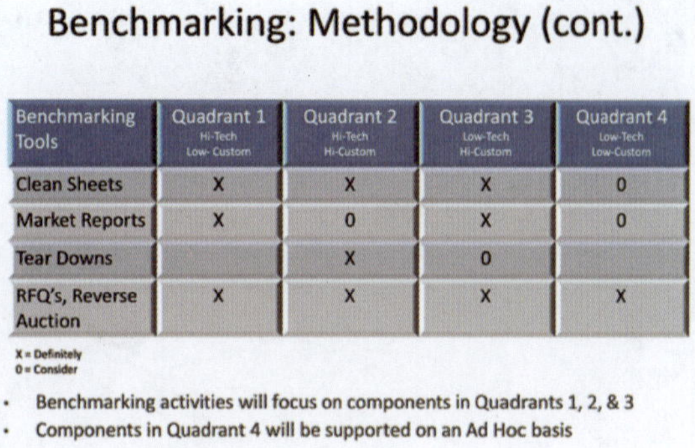

Benchmarking Tools	Quadrant 1 Hi-Tech Low-Custom	Quadrant 2 Hi-Tech Hi-Custom	Quadrant 3 Low-Tech Hi-Custom	Quadrant 4 Low-Tech Low-Custom
Clean Sheets	X	X	X	0
Market Reports	X	0	X	0
Tear Downs		X	0	
RFQ's, Reverse Auction	X	X	X	X

图 2-36　矩阵分析法示例

您可以根据实际业务情况和具体的分析目标来自行增减步骤和内容。例如，对于包装主题的对标分析，分析维度可以是产品价格、包装尺寸、外观质感、开箱体验、结构设计、视觉设计风格、包装材料、制造工艺、印刷工艺、成本对比、可持续性等。

分析示例 1：通过拆解了解制造工艺和成本

某公司推出一款手机产品，包装预算有限，但市场销售部门和老板又希望包装设计方案“高大上”，媲美苹果手机的包装。此时，您可以拆解一个普通的精品盒和某个高端手机的包装盒来做对比分析（见表 2-1），这样就可以有理有据地说服老板。

表 2-1　包装盒的对比分析

分析维度	产品对比	
	高端手机的包装盒	普通精品盒
外观		
加工思路	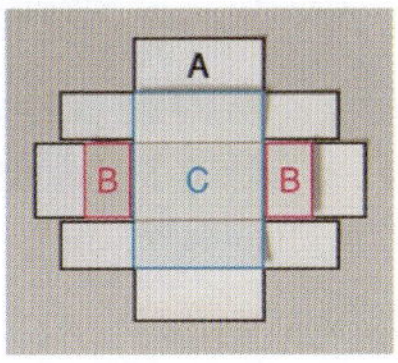 灰板被切割成 ABC 三部分	 灰板为一整块

续表

<table>
<tr><th rowspan="2">分析维度</th><th colspan="2">产品对比</th></tr>
<tr><th>高端手机的包装盒</th><th>普通精品盒</th></tr>
<tr><td>灰板结构</td><td>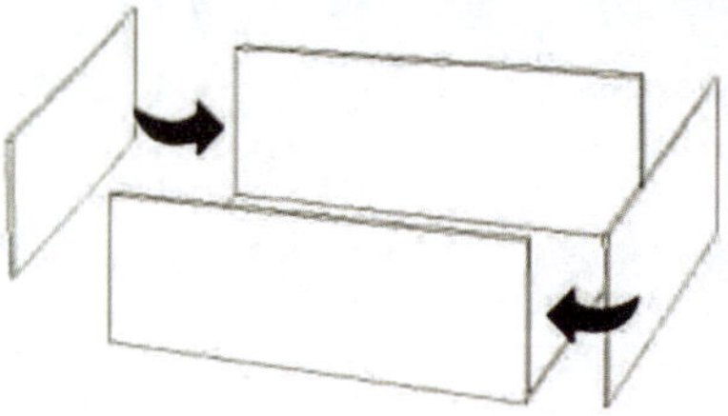
采用 V 形槽工艺，两端灰板涂胶拼贴</td><td>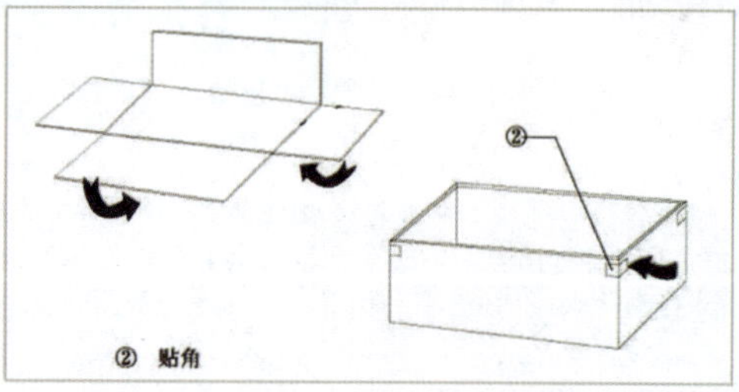

将灰板模切、半穿，然后向上折，一体成形，侧面和端面用胶纸贴角固定，制作简单、快速，但裱完面纸后贴角痕迹明显</td></tr>
<tr><td>面纸工艺</td><td>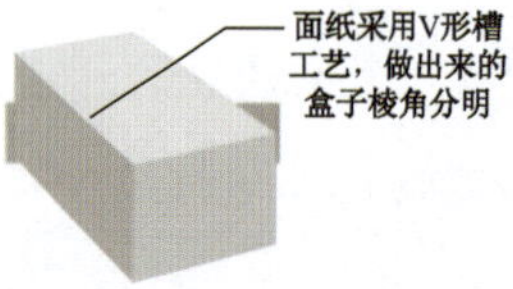
</td><td>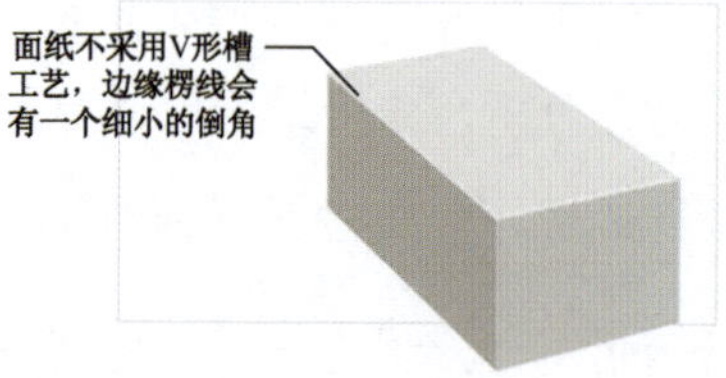
</td></tr>
<tr><td rowspan="2">面纸结构对比</td><td>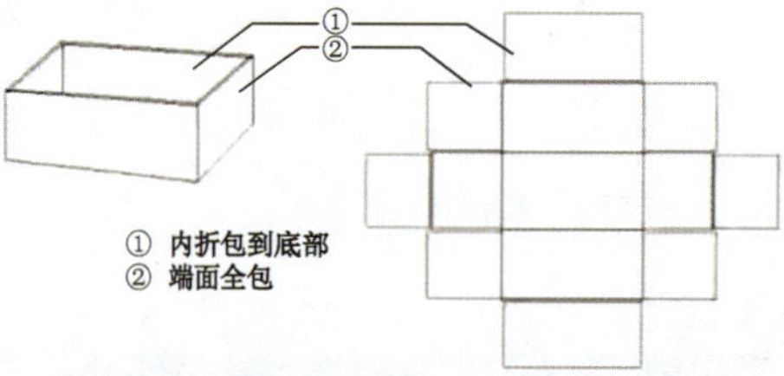

端面折翼是全包围的，整个端面裱完面纸后非常平滑</td><td>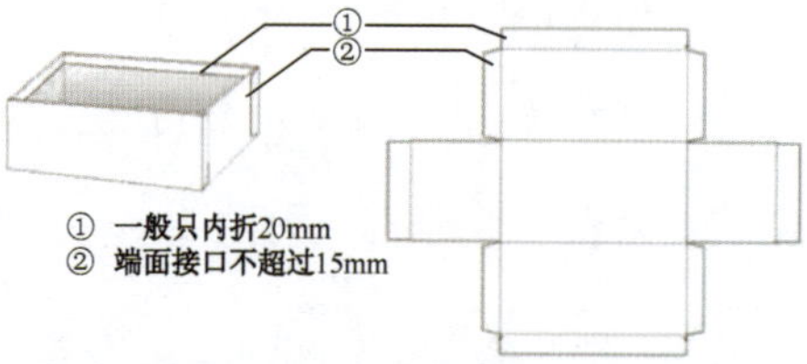

侧面向端面延伸的接口一般只有 15mm 左右，导致端面接口部位凸起</td></tr>
<tr><td>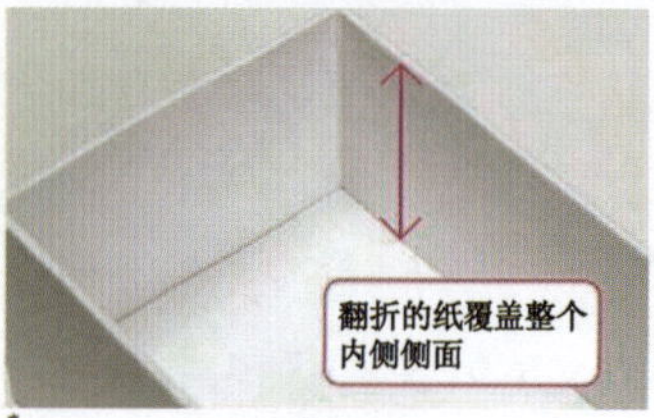

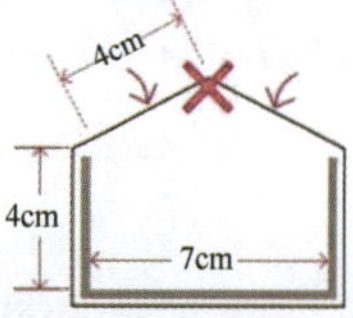

面纸内折全包到底</td><td>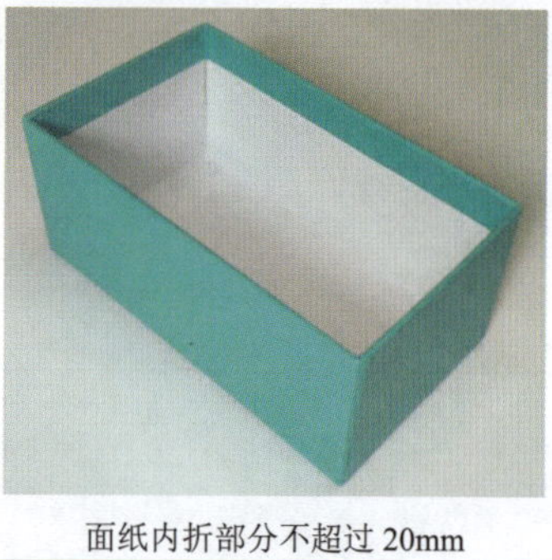
面纸内折部分不超过 20mm</td></tr>
<tr><td>制作成本</td><td>所需的纸、胶水和设备都是需要定制的，还需要工厂的温湿度管理和压平定形技术等工序都要达到高水准，每套包装盒的单价在 2～3 美元</td><td>普通工艺制作出来的包装盒虽看起来不够完美，但成本相对较低，每套单价在 1.5 美元左右</td></tr>
</table>

分析示例 2：全方位对标分析

图 2-37 及图 2-38 是某品牌商对电动牙刷包装进行的全方位对标分析，从外观、内部结构、用户体验、可持续、包装成本到 FBA 费用等，做了一个全面的对比。

A quick Bechmark(continued)

Brands / Items	B***	PH***	PH***	O***	O***
Inner structure ,cushion materials and products layout		2 layers PS Tray + PE bag 	2 layers PS Tray + PE bag+ Corrugated 	F-Flute corrugated inserts, 	F-Flute corrugated inserts 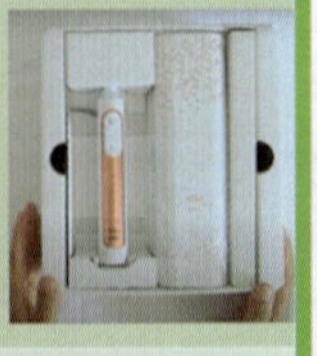
Box Type	Rigid Box	Rigid Box	Folding box	Folding box	Folding box
Sustainability (5 is the best)	3	2	2	4	4
OOBE (5 is the best)	3	2	2	4	3.5

图 2-37　某品牌商对电动牙刷包装进行的全方位对标分析（1）

A Quick Bechmark(continued)

Brands / Items	B***	PH***	PH***	O***	O***
Artwork style & overall appearance	Minimalistic but bulky, old fashioned	No sharp edge, Fancy, Thick and Heavy	Fancy, Soft and Feminine	Fancy, Crowded	Fancy, Crowded
FPP Dimensions	8.6" x 3.5" x 3.5"	12 x 26 x 23.6 cm;	24.2 x 7.4 x 16.8 cm	17.81 x 10.01 x 25.3 cm	10.21 x 23.5 x 25.3 cm;
Weight	1.5 lbs	985 Grams	405 Grams	630.49 Grams	815 Grams
FBA fee	$5.4	$6.08	$4.75	$5.4	$5.4
Retail Price	155.31	$279.95	$299.99	$356.05	$289.96
Packaging cost (estimated)	$1-1.4	>$2	$1-1.2	$1-1.2	$1-1.2

图 2-38　某品牌商对电动牙刷包装进行的全方位对标分析（2）

分析示例 3：聚焦在可持续包装的维度

从空间利用率（Cube Utilization）、质量（Weight）、不可回收材料占比（Non Recycled content）、塑料用量（Plastic used）等方面对三款手机的包装进行打分评比（见图 2-39）。

Sustainability Benchmark

Design options	Cube Utilization	Weight (lb)	Non Recycled content*	Scoring to Benchmark**	Plastic used (lb)	Analysis input
Zphone	0.075	0.250	0.184	5.00	0.000	
Xphone	0.055	0.450	0.328	2.32	0.0792	
Miphone	0.051	0.360	0.229	3.81	0.026	

* Non-Recycled content and Co2 Emmision calculation based on WM system's industrial average data.
** scoring comparison to the Benchmark sku. Baseline scores 5. **Higher the Better.**
Green data is performing the best in the list
Red data is performing the worst in the list

图 2-39　对三款手机的包装进行打分评比

需要注意的是，对标分析中的信息会对包装设计师的设计思路有一些启发，但这并不意味着进行最终设计决策时，要模仿竞争对手的套路。如果您所做的一切都与您的竞争对手在本质上是一样的，那么您这款设计就不太可能成功，还是要以目标用户的感受为中心。

有时候，跨界或重新组合排列也能打开设计思路和灵感。笔者有一位美国前同事，平时喜欢收集各领域的包装设计作品。他的职位虽然是包装工程师，但是他在设计概念生成阶段总能提出一些闪光的创意点，希望这样的做法对您也有所启发。

3）制定包装策略（Packaging Strategy）

现在，您已经有了书面的设计概要（Design Brief），也完成了消费者洞察、市场调研和对标分析，接下来就可以自己尝试为 MR 眼镜项目制定一个简单的包装策略，以指导接下来包装设计开发的思路。

假设您根据公司对该 MR 眼镜项目的投资论证会议资料和市场部提供的信息，明确了产品面向的消费者群体是收入达中产水平及以上的、喜欢体验新技术的 18～35 岁的科技圈上班族（个人客户），以及职业技术院校（开设实训课）、中小学（开展科学实验教育）等（企业客户），接下来就可以针对消费者群体进行画像，制定相应的包装策略。针对这款 MR 眼镜的包装，您的包装策略方向可以是：做有科技感又“有温度”的包装。

具体表现在以下几方面：

（1）包装要体现公司“以人为本、环境友好和科技创新”的价值观。

（2）包装外观融合两种设计理念：人性化、个性化。

（3）包装材料的选择尽量做到 3R（Reduce、Recycle、Reuse）。

（4）该 MR 眼镜产品线的包装风格一致，易于辨识。

如果您对制定包装策略的工作不熟悉，担心尝试差异化的新策略可能导致失败，那也可以采取保守一点的跟随策略：即模仿市场上同类领先产品的包装。这可以向消费者展示“我们的产品是正常的”，但风险就是可能会让消费者觉得贵司的产品和包装都没有新意。

2. 包装设计概念的生成

通常，中小型公司更在意控制成本，划分到包装设计上的预算有限，包装设计工作一般由公司内部的包装设计师或团队（如果有的话）来完成，而品牌商一般会有外部签约的设计机构和内部包装团队两个资源，有时还会跟知名的设计大师跨界合作。

以一款手机的包装设计举例来说，如果公司有相关预算，且与外部设计机构签约，则设计的报价因机构和工作内容不同而各异：

A 机构只负责包装结构设计，收费 9000～15000 元，其出品含 4 个结构设计概念，负责给出从手绘草稿图到最后选定方案的 3D 效果图。

B 机构也只负责包装结构设计，报价 105000 元，其出品含 3 个结构设计概念，可修改 2～3 次。

C 机构负责市场调研、结构设计概念和各个语言版本的平面设计创意制作，直到最终设计稿交付，历时 17 周左右，收费 760000 元。

对于设计的报价，名气大的设计机构或设计师的报价自然都是偏高的，但您要记住：好的设计师不等于好的设计（Great Designers Don’t Equal to Great Design），所以要选合适的，而不一定选最有名气的。

不同实力和做事风格的设计机构或团队呈现设计概念的风格也迥异，可以是手绘草稿图，可以是各种软件里完成的 3D 效果图，也可以是两者的结合。手绘草稿图如图 2-40 所示，手绘草稿图结合 3D 效果图如图 2-41 所示，3D 效果图如图 2-42 所示。

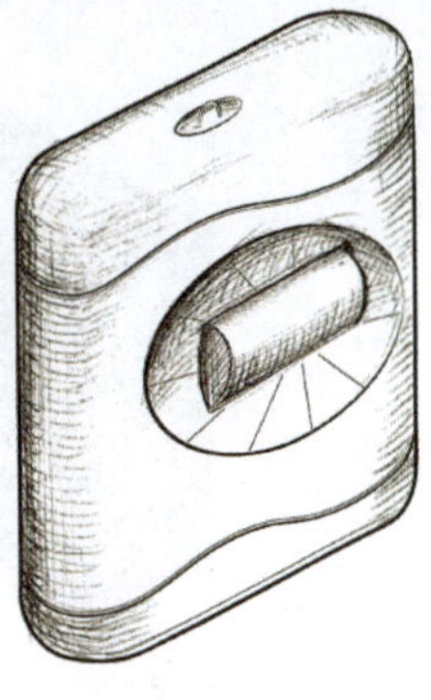

图 2-40 手绘草稿图

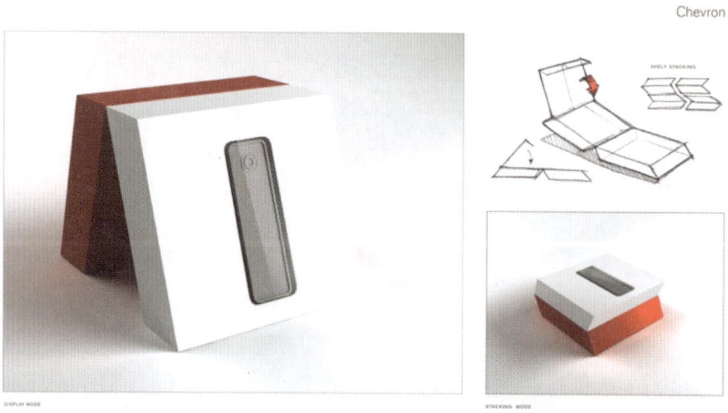

图 2-41　手绘草稿图结合 3D 效果图

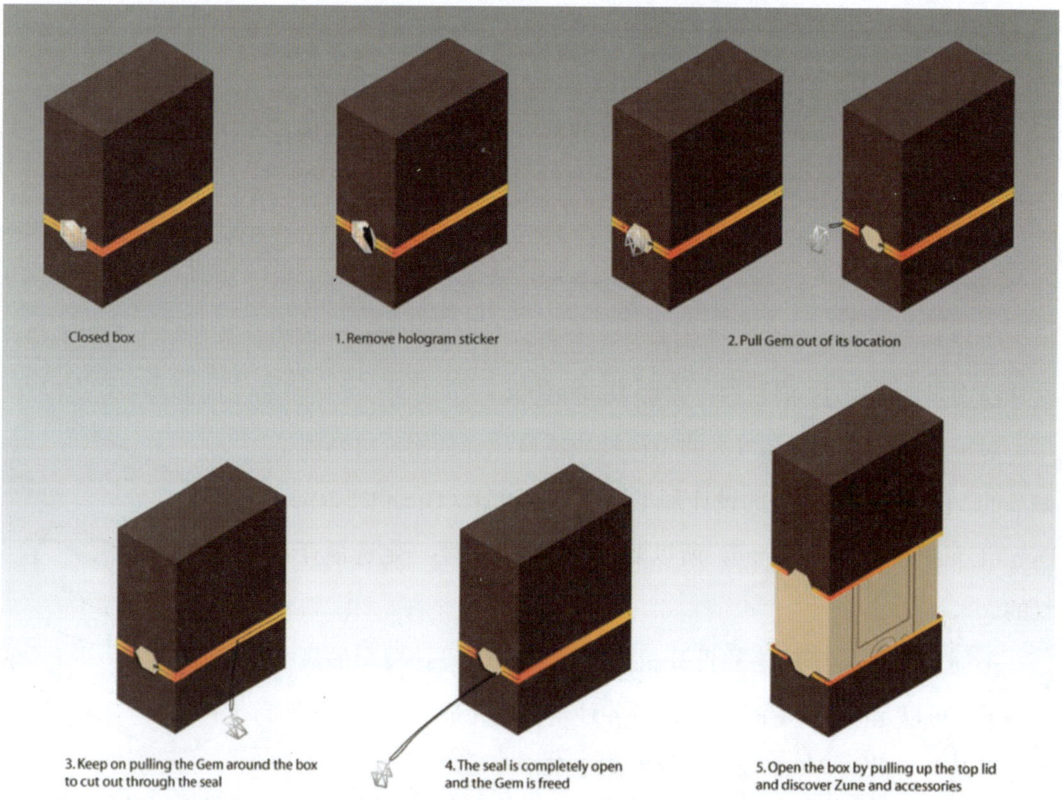

图 2-42　3D 效果图

温馨提示：

要尊重设计师的创意和脑力劳动，不要随便找个设计师朋友帮忙，也不要表面上说某设计师的方案不好，但背地里又偷偷用人家的设计方案。作为一名包装工作者，要讲诚信，要有职业道德和契约精神。

您所在的公司作为创业公司，在包装设计上的预算极其有限，老板对包装也没有那么重视。他认为您既然是受过科班教育的包装策划与设计专业的毕业生，就应该能够独立把包装设计出来，不需要找外部设计机构。如果读到这里，您已经如同书中所述，能熟练操作 2D 和 3D 设计软件，也完成了消费者洞察、市场调研、对标分析、包装策略制定等工作，那么接下来，凭借 AI 生成工具（如 Midjourney、Stable Diffusion、DALL-E 等）的帮助，相信您一定能交出不错的包装设计方案。在此我们先帮您“打个样”，展示几个用 Midjourney 生成的 MR 眼镜包装效果图（见图 2-43）。虽然 AI 生成的包装结构设计细节仍然存在很大的缺陷，但至少这些效果图能给您一定的启发。您可以在这个基础上凭借专业知识去优化它们。

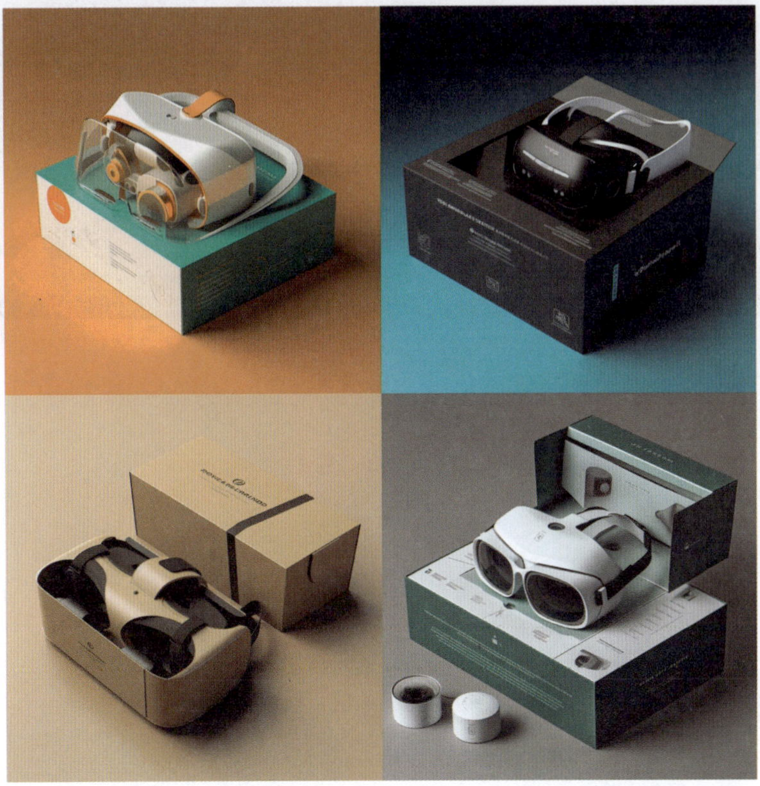

图 2-43　用 Midjourney 生成的 MR 眼镜包装效果图

在此，我们也列出包装结构设计的几个反面典型（见图 2-44～图 2-47），供您避坑参考。

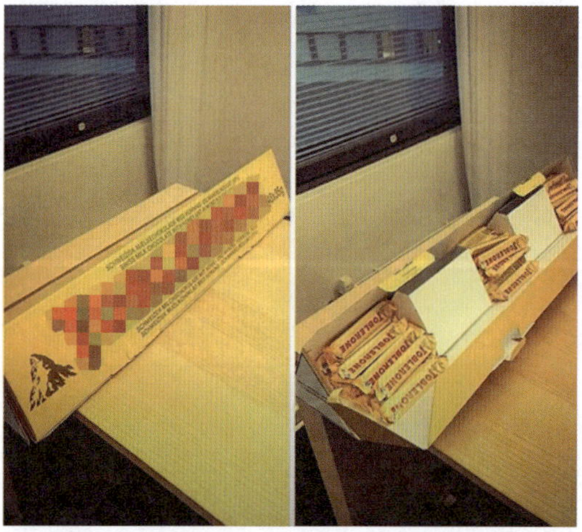

图 2-44　包装结构设计的反面典型（1）

图 2-45　包装结构设计的反面典型（2）

图 2-46　包装结构设计的反面典型（3）

图 2-47　包装结构设计的反面典型（4）

图2-44～图2-46所示的包装都有恶意欺诈的嫌疑，会破坏消费者对品牌的信任，图2-47中左边的橄榄油包装容器造型不错，但没有考虑到用户在握住容器倒油的过程中，手腕会很吃力，用户体验会较差。希望您在设计包装的结构或造型时，保持诚信，维护品牌的形象，并多代入用户的感受。

3. 设计评审（Design Review）

对于一款新产品的包装，设计时一般需要给出2～3款设计概念备选。对于上述设计概念，包装设计师需要召集主要利益相关方（如果忘记有哪些，请参阅Step 1中相关内容）参加评审。

对于大部分包装项目，设计评审一般会持续2～3轮，逐渐缩小选择范围，最后敲定设计概念，俗称漏斗式评审（见图2-48）。整个评审过程耗时从两周到两个月不等，具体取决于项目的重要性或复杂程度。

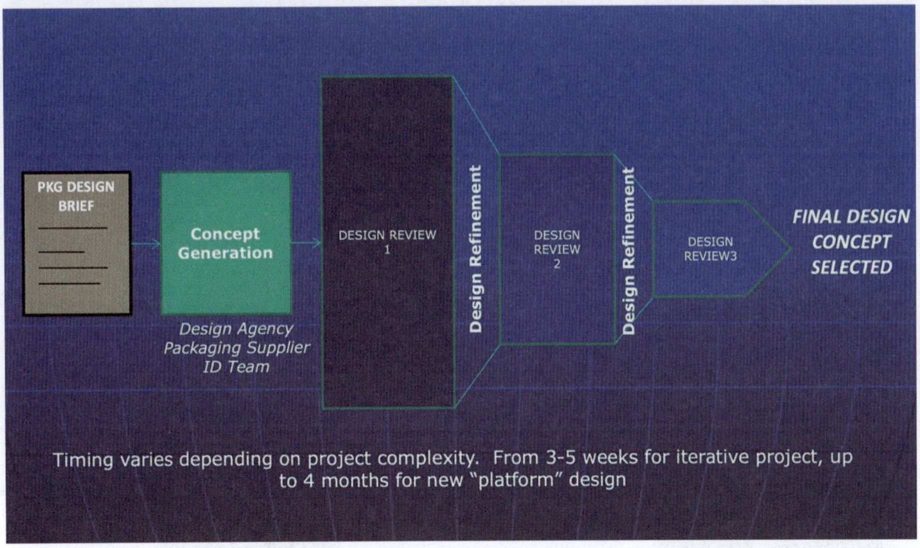

图2-48 漏斗式评审过程

每一轮评审的内容和目标都不同，例如，第一轮主要通过打分选出优胜概念，第二轮对胜出概念的实际样品（有多种打样工艺和材料可供选择）进行进一步评估打分，第三轮评审主要是选出最后的设计方案并锁定。

作为包装设计师的您，需要亲自主持每一轮评审，邀请参会人员对每个概念进行评论、打分。每一轮评审后都要形成会议记录和下一步的工作计划，发给参会的相关部门，格式可以参考图2-49。

DESIGN REVIEW #1 - DESIGN CONCEPTS & AGREED NEXT STEPS

	Concept 1 Conventional w/ new cutout	Concept 2 Lower off-center cutout	Concept 3 Right Lower corner cutout
Pros	- Good fit w/ current lineup look	- Differentiating at shelf	- Accessibility of product - New and different - Communicates fun
Cons/ Aspects to Address	- Not differentiating enough - Limited fun factor	- Overall box size needs to be larger than current to hide CD/manual - Product not as accessible as desired	- Need to reinforce structural integrity thru' inserts (paper & plastic clam shell) - Design for leveling/ balance - Plastic (clam shell) will have one 'open' side; pilfer proofness
Design show-stoppers?	No	Yes - sizing of box	No
Packaging COGS	Comparable to current	Comparable to current	Higher than positioning (TBC)
Manuf. Feasibility	Good	Fair	Fair
Estimated Complexity/ Risk to Execution	Low	Medium	High

Meeting Agreed Next Steps: **Total of 4 design concepts to be pursued: one Concept 1, three for Concept 3**

	Concept 1 Conventional w/ new cutout shape	Concept 2 Lower off-center cutout	Concept 3 Right lower corner cutout
NEXT STEPS	Exact to scale drawing to be provided (Stiven) w/ cutout shape and mouse location (11/27) *Status: done*	Abandon due to lack of feasibility to maintain current box size.	Total of three design options to be pursued w/in two different cutout designs (one is optimal shape, second is accommodating to hide the CD & manual); exact to scale drawings to be provided (Stiven 11/27). *Status: Done* 1) Optimal shape w/ CD corner folded over & manual 'rolled' w/ clamshell show thru' 2) Optimal shape w/ (paper) insert hiding CD & manual minimizing clamshell show thru' 3) Sub optimal shape but show thru'
Other Comments	Concerned this option doesn't match up to objectives regarding new, fun… Design effort to focus on pushing the envelope on Concept 3.	-	For option 2 talked about using grey and blue for insert to differentiate Seq. from Sierra. Re. pilfering talked of possibility of heat sealing (> $ for PETG), try to avoid thru'design. Want if possible to hide hinge or look good.
Any Other Comments			Option 2 can use grey and blue for insert to differentiate Seq. from Sierra. Re. pilfering talked of heat sealing (> $ for PETG); try to avoid thru' design. If possible hide hinge (for best aesth.).

图 2-49　评审会议记录和下一步工作计划

第一轮评审的设计概念可以用三维效果图呈现；评审后选出得分最高的 1～2 个设计概念（最多 2 个），以便设计机构或您自己继续细化设计概念并制作原型（俗称白样）。需要注意的是，同一个设计概念可能有多种不同的呈现方式，如图 2-50、图 2-51 所示。

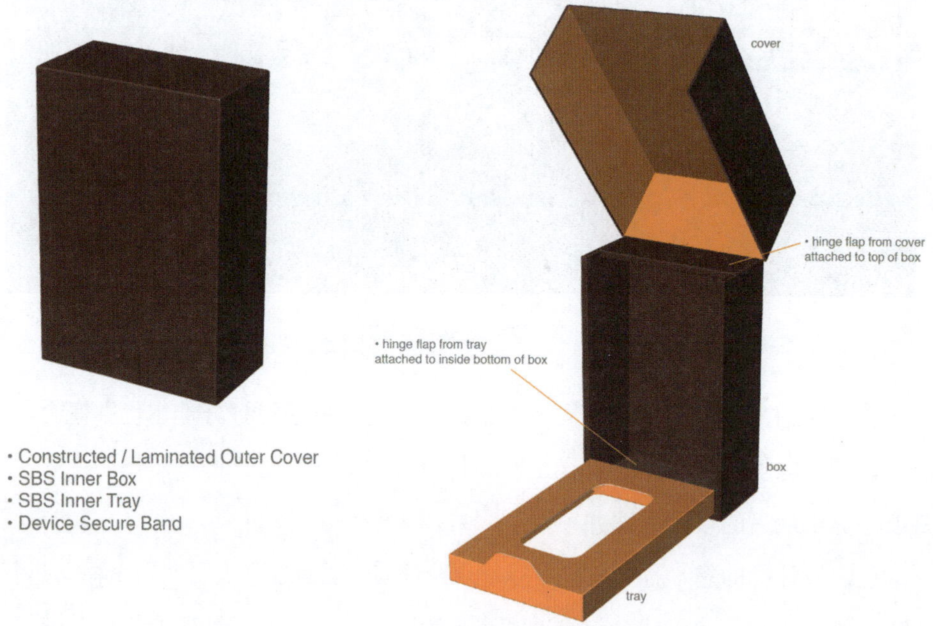

图 2-50　同一个设计概念的不同呈现方式（1）

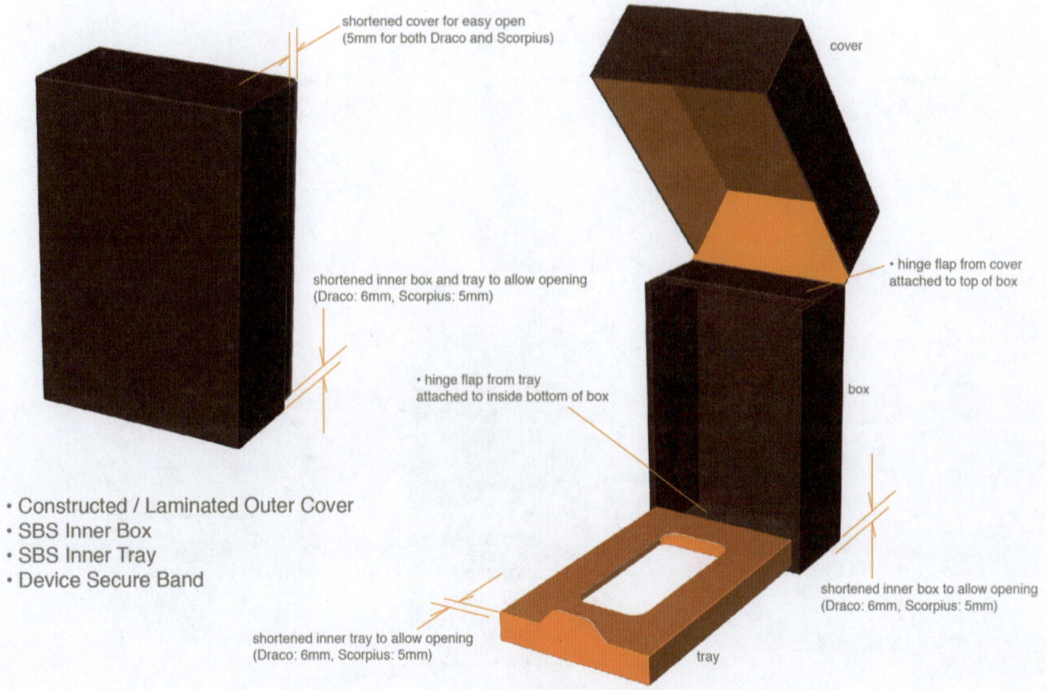

图 2-51　同一个设计概念的不同呈现方式（2）

第二轮评审对上述 1～2 款原型（俗称白样）进行评估，然后选出最终设计方案并锁定。

设计评审是相对传统的方式，耗时较长，如果受到不可抗力（如疫情等）的影响，很可能导致各利益相关方不能全部到现场进行评审，所以有一些品牌商开始借助线上互动平台去测试不同设计概念的吸引力，即直接把设计概念发布在线上互动平台，实时获取反馈或投票数据，这样，包装团队可以根据投票数据或反馈来做设计决策和设计迭代，这些“硬”数据也有利于帮助设计者说服相关部门支持该设计方案。

举例说明：

某包装团队针对一款洗发液&沐浴液二合一产品的包装设计了三个视觉设计方案（方案 A、方案 B、方案 C），并将其上传至线上互动平台后，邀请潜在用户群体给出评分和反馈，结果得分最高的是方案 C，而方案 A 得到的反馈数量最多，那么包装团队就可以根据评分和反馈结果研判哪个方案最吸引人，如何改进设计可能提升消费者的购买欲望等（见图 2-52、图 2-53）。即便得分最高的设计方案也并不一定是完美的，而来自潜在用户群体的建设性反馈则可帮助包装团队改进设计方案。

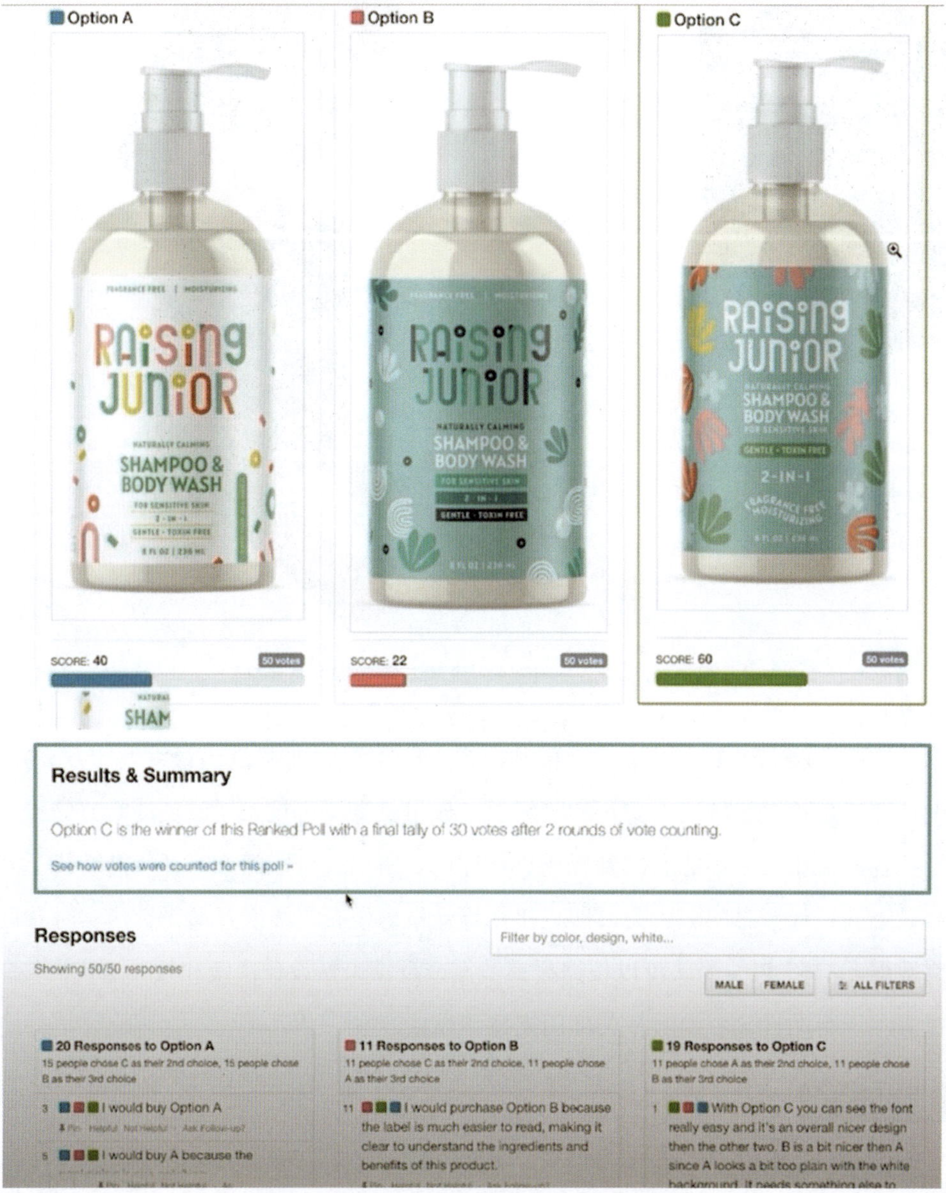

图 2-52　线上互动平台上显示的投票结果

如果您想将贵司 MR 眼镜包装设计方案跟其他竞品进行在线调研对比（是否具有视觉吸引力、独特性和创新性），可以在发布的设计方案中包含其他竞品的包装设计。对比分析可以让您确定自家的包装设计方案有哪些属性可以脱颖而出，还可以了解不同群体（不同年龄、性别、地点等）对贵司的包装设计方案的看法。

如果您在对公司现有其他产品进行包装优化，也可以利用线上互动平台进行在线调研，看新旧包装设计方案哪个更能引起目标受众的共鸣，以此了解包装优化是否有利于贵司的品牌和产品。

图 2-53　线上互动平台上显示的反馈意见

借助线上互动平台进行设计方案评测的优势在于简单、易操作，只要把高清 3D 效果图上传到线上互动平台，为每个包装设计方案设置相同的问题集就行了。当参与评测的人数达到具有统计意义的标准后，使用相同的指标评估每个包装设计方案，就可以准确地比较评测结果。采用这种灵活的方式可以收集到大量市场数据，这样您和您的包装团队就可以不依赖第三方调研机构，做出正确的设计决策，更快地对市场变化做出反应。

需要注意的是，设置问题集时，应尽量将问题数量限制在 30 个以内，要确认每个线上互动平台聚集的消费者群体的真实性和有效性，这样您建立在评测结果上的设计决策和迭代设计才有意义。

如果借助的线上互动平台是 SurveyMonkey 这样的大型平台，它可让位于世界各地的消费者群体同时参与评测，辅以 AI 支持的消费者洞察，效果非常显著。不过，这样的大型平台一般都是收费的，一般每次评测收取至少 2500 美元。

点评：

本节所讲的设计概念的生成和评审是整个包装设计管理流程（如果忘记了，请复习图 2-34）中最重要的一步，也是整个流程中含金量最高的阶段。

对于很多知名的外资品牌商，其包装设计管理往往都掌握在总部的手中，国内包装团队的包装工程师所做的主要是技术支持性的工作，如工程细节改善、推荐包装材料、跟踪包装测试结果、参加工厂的试产、设计稿语言本地化等，不太容易接触到包装设计开发的核心。如果留意的话，可以见到很多产品上标明类似“Designed by Apple in California. Assembled in China”（加州苹果公司设计，中国制造）的说明，这也是大部分在外企工作的包装专业人士一直面临的尴尬境地。而对于国内的很多品牌商来说，除一些消费品品牌商外，大部分对包装设计（尤其是结构设计）仍不太重视，包装创新和审美意识普遍还偏弱，包装团队或包装工程师的薪资仍然偏低；随着国力的增强，相信包装人才的培育和包装设计的创新会进入一个良性发展的生态中，您对包装的热爱和坚持也会得到回馈的。

2.2.3 包装设计的工程实现——样品制作（Prototyping）

1）主包装材料的选择

前面提到第一轮评审后就要制作原型（俗称白样）。巧妇难为无米之炊，各种包装材料就是包装人的“米”。常用的主包装材料有纸、塑料、金属、玻璃和木材。当然，您的设计完全不用受限于这些材料，设计时甚至可以就地取材，灵活运用。对主包装材料熟悉到一定程度后，当您看到某个产品，就可以快速在脑海里列出其所用材料，不过达到这种“段位”需要多年的实战经验积累。

（1）纸类包装材料

假设经过评审后，您的设计方案得到了利益相关方的一致认可，采用类似 iPad 或奢侈品的精品盒包装的形式，有棱角分明的外观，内部结构又能很好地固定和保护产品，如图 2-54 所示。

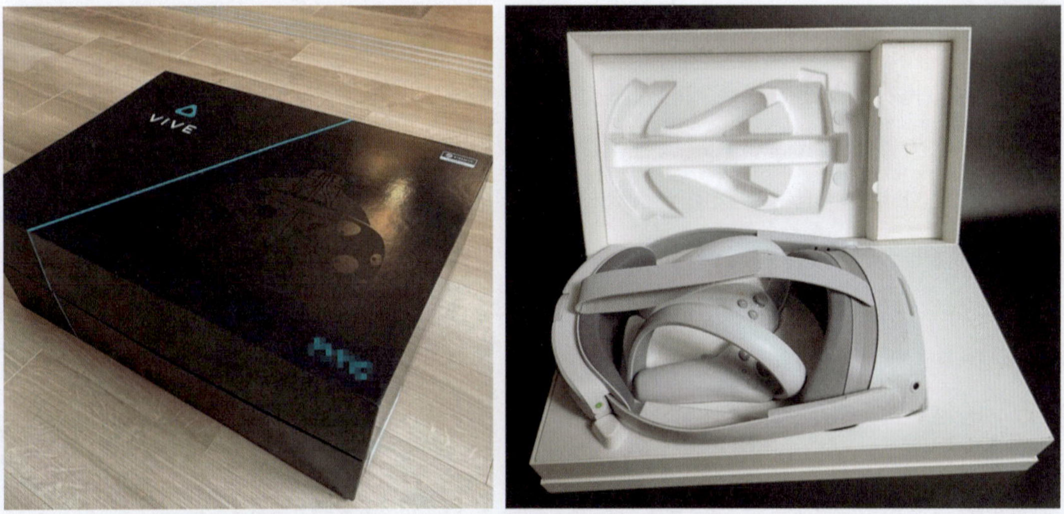

图 2-54　MR 眼镜精品盒包装示例

这种精品盒或仿精品盒用到的包装材料如下：

① 白卡纸（SBS 或 FBB）。

SBS（Solid Bleached Sulfate）以漂白化学浆为原料，为两层结构，特点是白度较高，具有光滑的印刷表面，但因为漂白过程会降解和削弱原始纤维，对纸张的强度产生了不良影响。

FBB（Folding Box Board）以漂白化学浆作为原料制成纸板的表层和底层，而以机械浆为原料构成中间层，形成三层结构的纸板。在同等克重（克重即每平方米材料的质量，单位是 g/m^2，简写为 gsm）的条件下，FBB 比 SBS 的挺度和厚度要好，模切效果和折痕效果更胜一筹。

目前白卡纸的计价以质量（吨）计价，为此，有工厂引进了“得率”的概念：在白卡纸的厚度和挺度相同时，不同白卡纸的克重之差的相对百分数称为得率。例如，有两种白卡纸的厚度和挺度相同，其中一种白卡纸的克重为 300gsm，另一种白卡纸的克重为 270gsm，克重 270gsm 的白卡纸相对于克重 300gsm 的白卡纸而言，其得率为 10%。也就是说，如果选择克重 270gsm 的白卡纸，就会比选择克重 300gsm 的白卡纸多 10%的收益，从而节省包装成本。

FBB 与 SBS 相比，得率高出 7%～10%，这主要是因为 FBB 的中间层使用了机械浆。在机械浆的纤维支撑作用下，形成了较为稳定的“Z”字形结构，确保了 FBB 的挺度；同时，机械浆纤维还为 FBB 带来了高厚度、低克重的优点。

② 特种纸（Fancy Paper/Special Paper）。

不仅白卡纸可以作为包装盒的面纸材料，特种纸（也有工厂叫艺术纸）也是一种选择，尤其对于一些奢侈品或高端限量版科技产品来说更是这样。特种纸的种类繁多，不同的生产商有不同的叫法，但特种纸属于小众材料，印刷普适性比不上白卡纸，更多情况下被用来彰显品牌的独特调性。

③ 灰板（Grey Board）或瓦楞纸（Corrugated Board）。

这两种材料在精品盒或硬盒里的作用就是支撑起整个盒形。您可以找来 iPad 或一些高端产品的包装盒，将裱在外面的白卡纸或特种纸剥离后，就会看到里面的灰板或贴合在一起的多层瓦楞纸。

灰板的厚度一般用毫米数或克重表示（克重范围一般在 350～3500gsm）。

瓦楞纸后面会在折叠纸盒方案中介绍。

如果您希望这款 MR 眼镜的包装更轻便一些，以减少电商平台的 FBA 费用，可以采用折叠纸盒的形式（参考图 2-55）。

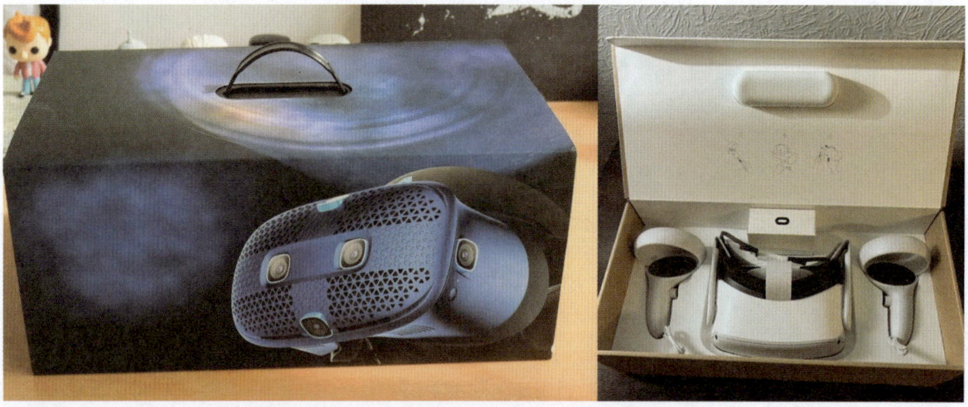

图 2-55 MR 眼镜折叠纸盒包装概念示例

这种折叠纸盒可以选择的包装材料有牛卡纸、粉灰卡和瓦楞纸。

④ 牛卡纸（Kraft Paperboard）。

牛卡纸一般克重在 120gsm 以上，有涂布原色牛卡纸（Coated Unbleached Kraft，CUK）和漂白纸（Bleached Kraft Paperboard）两大类。其中，涂布原色牛卡纸是用 100%原生本色木浆做的，外观呈棕色，纸张挺度和强度大，有单面光的 MG 和两面无光的 MF 之分，印刷普适性没有白卡纸好。牛卡纸配上合适的视觉设计和印刷方式，包装效果会很出彩（见图 2-56）。

涂布原色牛卡纸表面做防水处理后，还可作为饮料或水果的包装。北美地区因为木材资源丰富，很多食品的二级包装都采用涂布原色牛卡纸，而国内食品二级包装经常用的是便宜的粉灰卡。

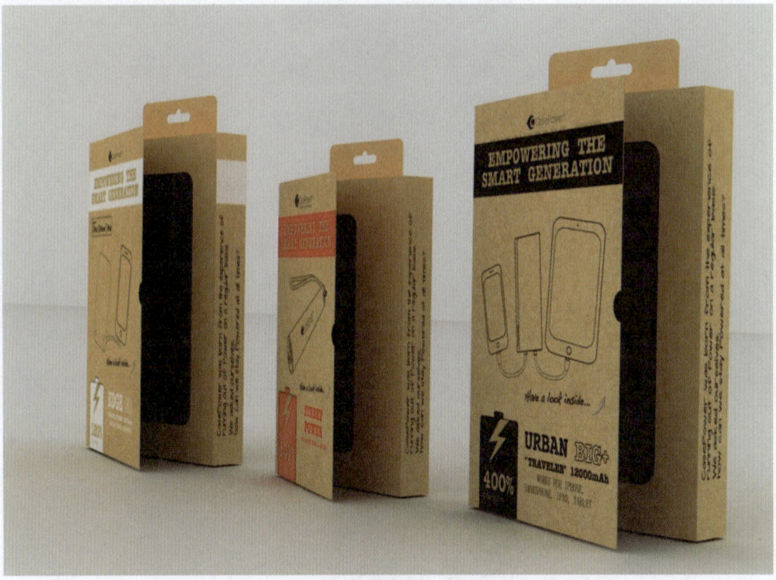

图 2-56　牛卡纸的包装效果示例

⑤ 粉灰卡（Clay Coated News Back，CCNB）。

粉灰卡属于回收纸板（Recycled Paperboard），又称灰底白板纸，克重在 230～500gsm，成本比白卡纸低很多，一分钱一分货，粉灰卡的纸张挺度和强度也较白卡纸差一些，不适合用于高端产品的包装。

⑥ 瓦楞纸（Corrugated Paperboard）。

瓦楞纸的楞型（Flute）有细瓦楞和粗瓦楞两大类。细瓦楞也称微瓦楞，包括 E、F、G、N、O 等类型。这类瓦楞纸较薄，挺度好，一般直接用于产品的展示类包装，尤其是近年来，越来越多地用于电商的 SIOC 包装；粗瓦楞包括 A、B、C、K 等类型，这类瓦楞纸较厚，缓冲性好，抗压强度高，适合制作运输包装纸箱。C 型瓦楞纸在国内很少用，北美地区则用得较多。

瓦楞纸的结构（Structure）：一般有单瓦楞（Single Wall Board）、双瓦楞（Double Wall Board）及三瓦楞（Triple Wall Board）等，常用的是前两者。以单瓦楞为例，它由面纸、芯纸和里纸三层粘合而成。面纸和里纸的材料可以是牛卡纸/仿牛卡（Testliner Paperboard）/粉灰卡等，而芯纸一般为重复回收多次的回收纸制作而成，物理性能较差，但紧度不高，利于粘合。特别提示：仿牛卡的英文名称中的 Testliner 是指它的原料不是 100%原生本色木浆，而是掺杂了大量回收废纸浆。部分瓦楞纸的楞型和结构如图 2-57 所示。

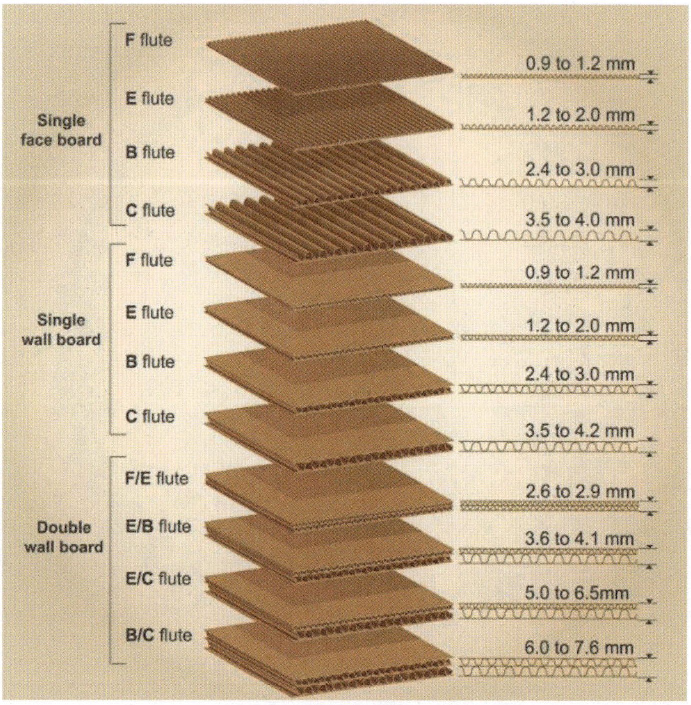

图 2-57　部分瓦楞纸的楞型和结构

瓦楞纸的性能主要用边压强度（Edge Crush Test，ECT）和耐破度（Bursting Strength Test，BST）表示，如表2-2所示。

表 2-2　瓦楞纸的性能表示示例

结构	ECT	BST
单瓦楞	7.71kN/m（44 lb/in）	275 lb./in^2
双瓦楞	8.93kN/m（51 lb/in）	350 lb./in^2

国产瓦楞纸板使用的原料中草浆占比大，而北美主要以木浆为原料制作瓦楞纸板，其物理机械性能相对更好，使用北美双瓦楞纸板制作的纸箱的抗压强度可抵得上国产三瓦楞纸板纸箱。例如，同样生产 200 亿平方米的纸箱，我们可能会多消耗掉 0.5 亿吨瓦楞纸板，这就导致了材料的浪费。

关于包装用纸的一些常识：

- 造纸厂一般把自己生产的纸产品分为文化用纸（Printing Paper）和包装用纸（Packaging Paper）。除非特别说明，本书中讨论的均为包装用纸。

- 纸张的克重越大，表示纸张越厚；克重大于 225gsm 的纸称为纸板，不大于此的称为纸；纸张的厚度通常用 mm 或 micron 表示，美国常用磅（pt）表示，1micron=0.001mm，1pt=0.001inch。
- 纸张的白度（Brightness），也叫亮度，白度并不是越高越好。
- 受限于木材来源，国内的纸板质量还不太稳定，而北美的纸板纤维较长，挺度也好。国产的 300gsm 纸板所达到的性能数据，跟北美生产的 280gsm 或者 260gsm 的纸板的性能数据差不多，这样无形之中我们就会相对更多地消耗包装材料，所以很多品牌商对于在国内加工的包装盒，会指定采用从北美或北欧进口的纸板。
- 耐折度（Foldability），主要用于表征白卡纸、粉灰卡等的质量。
- 纸纹方向（Grain Direction），指造纸过程中形成的纸张纤维的排列方向，纸盒的刀线图、纸张测试报告上都必须注明纸纹方向。
- 对于单张印刷机用纸，国内正度、大度尺寸分别为 880×1230、850×1168，而欧美一般分别采用 700×1000、800×1000（单位均为 mm）。

（2）塑料类包装材料。

用于包装的通用塑料主要有五大品种，即聚乙烯（PE）、聚丙烯（PP）、聚氯乙烯（PVC）、聚苯乙烯（PS）及丙烯腈—丁二烯—苯乙烯共聚合物（ABS）。塑料以其比重小、容易着色、可塑性强、强度大和不易破碎等特点，目前仍是化妆品、食品、饮料包装的主流材料。

包装常用塑料的编号如图 2-58 所示。

此处重点讲解一下 1 号 PET（聚乙烯对苯二甲酸脂）、5 号 PP（聚丙烯）。

PET 的特性和应用场景：

- 具有优良的透明性与光洁度，展示产品效果好（见图 2-59）。
- 表面装饰性能优良，可以不经过表面处理就直接印刷，易压制花纹，易进行金属处理（真空镀金属层）。
- 具有良好的机械强度。
- 对氧气及水蒸气的阻隔性能良好。
- 耐化学腐蚀性能好。
- 无毒，卫生性能可靠，可用于食品、饮料、药物及医疗器材的包装，并可用 γ 射线对其所包装的物品进行消毒。
- 可回收再利用。

图 2-58　包装常用塑料的编号

图 2-59　PET 包装材料具有良好的展示效果

PP 的特性和应用场景：

PP 具有质轻、表面光亮、耐热性好、机械强度高、化学性质稳定、绝缘性能好、无毒及折合性能好等特点。PP 可在 100℃环境下长期使用并能经受 121℃的高温杀菌处理，防潮性能突出，卫生性能可靠，可放于微波炉中加热，广泛用于食品和饮料包装。

此外，3 号 PVC（聚氯乙烯）由于其对人体健康和环境的影响，基本上已经被各品牌商禁止用于产品包装。

7 号塑料包括生物降解塑料（PHA、PLA 等，见图 2-60）或 PCR（Post-Consumer Recycled Material）等。PCR 即消费塑料回收再加工材料，像消费者日常使用的饭盒、洗发水瓶、矿泉水瓶、洗衣液桶等（PET、PE、PP、HDPE）被回收后，就可以作为 PCR 进行再加工，重新用于某些产品的包装。

图 2-60 用 PLA 制作的咖啡杯盖子

特别值得一提的还有一款用于软包装的“网红”薄膜材料，那就是镀氧化铝聚酯薄膜（氧化铝镀膜）。例如，近几年比较火的预制菜，所采用的包装材料就是这种薄膜。这种薄膜材料具有优秀的阻隔（阻水、阻氧）性能、印刷复合性能，可直接放进微波炉加热，可替代 KPET、KBOPP、KBOPA、VMPET、SiO*x*、BOPA、铝箔、EVOH 和共挤膜等包装材料使用。

这种材料又可以细分为不同的类型：

- 普通氧化铝镀膜：PET-AlO*x*-020。
- 高阻隔氧化铝镀膜：PET-AlO*x*-010。
- 具有保护涂层的氧化铝镀膜：PET-AlO*x*-T。
- 可蒸煮型氧化铝镀膜：PET-AlO*x*-TZ。

其中可蒸煮型氧化铝镀膜是可以用于常温储存运输的，其常见的复合结构有 AlO*x*-PET12/NY15/CPP 或 AlO*x*-PET12/NY15/WCPP，对应的两种样品如图 2-61 所示：

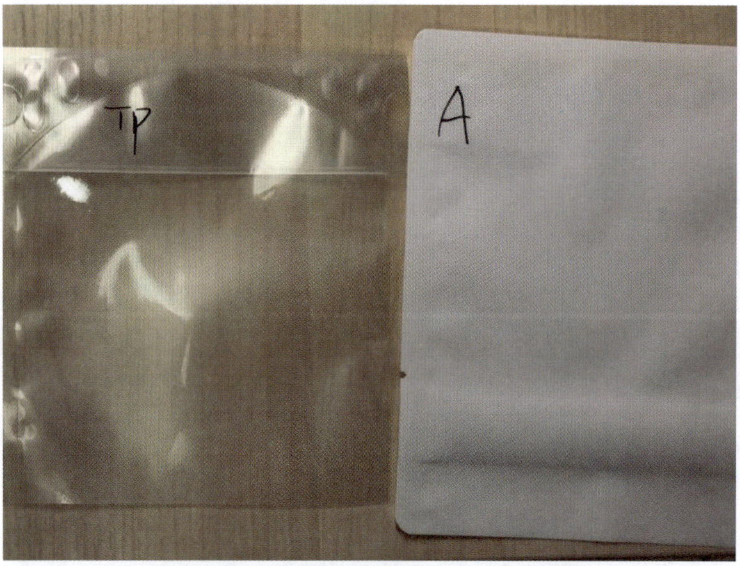

图 2-61　可蒸煮型氧化铝镀膜常见的复合结构样品

可蒸煮型氧化铝镀膜的两个重要指标如下：

- 氧气透气率：OTR（Testing Condition of ASTM D3985，30℃，70%）≤0.6cm³/m² · day · atm。
- 水蒸气透气率：WVTR（Testing Condition of ASTM F1249，40℃，90%）≤1.0cm³/m² · day · atm。

表 2-3 是各种原生塑料、PCR 材料和生物降解塑料的 LCA 简单比较。

表 2-3　各种原生塑料、PCR 材料和生物降解塑料的 LCA 简单比较

材料	来源	资源可持续性	作为包装废弃物时的处理方式
PP/PET/PS	炼油厂	不可再生	回收利用/垃圾填埋/焚烧
PCR	废弃的塑料瓶、塑料袋、吸塑托盘	可重复使用	垃圾填埋/焚烧
PHA/PLA	富含淀粉、纤维素的产品（玉米、甘蔗等）	可再生	回收利用/自然降解/生物降解

目前，很多消费类电子产品的包装都在去塑料化。有些品牌商为了树立自己关注ESG的形象，开始提倡减少塑料的使用。国内则是从2019年开始鼓励普及生物降解材料。在笔者看来，这两种做法（思路）都尚不成熟，但是在没有出现更好的塑料回收利用技术之前，估计这种“简单粗暴”的以纸代塑的做法将依然盛行。

其实每一种材料都有其不可替代的优势，只有错误的包装设计方案，没有不好的包装材料，当前需要的是尽快发展出行之有效的塑料回收再利用技术。

除纸板和塑料外，玻璃（Glass）常用作葡萄酒、化妆品、药品、食品的一级包装，金属（Metal）常用作饮料、茶叶、奶粉等的包装，木材、亚克力、陶瓷等材料也偶尔被用于

限量版包装。值得注意的是，由于 *Reuse*，*Refill* 等环保措施的采用，玻璃和金属包装的市场份额又在缓慢上升。小众包装材料如图 2-62 所示。

图 2-62　小众包装材料

总而言之，包装材料是实现包装创新的重要手段。您可以在工作实践中根据品牌调性、产品特质、环保法规政策和地域优势等，将包装材料跨界组合、灵活应用。例如，一款牡蛎的生鲜包装，在木材资源相对缺乏的中国，很可能采用纸张和高密度 PE 袋作为包装材料，而在木材资源相对丰富的加拿大，它的包装则主要为木制的（见图 2-63）。

图 2-63　加拿大本土生鲜产品的木制包装

2）内部缓冲材料（内衬）

包装常用的内部缓冲材料主要有：植物纤维（木丝、纸、纸浆、稻草、麦秆等）、动物纤维（猪鬃、羊毛、毛毡等）、矿物纤维（玻璃纤维、石棉、矿物纤维等）、气泡结构物质（天然橡胶、合成橡胶、泡沫塑料、气泡塑料薄膜等）、瓦楞纸与皱纹纸等。

在这里特别提一下纸浆模塑（Molded Pulp）。目前国内大部分的纸浆模塑大都是由植物纤维发酵制成的。但由于其制作过程耗水耗电较多，所以对这种材料的环保性和可持续性，业内一直存在争议，在此不多介绍。

3）其他辅助材料

其他辅助材料有不干胶标签、封箱胶带等。应尽量避免使用透明胶带封箱，因为它的材料主要是PVC，埋在土壤里数十年都不降解，如果焚烧的话又会产生有毒气体污染空气。目前亚马逊平台上使用FBA服务的快递包裹的封箱胶带都已改为纸胶带。

4）样品制作（Prototyping）

每一个包装专业的学生都应该熟练掌握用手工或操作设备的方式制作包装实物样品（俗称打样或介样）。

（1）手工切割糊盒所需工具：切割板、笔刀、钢尺及双面胶等。

（2）打样设备：切割机，俗称介样机，如图2-64所示。

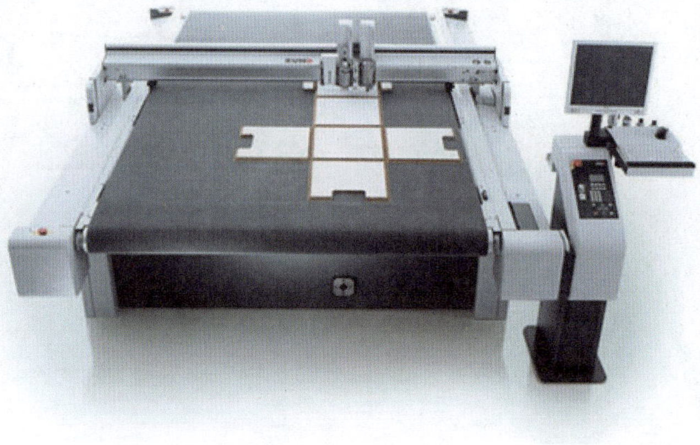

图2-64 介样机

2.2.4 包装成本（COGs）预估

对包装成本的控制，有一个不成文的规则：一般消费类电子产品的包装成本占产品出厂价的8%～10%；快速消费类产品包装的成本占产品总成本的比例小于等于5%；而对于化妆品、奢侈品，这个比例则有可能达到 30%～50%。具体数值视产品和公司对包装的重视程度而定。

图 2-65 为 3 款产品的设计方案（均采用外包装盒+内部缓冲的包装结构）采用不同的包装材料（瓦楞纸、纸浆模塑、吸塑等）制作时的包装成本预估，供您参考。

External Structure（外包装盒）	Internal Structure（内部缓冲）	HD Home AV Pack（产品1）	Sync Station (Dock)（产品2）	Sync Cable（产品3）
Paper（纸包装）	Current Structure（当前结构）	$1.3690	$0.9660	$0.6250
	Clear Plastic（PET）	$1.3940	$0.9730	$0.6290
	Microflute（微瓦楞）	$1.4490	$1.0260	$0.7540
	E-Flute（E坑）	$1.0870	$0.8880	$0.5354
	Begasse（甘蔗渣）	$1.2690	$0.9790	$0.6640
	Paperfoam（泡沫）	$1.3790	$1.0490	$0.7340
	Molded Pulp（纸浆模）	$1.2490	$0.9590	$0.6440
Plastic（塑料包装）	Clear Plastic（PET）	---	$0.9860	$0.6640
	Microflute/Plastic（微瓦楞/PET）	$1.8077	$1.2500	$0.8450

说明：以上所述成本包括所有 BOM 的组成部分（如运输方、手册、标签等）；所有成本都是估算出来的。

图 2-65　3 款产品的设计方案采用不同的包装材料制作时的包装成本预估

扫描下方二维码，查看关于包装成本分析的视频：

关于包装成本控制的几个错误示例：

示例 1：对于同一个包装纸盒，用高档纸板与用便宜纸板，成本可能也就相差 5 分钱，但选用便宜纸板的话，因为便宜纸板不够坚挺，可能又得在印刷后覆膜。这样不但会增加成本，而且不利于纸张的回收。

示例 2：在用高档纸板替代便宜纸板时，可以用 250gsm 的高档白板纸代替 300gsm 的 CCNB（粉灰卡/灰底白板纸）；但有些设计师会用同样克重的平替（即采用 300gsm 的高档纸板），从而造成不必要的浪费。

示例 3：有些企业（如药企）的产品，不仅包装盒设计落后，而且采用的是以回收纸浆为原料的 CCNB，既不美观，又不卫生，而且回收纸浆中受限有害物质在制成包装纸板后仍然存在。

示例 4：有些包装（如软包装）由于色彩设计不合理导致印刷成本升高，在这种情况下，很多企业却通过选用便宜的包装材料来维持较低的包装成本，导致“头痛医脚”的窘况，影响对产品的保护。

大公司的各部门之间分工明确，所以对于包装材料的询价，一般由采购部门主导，由包装工程师辅助完成。采购部门为了工作业绩会尽量压价，供应商为了拿到订单，就会尽量选便宜的材料，有可能影响对产品的保护和品牌的形象，所以包装工程师需要从技术的角度甄别材料的优劣、供应商的制造实力和质量可靠性。这样采购部门和包装工程师之间互相制衡，可以有效避免过度追求低成本或过度追求超高性能。

2.3 Step 3 多维度验证包装设计方案的可行性

验证包装设计方案的可行性，实际上就是广义上的包装设计测试，在包装行业中，一般可以将其翻译成Packaging Design Testing或Packaging Design Assessment或Packaging Design Verification，其含义都是一样的，主要工作都是围绕以下几方面进行验证的。

- 测试包装在货架上的吸引力
- 包装的开箱体验（OOBE）
- 测试包装对产品的保护功能（即狭义上的包装测试）
- 测试包装与产品组装生产线的适配性（DFA）
- 包装设计方案本身是否适合量产（DFM）
- 包装材料是否环保、安全、合规

上述验证包装设计方案可行性的思路是各大品牌商常用的。如果贵司有预算，建议采用，虽然即使通过上述验证也未必能获大奖，但不能通过上述验证的包装设计方案一定是不够专业的，甚至会面临各种安全或成本风险。

下面对上述验证方法一一举例讲解。

2.3.1 测试包装在货架上的吸引力

吸引力测试可以衡量包装设计概念带给消费者的情绪价值。上一节中讲到的利用线上互动平台进行在线调研就属于吸引力测试的一种办法。

除此之外，包装带给用户的情绪价值还可以借助生物测定数据（在先导片里包装设计的趋势部分已经简单介绍过）来衡量。例如，您的新产品和包装能否在商店货架上吸引消费者注意力，包装上的字体是否分散注意力、配色是否冲突、产品信息是否令人困惑，以及品牌和产品信息等设计元素是否催生了有效的沟通等，这些都可以通过对视觉注意力、脑电图（EEG）、面部表情等信息的监测来得出结论。

以下是一个典型的综合利用脑电波监测设备和视觉/表情追踪设备等获取信息的实验场景。

图 2-66 中右边是一位正在盯着计算机屏幕上一款包装视觉设计效果图（即本实验的刺激物）的受试者。受试者的头上戴着脑电波监测设备，左手手指上连接皮电反应（GSR）传感器，计算机装有眼动追踪仪和表情追踪设备。

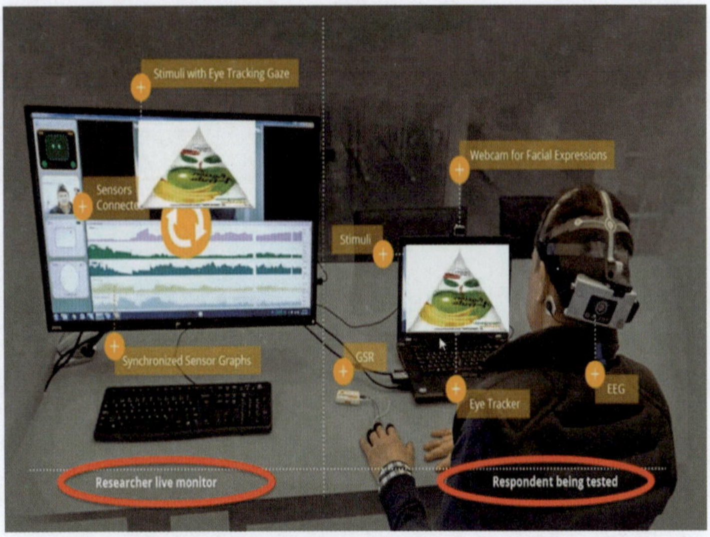

图 2-66　消费者洞察实验场景及设备

图 2-66 中左边是研究人员面前的监视器，可以实时展现受试者对刺激物的 4 类反应信息（视觉热力图、皮电反应、表情变化和脑电波）（见图 2-67）：

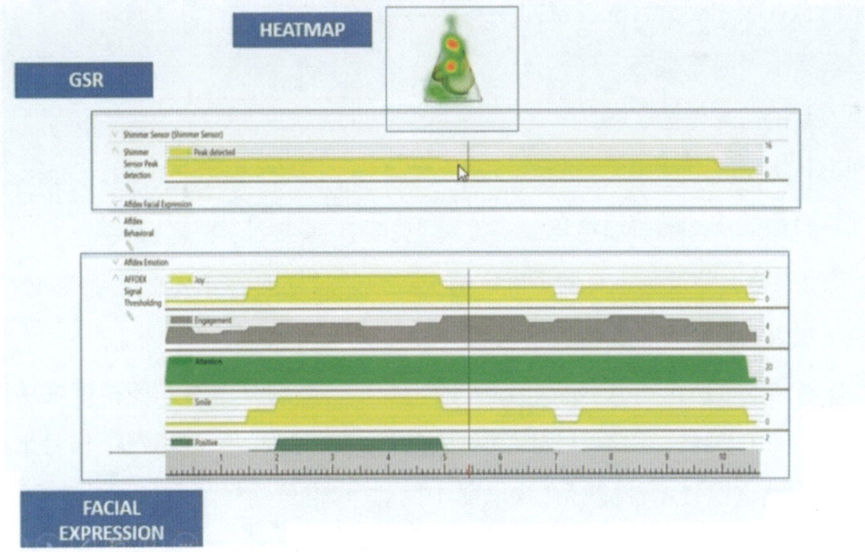

图 2-67　受试者的各类反应信息

受试者的脑电波信号如图 2-68 所示。

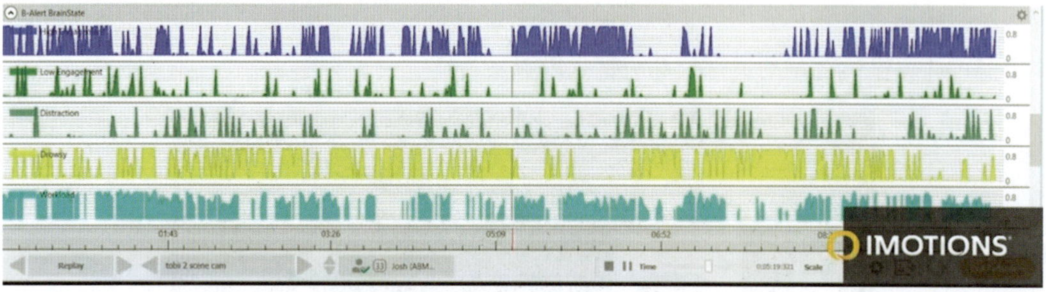

图 2-68 受试者的脑电波信号

跟在线测试吸引力的方法相比，利用生物测定数据可以更精准地找到消费者的关注点和兴趣点，获得对包装设计方案的真实反馈和数据支撑。

以上设备也可以各自独立使用，下面我们逐一介绍各种设备的应用场景，对于原理不过多解释，感兴趣的同学可以自行查找资料。

1. 眼动追踪设备

在我们的视线范围里，我们的注意力是集中在中间区域（中间凹）的，对于这个中间区域，我们看得比较清楚，而对于周围区域，我们的视野则是模糊的。眼动追踪设备就是通过关注中间凹，来研究以下内容：

- 是什么在吸引观察者的注意力
- 观察者看了哪些地方
- 观察者的目光停留了多久
- 观察者浏览的顺序是怎样的
- 观察者最关注的内容是什么

通过采用眼动追踪设备，有助于确定消费者最感兴趣的内容及他们可能完全忽略的内容，图 2-69 是眼动追踪设备的应用场景之一。

眼动追踪设备有两个重要参数：信号采样频率（时间分辨率）和精准度（空间分辨率）。信号采样频率越高，还原真实眼动行为的能力就越强，一般情况下信号采样频率在 60Hz 以上的眼动追踪设备都能够有效识别注视动作。信号采样频率越高的眼动追踪设备，其价格也越高，从目前的情况来看，信号采样频率为 180Hz 的眼动追踪设备性价比相对较高。

图 2-69　眼动追踪设备的应用场景之一

在验证包装设计方案时，眼动追踪设备记录的数据通常有：

（1）首次注视时间（TTFF）——即消费者至少需要多少时间才能看到货架上的产品。要知道，货架上的产品和包装只有引起消费者的注意才能产生销售。

（2）总注视时间（TFD）——即消费者看了多长时间。在产品赢得消费者的第一眼关注之后，下一步需要让消费者在该产品上的注意力保持更长时间，以便他们处理关键信息，做出选择。

（3）注视次数（FC）——即消费者多久看一次。第一次浏览货架后，消费者的目光会回到他们正在考虑的产品上，而较高的注视次数有利于销量的增加。

眼动追踪设备不仅可以记录上述数据，还可以生成直观的热力图，告诉您哪些设计元素最能吸引消费者的注意力（见图 2-70）。

图 2-70　眼动追踪设备生成的热力图

2. 皮电反应（GSR）传感器

皮电反应，又称“皮肤电反应”“皮电属性”。皮电反应的原理：当人体受外界刺激或情绪状态发生改变时，其神经系统的活动就会引起皮肤内血管的舒张和收缩，以及汗腺分泌等变化，从而导致皮肤电阻发生改变。

皮电反应的测试数据是一项情绪生理指标，可以作为测试交感神经系统功能的直接指标，也可以作为测试唤醒、警觉水平的间接指标，但无法用于辨明情绪反应的性质和内容。

常用的皮电反应传感器如图 2-71 所示。

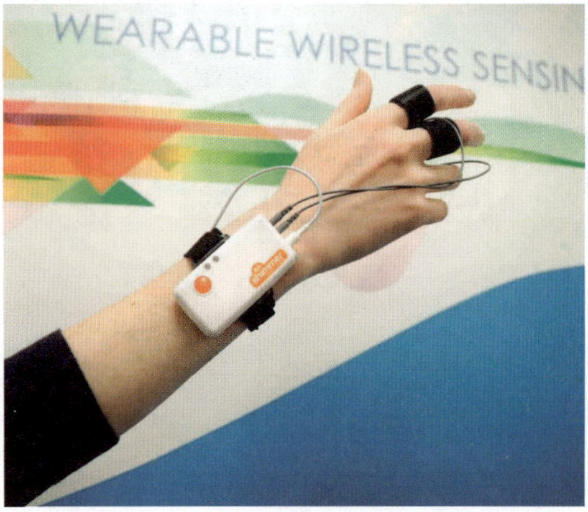

图 2-71　常用的皮电反应传感器

眼动追踪设备和皮电反应传感器一起用于包装设计的吸引力测试，可以帮助研究人员更全面地了解受试者的情绪心理反应，并将视觉注意力与唤醒水平联系起来（见图2-72)。

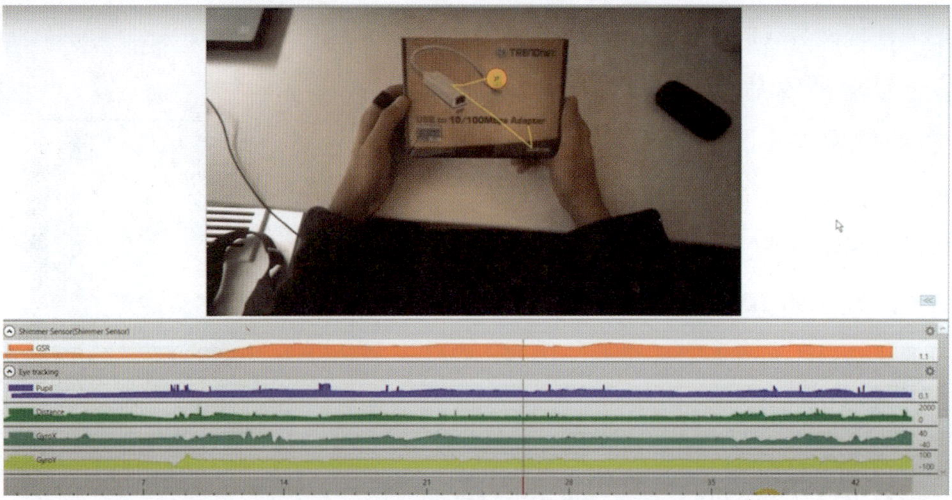

图 2-72　眼动追踪设备和皮电反应传感器一起用于吸引力测试

3. 脑电波监测设备

消费类电子产品级别的脑电波监测设备经过 CE 安全认证，不属于医用设备，请不要将其跟心电图监测设备（ECG）混淆。脑电波监测设备可通过脑电情绪指数（EMOI）等来表示受试者对设计方案的认可程度。脑电波监测设备也有两个重要的指标：采样频率（时间分辨率）和通道数。脑电波监测设备通常有很高的采样频率，一般可达 500SPS（Samples per Second），能够以毫秒级别的精度判断大脑激活状态发生变化的时间。脑电波监测设备的通道数有 8、16、20、32、64 等，通道数越多，价格越贵。

4. 表情追踪设备

表情追踪设备是能够自动地、准确地检测情绪反应的工具，可以分析六个基本面部表情：高兴、悲伤、愤怒、惊讶、恐惧和厌恶。此外，它还可以识别中立、轻视、无聊、感兴趣和困惑。

这种工具可用于检验包装设计的开箱过程带给消费者的体验和感受，我们在下一节中将举例说明。

实际上，以上几个设备也都是神经营销学（Neuro-marketing）的常用研究工具。神经营销学是研究与某种刺激（如广告或包装或视频等）相关的神经系统反应的应用领域。研究人员通过医学技术和神经科学揭示消费者的决策过程，并根据神经反应、生理反应及行为来了解消费者的潜意识反应。简而言之，就是将神经科学的知识和发现应用于营销领域。

扫描下方二维码，观看神经营销学应用于包装设计研究的实验视频：

一些市场研究或咨询公司已经开始将脑电、皮电、眼动数据及面部表情分析等应用于消费者洞察，并借助 AI 工具分析消费者的购买意向（见图 2-73）。

具体到跟包装设计有关的神经营销学研究，一般会通过模拟或实地购物的三个环节（货架测试、包装测试和价格测试，见图 2-74），全程监测消费者对包装设计概念或实物样品的真实感受，为包装团队改进方案提供信息支撑。

货架测试：主要内容包括受试者究竟如何观察货架、产品包装在货架上是否具有较高辨识度、产品能否在同类产品中引起受试者的兴趣、哪种包装设计方案更适合零售卖场、哪种包装设计方案更适合电商渠道等。

包装测试：主要内容包括受试者如何阅读包装上的关键信息、最先注意到的是哪个元素、对各元素的喜好程度如何、产品包装上的哪些设计信息是强势有效信息，哪些是弱势低效信息、如何放置这些信息和卖点、如何优化提升设计信息的传递、受试者花多长时间获取到信息并决定购买，以及竞品之间包装设计方案的对比。

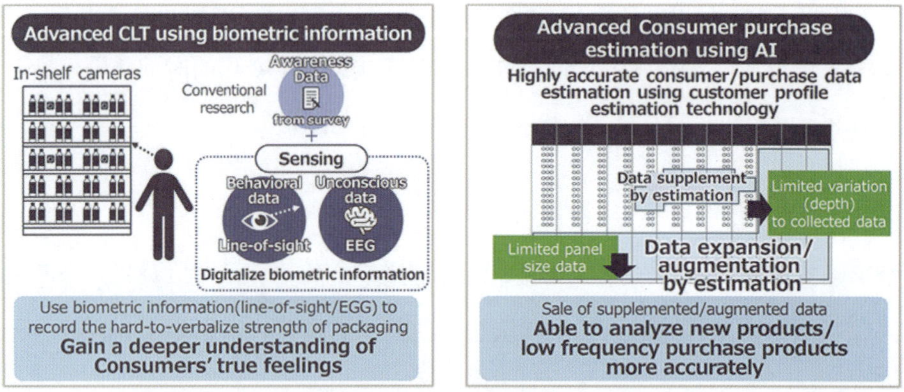

图 2-73　生物测定数据用于消费者洞察

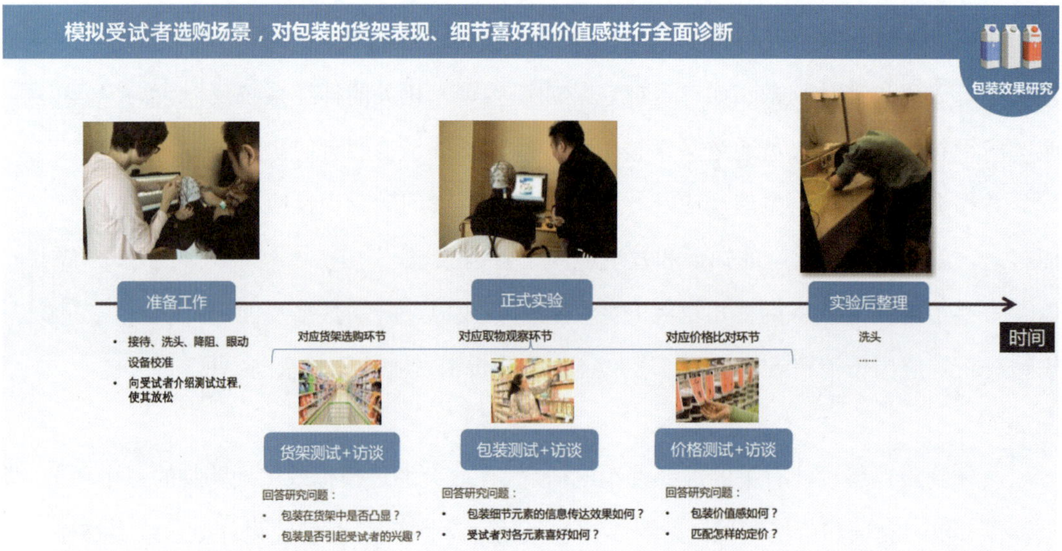

图 2-74　与包装设计有关的神经营销学研究

价格测试：价格测试的目的在于了解受试者对于包装的价值感的看法，以及在受试者眼里，这样的包装可以匹配怎样的定价。

案例 1 某谷物公司要推出一款新产品，产品面市前需要从四种包装设计方案中选出一个（见图 2–75）

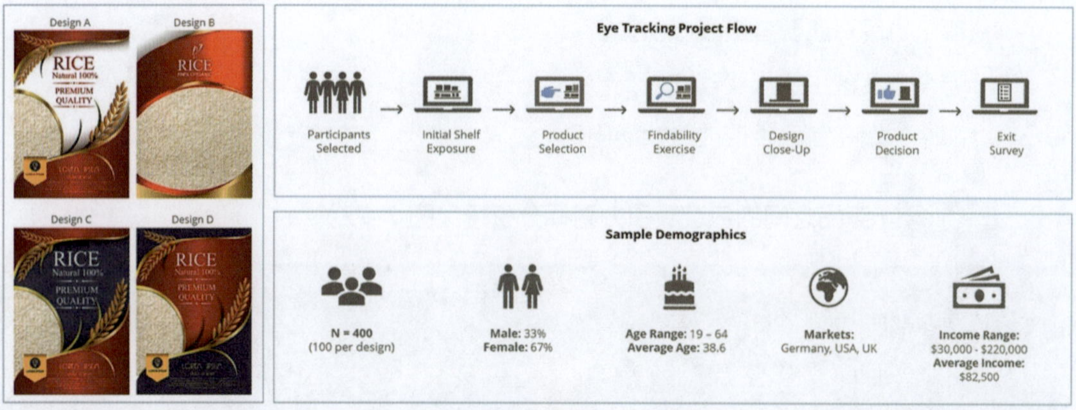

图 2–75 应用案例 1：评估谷物包装设计

某消费者洞察实验室通过眼动追踪测试+访问，经过以下多维度测试比较，最后发现设计方案 A 胜出（见图 2-76）。

And the winner is... Design A

Design A outperformed all other package designs across a range of tested dimensions.

Conclusions

Design A was most effective at capturing attention early on the shelf and converting that attention into product selection. This design also demonstrated an advantage in brand communication and was in the top two in findability when shoppers sought it out specifically. Designs C and D scored as well on the survey as design A. Design C was also the highest performer in findability. However, the visibility and product selection advantage make design A the better option. Design B was least effective across the board.

Tobii Insight recommends that the client proceeds to market with package design A.

Core Package Success Metrics	Design A	Design B	Design C	Design D
Package Visibility (Slide 6)	93.5% of consumers noticed it on shelf	56.2% of consumers noticed it on shelf	84.3% of consumers noticed it on shelf	63.5% of consumers noticed it on shelf
Package Findability (Slide 7)	1.9 seconds to find on shelf	4.2 seconds to find on shelf	1.1 seconds to find on shelf	3.6 seconds to find on shelf
Brand Communication (Slide 8)	91.2% of consumers noticed branding	65.3% of consumers noticed branding	86.3% of consumers noticed branding	81.5% of consumers noticed branding
Package Appeal (Slide 9)	5.5 Avg. on a scale of 1 - 7	3.9 Avg. on a scale of 1 - 7	5.5 Avg. on a scale of 1 - 7	5.5 Avg. on a scale of 1 - 7
Decision to Purchase (Slide 10)	81 / 100 chose it from the shelf	64 / 100 chose it from the shelf	67 / 100 chose it from the shelf	55 / 100 chose it from the shelf

图 2–76 应用案例 1：评估 4 款谷物包装设计的结果

- 哪个方案能够最快被受访者注意到？
- 哪个方案在 5 秒内被注意到的人数最多？
- 哪个方案的品牌沟通宣传效果最好？
- 哪个方案对消费者最具吸引力？
- 哪个方案催生的购买意向最高？
- 哪个方案在竞品中最能脱颖而出？

案例 2 竞品之间的包装吸引力对标分析（见图 2-77）

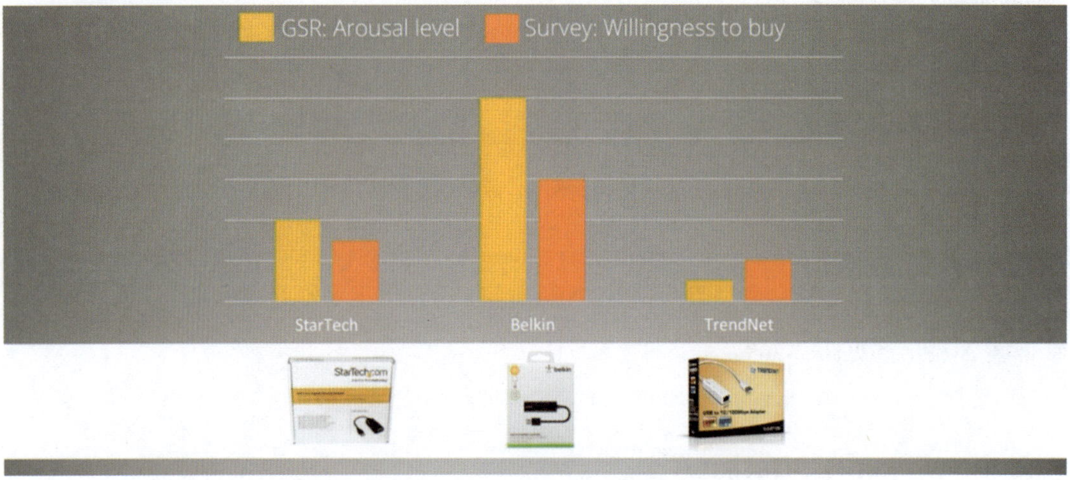

图 2-77 应用案例 2：竞品之间包装吸引力对标分析

对于不同品牌的功能相同的产品，通过皮电反应测试和访谈分析其包装，发现图中中间品牌的包装引起的 GSR 唤醒水平和购买意愿是效果最好的。

2.3.2 包装的开箱体验（OOBE）

“所有业务都可以看成是娱乐业务（All Business Is Show Business），所有问题都可以看成是设计问题”。这两句话的共同点就是：强调用户体验。我们在先导片里“品牌商包装设计方法论和设计思维”的相关内容中已经列举过微软和苹果等科技公司的一些早期做法，就是让包装设计师或焦点小组亲自拆解多款包装白样或竞品的包装，然后给出点评或建议。

焦点小组访谈法到现在仍然适合用于验证包装的开箱体验，如果有面部表情捕捉及分析系统的加持，会得到更多真实的细节反馈。

应用案例：对一个洗衣液的电商包装的开箱体验进行表情捕捉并分析数据（见图 2-78、图 2-79）。

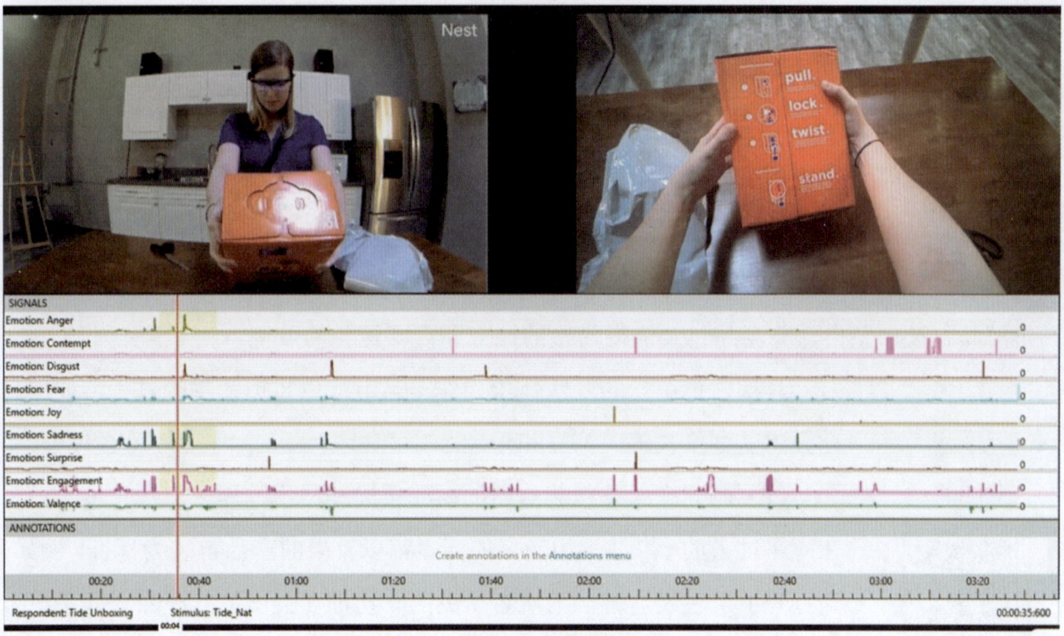

图 2-78　开箱体验中的表情捕捉记录

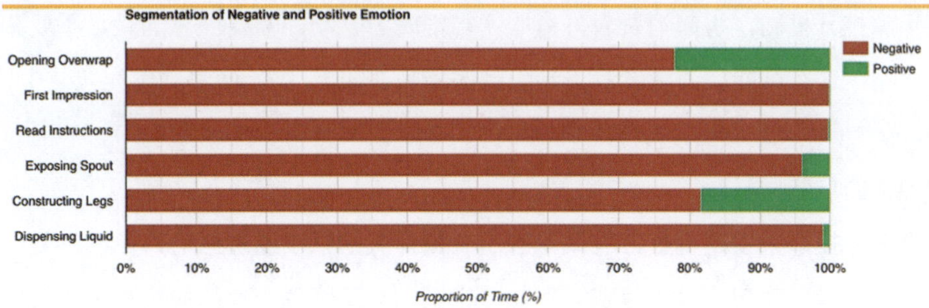

INTERACTION	ANGER	CONTEMPT	DISGUST	FEAR	JOY	SADNESS	SURPRISE
Opening Overwrap	0.04	0.15	0.37	0.00	0.00	0.08	0.18
First Instructions	2.06	0.18	1.25	0.01	0.00	2.08	0.01
Read Instructions	0.05	0.18	1.23	0.00	0.00	0.19	0.00
Exposing Spout	0.15	0.05	0.06	0.00	0.00	0.55	0.03
Constructing Legs	0.02	0.18	0.24	0.00	0.05	0.04	0.06
Dispensing Liquid	0.01	3.64	0.11	0.00	0.02	0.04	0.02

图 2-79　开箱体验中的表情捕捉数据分析

从上面两图中可以看出，用户见到包装后的每一步，负面情绪均强于正面情绪，说明这款包装带给用户的开箱体验并不理想。

那么如何打造让用户印象深刻的开箱体验呢？（尤其是电商包装）

开箱体验跟很多因素相关，如包装设计、赠品和优惠券、手写贺卡、产品功能等。这里我们以电商包装为例，讨论如何给用户带来愉悦的开箱体验。

首先，包装设计师要观看大量相关产品的开箱视频，寻找包装设计灵感，记录下哪些包装细节有效，哪些无效，特别留意用户（而非专业包装人员）在拆箱过程中的反应，尤其是开箱过程中让用户兴奋、反感或尴尬的设计元素或细节。如果有预算，可以网购竞品并拆解其包装，亲自体验竞品包装值得借鉴的地方和需要避免的败笔。

扫描下方二维码，观看一款VR眼镜的包装的开箱体验，提出您的改进建议：

其次，把用户的开箱体验当作圣诞节或生日拆礼物的过程，让用户充分感受到仪式感、惊喜和乐趣。

（1）研究产品在包装盒内的摆放布局和展示过程。

在过去的十年里，相当多的商家都以苹果的产品包装为标杆，例如，当打开手机包装盒时，消费者所见的一切都在突出主打产品（即手机），额外的附件、手册、贴纸等是隐藏的，都位于同一个包装盒的下面一层。展示产品的过程是许多品牌的重要考虑因素，苹果的做法并不一定是最优的，您可以探索、使用新颖的展示和打开机制，引起消费者好奇心，与消费者互动。需要注意的是，不要刻意增加探秘的乐趣，这有可能让消费者看不到隐藏的物品（如配件），而将其留在包装中，当作垃圾扔掉。

（2）采用独特的包装材料。

包装盒的表面触摸起来手感良好，有助于营造开箱体验的氛围及加强对产品的感知；内部的缓冲材料应尽量美观但应避免浪费，例如，定制的与品牌色一致的薄纸衬里或皱纹纸也是不错的选择（见图 2-80），可以为包装盒增添高档的感觉。它们都能提供不错的触感，还可以防潮，使拆箱体验变得有趣。需要注意的是，应尽量避免使用 PVC 胶带、泡沫花生或气泡袋。

（3）在设计时考虑目标受众的视觉偏好。

进行包装设计，有必要研究其背后的心理学和美学，应考虑以品牌色为特色，在用户和品牌之间建立即时的潜意识联系。例如，衬纸和包装盒使用一致的颜色、设计元素和排版时将品牌标识印在包装的外面和里面的正中间位置、包装中的物品排列整齐以使用户在视觉上觉得很舒服等。

图 2-80 定制的与品牌色一致的薄纸衬里或皱纹纸也是不错的选择

（4）包装的可持续性。

践行 *Reuse* 或 *Recycle* 原则来减少包装废弃物，让消费者知道你们正在努力减少包装对环境的影响，这一点在拆箱体验中肯定会得到好评。拿塑料来讲，虽然材料本身没有问题，塑料有其独特的用途，但是因为塑料的回收处理技术尚不成熟，很多人对过多使用塑料包装的产品很容易产生负面情绪，影响拆箱体验。

开箱体验是社交媒体上电商品牌的一种有效的营销工具。不要满足于让您的包装只是保护产品的瓦楞纸盒，还要想法使包装设计个性化、有趣。如果商品精美且包装盒看起来赏心悦目，用户更有可能为新购买的商品拍照，甚至主动制作、分享开箱视频，形成正向循环，进一步提升品牌知名度。

2.3.3 测试包装对产品的保护功能

还记得在 Step2 中，在设计概念敲定后，包装工程师需要与包装供应商合作完善包装刀线细节、制作白样吗？完成白样后，作为包装工程师的您就需要验证包装设计方案是否能如预期一样保护好产品，那就需要把实物产品装到白样里，安排包装运输测试。在一个包装工程师的日常工作中，包装运输测试是经常要面对的一项工作内容。

为什么要做包装运输测试？

我们先来看一些常见的经过长途运输后货物包装受损的情况，如图 2-81 所示。

图 2-81　货物包装受损的情况

由于外包装受损严重，零售商要特价处理或重新包装这些产品，不仅无形中增加了成本，还可能会收到用户的投诉，影响用户满意度和品牌的形象。其实，物流运输过程中的货损一直普遍存在，其中，由于包装外观变形造成的货损有时高达海运货损的 45%左右。货损原因占比如图 2-82 所示。

为了最大限度减少因为包装外观变形造成的货损，确保产品和包装完好无损地到达目的地仓库或卖场，最理想的方法是在量产之前运送一小批包装好的产品到目的地，查看实际物流环境对产品和包装造成的影响，然后再对包装设计做出相应改进，但这种方式在时间和成本上都不是最优解。

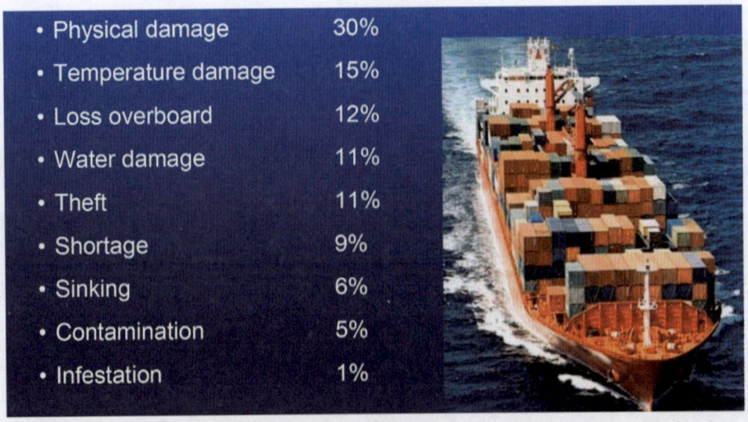

图 2-82　物流运输中的货损原因占比

现实生活中有些人买不起名牌包，会去买一个高仿货给自己带来情绪价值。这种打肿脸充胖子的虚荣心没什么可学的，但他们这种解决问题的思路倒是值得我们借鉴。我们也可以模拟常遇到的各种物流环境对包装进行测试，来验证包装设计方案是否能对产品提供足够的保护。这种测试可以快速、低成本地发现与包装相关的问题，还可以对不同的包装选项进行评测。

如何完成包装运输模拟测试？

首先您需要制定一个完整的包装测试计划，步骤如下。

1. 评估产品脆性

包装设计师要跟研发团队里的产品经理和可靠性工程师沟通，得出产品的 G 值。产品的 G 值通常指的是在特定环境下产品所能承受的最大加速度或冲击力大小。在工程和设计领域中，G 值是重要的参数，用于评估产品在使用过程中的耐久性和可靠性。

G 值通常与产品的设计、材料、制造工艺和使用条件有关，不同类型的产品的 G 值也有所不同。例如，汽车、航空器等大型机械设备的 G 值通常较高，可以承受较强的冲击和震动；而电子产品、精密仪器等产品的 G 值较低，产品较脆弱，需要在运输和使用过程中特别小心谨慎。

包装中缓冲材料的功能就是在物体受到冲击的过程中，延长速度衰减的时间，从而降低加速度。

2. 与物流团队沟通，熟悉物流环境

例如，贵司的 MR 眼镜产品要出口到北美洲和欧洲，一般这些包装完好的成品需要通

过国际货运到达世界各地。国际货运的方式主要有海运、空运和陆路运输。

海运（Ocean Freight）如图 2-83 所示。

图 2-83 海运

空运（Air Freight）如图 2-84 所示。

图 2-84 空运

陆路运输（铁路运输及卡车运输）如图 2-85、图 2-86 所示。

图 2-85 陆路运输之铁路运输

图 2-86 陆路运输之卡车运输

举个例子，从深圳盐田港到美国的主流运输方式是海运和空运，前者运输费用便宜，但运输时间长。空运适用于新产品上市或运送贵重、急需的物资（如疫苗、急需的防护产品等）。如果从国内发货到欧洲，采用海运、空运或陆路运输（中欧班列）都是可行的，中欧班列在运输时间和运输费用上都相对合理。

包装完好的产品在上述物流环境中可能遭遇极端气象条件（如温度、湿度剧烈变动）及气候周期性变化、机械力学环境变化（公路、铁路、飞机和海运过程中关键区域）、机械化的托盘装卸及自动传送，以及受其他和车辆运输相关的平行因素、贯穿整个物流过程的人工或机械搬运等垂直因素的影响。

以海运为例，海运的存储环境主要是成箱货物存储于集装箱内。在远洋运输中，如果风平浪静，那么航行时的低强度振动对货物的影响不大，但遇到台风或飓风天气时，滔天巨浪会引起船体的剧烈摇晃或高强度振动（抖音上有很多远洋船员们拍的视频，若您感兴趣可以自行搜索），船上的货物也会跟着出现摇摆、共振、滑动跌落等极端运动模式，还有可能造成货舱积水。

此外，随着航行的纬度变化，外部气候条件也在变化，如跨赤道海运，温度一般在−30℃～30℃之间变化，相对湿度一般在75%～90%之间变化，赤道附近海面最高温度可达50℃，在烈日暴晒下，集装箱内的温度甚至可能升高到75℃左右。又如，南北纬5°～10°地区的海面上，相对湿度经常在90%以上，且降雨频繁。如果昼夜温差大，环境湿度高，也会造成“集装箱雨”现象（即集装箱箱体内水蒸气凝结），这时若没有足够的集装箱干燥剂就会使纸箱受潮。

除直接浸水外，空气相对湿度也会明显影响纸板的含水率，瓦楞纸箱的强度随相对湿度的增大而下降，进而影响纸箱的抗压、耐破等性能。有数据表明，纸箱抗压强度在温度30℃/相对湿度80%时会急剧下降；在温度40℃/相对湿度95%时下降60%。

此外，瓦楞纸箱的强度随时间的延长由于压力疲劳而降低。举例来说，从中国深圳的盐田港到美国西海岸的长滩，海运一般需要一个月，这么长的时间足以使瓦楞纸箱的强度下降40%左右。

货物在到达码头后，还要经历装卸、堆垛、仓库重新规划或继续转运等操作（见图2-87）。这些物流环节都可能对包装功能和外观产生影响。虽然我们要求按规范装卸，但实际上总会出现不同程度的野蛮装卸，导致纸箱破损。

一个好的包装测试计划必须充分考虑到不同的运输方式、地点、时间对测试项目、测试顺序和测试强度的影响（见表2-4、表2-5），所以，在制定包装测试计划时，包装工程师需要与物流部门紧密合作，获得确定的信息，如港口信息、运输线路、运输方式（集装箱/卡车/空运）及各种运输方式所占的比例、分销渠道、每个产品的出货计划、运输时间的长短等，有时甚至要考虑全球气温变化等（见图2-88、图2-89），这些可以让您制定更加精确的测试计划。

图 2-87 货物装卸、堆垛及继续转运举例

表 2-4 用于进行包装测试的产品运送地点和运输所需时间

Origin Port	Ship-To	Destination Port	Lead Time (Days)	Region	Business Stream
HongKong	Arvato Germany	Rotterdam	20	EOC	Xbox/Zune
HongKong	Technicolor Memphis	Long Beach	26	AOC	Xbox/Zune
HongKong	Ingram Australia	Sydney	19	APOC	Xbox/Zune/PCHW
HongKong	Happinet Japan	Tokyo	13	APOC	Xbox/Zune/PCHW
Yantian	Arvato Germany	Rotterdam	30	EOC	PCHW
Yantian	Technicolor Memphis	Long Beach	28	AOC	PCHW

表 2-5 用于进行包装测试的产品运输方式

Sum of Unit_QTY(LP) REGION	TRANSMODE	Total
AOC	OCEAN	65.43%
	AIR/TRUCK	7.02%
	OCEAN/TRUCK	1.04%
AOC Total		**73.49%**
APAC	OCEAN	3.00%
	AIR/TRUCK	0.12%
APAC Total		**3.12%**
EOC	OCEAN	19.52%
	AIR/TRUCK	0.71%
	OCEAN/TRUCK	3.16%
EOC Total		**23.39%**
Grand Total		**100.00%**

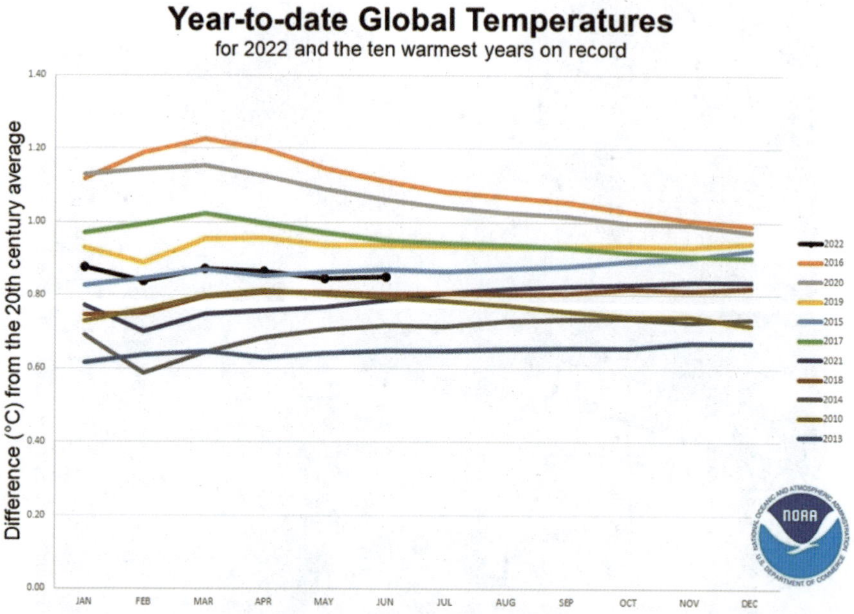

图 2-88 全球气温变化

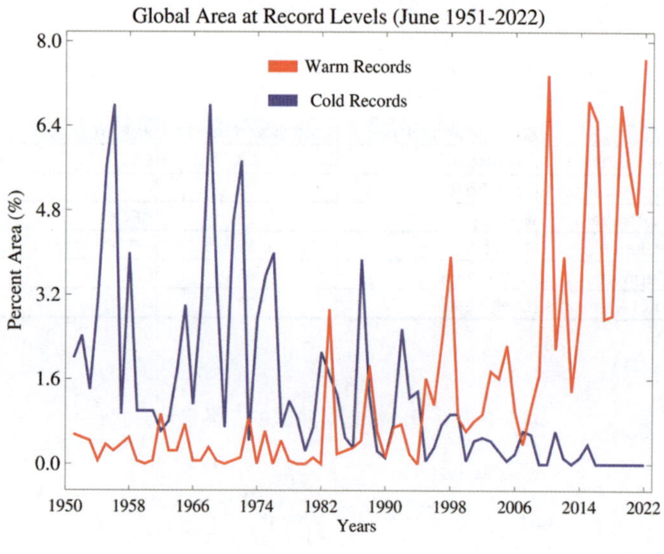

图 2-89 全球冷暖温度历史记录

3. 选定参考测试标准

在制定适合产品的包装测试计划时，可以参考使用一些相应的标准。

如果货物主要在国内流通，可以只按照相关的国标来制定测试计划和测试方法（医疗器械在此基础上还有自己的专属行业标准）。在您的例子中，这款 MR 眼镜产品要出口到欧美国家，建议参考国际标准，如 ISTA 3A/6A、ASTM D4169/D7386 等。下面简单介绍一下 ISTA 和 ASTM。

美国材料与试验协会（American Society for Testing and Materials，ASTM）是美国历史最悠久、规模最大的非盈利性的标准学术团体之一。它发布了许多不同的物理测试标准，涵盖冶金、轻工、建筑、环保、医疗、电子信息等领域，包装行业仅是其中之一。

ASTM 标准中字母分类代码的含义：

- A——黑色金属。
- B——有色金属。
- C——水泥、陶瓷、混凝土与砖石材料。
- D——其他各种材料（石油产品、燃料、低强度塑料等）。
- E——杂类（金属化学分析、耐火试验、无损试验、统计方法等）。
- F——特殊用途材料（电子材料、防震材料、医用外科材料等）的腐蚀、变质与降级。

ASTM D4169/D7386 就是 ASTM 针对包装产品等制定的测试标准。ASTM D4169 是所有包装振动测试标准的源头，其关于卡车、铁路和航空三种运输方式的振动频谱对比如图 2-90～图 2-92 所示。

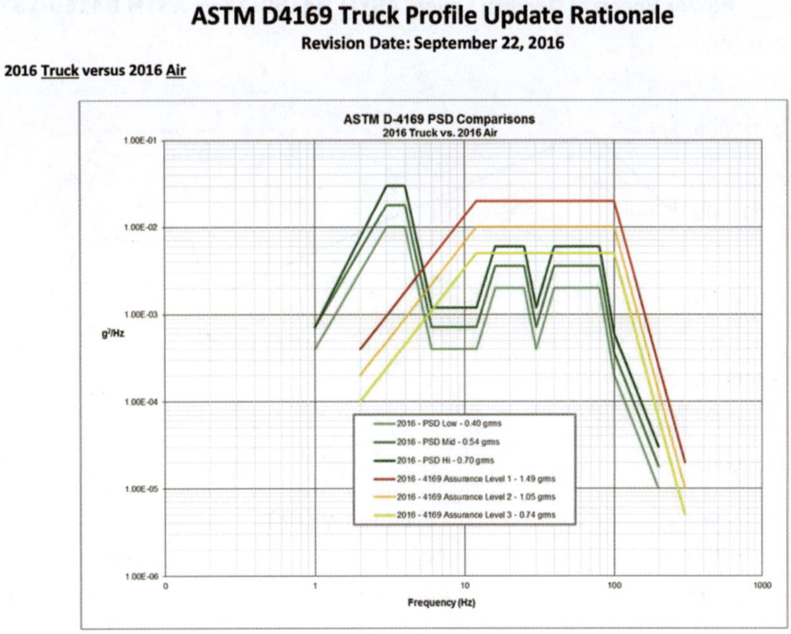

图 2-90　卡车运输与空运的振动频谱对比

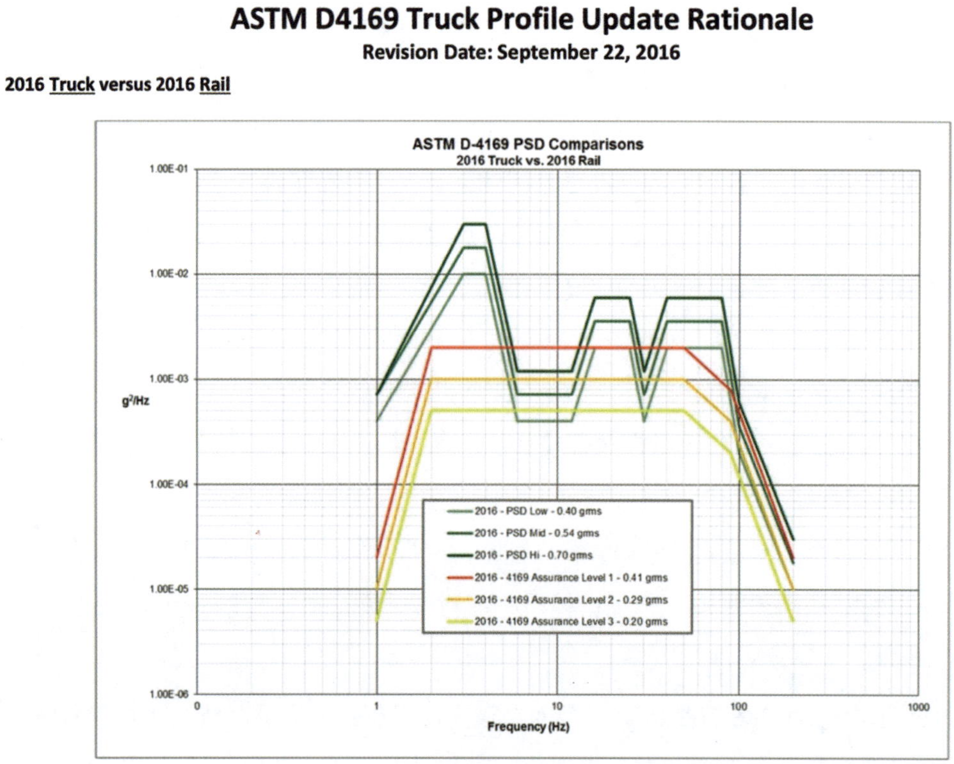

图 2-91　卡车运输与铁路运输的振动频谱对比

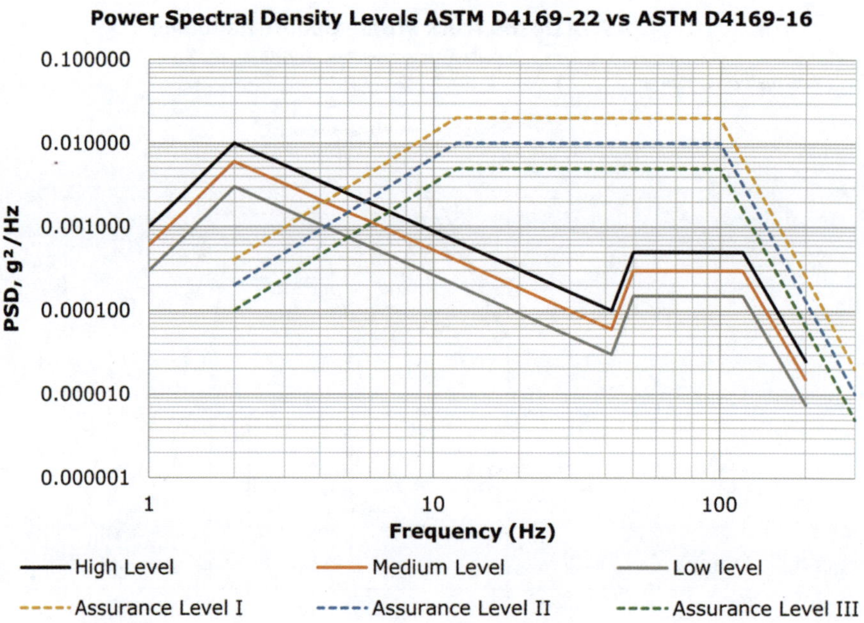

图 2-92　ASTM D4169 的 2022 版与 2016 版振动频谱对比

国际安全运输协会（International Safe Transit Association，ISTA）则专注于包装件和包装系统的物理测试，发布了一系列标准及测试程序（项目）等文件。ISTA 的包装振动测试标准也直接参考了 ASTM D4169。

因为 ISTA 的测试价格、时长、设备成本均低于 ASTM，在目测检查测试结果时更容易看出外部破损和内部破损的关联性，所以 ISTA 的标准被更为广泛地使用。常用的是 ISTA 3A/6A，其测试项目如表 2-6 所示。

表 2-6 ISTA 3A/6A 的测试项目

ISTA 3A	环境（可选），跌落，堆码随机振动，随机振动，冲击（标准件、小件：跌落；扁平件：旋转棱跌落、旋转面跌落、危险物冲击；加长件：旋转棱跌落、旋转面跌落、桥式冲击）
ISTA 6A	跌落，危险物冲击，桥式冲击，压力，模拟跑车，随机振动—美国国内运输，随机振动—国际运输

大多数 ISTA 测试项目又称作试验程序，其中所包含的试验方法有效且不做改动；ISTA 3A 比 ISTA 1A/2A 等更能模拟实际的包装运输情况，适用于 70kg 以下的包装（标准件包装、小件包装、扁平件包装和加长件包装）的运输模拟测试。ISTA 3A 的振动测试需要特殊的随机测试振台（液压随机振动台）来实现。

ISTA 6-Amazon（ISTA 6A）是 ISTA 和亚马逊为电商供应链建立的包装测试标准。也就是说，亚马逊平台的卖家出货前，其包装要通过 ISTA 6A 测试，而不是 ISTA 3A。ISTA 6A 实际上含有两个测试标准，一个是针对 SIOC 和 FFP 的，一个是针对 PFP 的，具体内容大家可以到亚马逊官网查询。

通过 ISTA 认证的实验室，可以提供一系列运输模拟测试和质量评估服务，并可以签发 ISTA 认可的、正式的运输包装测试报告。

由于上述这些国际标准的多样性及其广泛的覆盖性，您可以选取测试标准中的关键测试因素（最好的部分）来开发、制定适合贵司的包装测试计划。

4. 制定包装测试计划

大部分产品和包装的创新始于模仿，制定包装测试计划也可以这么做。我们先将消费类电子产品的包装测试计划的样例分享给您（见图 2-93），然后您就可以“照猫画虎”，制定一份专属于贵司 MR 眼镜产品的包装测试计划啦！

ECOIN

ECOIN Engineering Specification

Specification Number	Revision
E000951	A

Specification Description
PACKAGE TEST SPECIFICATION FOR PACKAGED PRODUCTS

Approval Signatures			
	Name	Title	Date
Author	Billie Eilish	Sr. Packaging Engineer	16-Oct-2022
Approver	Talor Swift	Sr. Packaging Engineer	16-Oct-2022

Revision History		
Revision	ECN #	Description
-	-	Initial Release
A	20221	Made test procedures and references

PACKAGING TESTING PROCEDURES FOR ECOIN PACKAGED PRODUCTS (WEIGHS UNDER 100LBS)

Guidelines:
International Safe Transit Association (ISTA) Project 3A - Procedure for Testing Packaged Products Weighing Under 100 Pounds (45.4kg); *ASTM* D 4169-22 – Standard Practice for Performance Testing of Shipping Containers and Systems

Test Samples:
A minimum of 3 complete shipper samples of packaged product and an additional 5 primary packaged products (FPP retail only) are required for testing. Package test samples selected must Be selected at random from existing packaging inventory;or Be representative examples of packaging materials to be used in production; Packages for testing must be loaded and sealed as in actual production and shipment.

Designed by Ecoin

Note: Accumulative testing of one container may result in unacceptable damage. Please keep in mind that it is extremely unlikely that any one container will experience all of the distributed elements tested for in this series.

Testing Sequence:
1) Conditioning Test
2) Impact/Handling Test
3) Compression Test
4) Random Vibration Test
5) Impact/Handling Test

Standard Conditioning Packages Prior to Testing:
If specified conditioning is not requested for the test, it is recommended that test packages be conditioned for a minimum of 24 hours under conditions of 73∫F (23∫C) and 50% Relative Humidity prior to testing.

TEST PROCEDURE

Conditioning Test

High Temp/High Humidity (Low Temp/No Humidity) Conditioning:
Stabilize 23° C, +/- 2° at 50% relative humidity for 3 hours. Ramp to -40° C, +/-2° for 3 hours, dwell at this constant temperature for 20 hours. Ramp to 23° C, +/-2° and 50% relative humidity for 2 hours, dwell at this constant temperature 4 hours. Ramp to 50° C, +/-2° and 80% relative humidity for 3 hours, dwell at this constant temperature for 20 hours. Ramp to 60° C, +/-2° and 30% relative humidity for 3 hours, dwell at this constant temperature for 8 hours. Ramp to 23° C, +/-2° and 50% relative humidity for 3 hours, dwell at this constant temperature for additional 3 hours.
Total test duration = 72 hours.

Compression Testing
Use test equipment complying with *ASTM (American Society for Testing and Materials) D-642* or D-4577 consisting of:

A) Package Compression tester with load recording equipment.
OR
B) Dead weights (follow steps 1, & 4 - 6).

Step 1)
Calculate the load to be placed on the package according to the following formula:

L = W x ((H - D)/D) x F, where:

L = The load the package must withstand
W = Gross weight of the individual package
H = The maximum stacking height*
D = The depth (vertical height) of the package
F = A compensating safety factor of six (6)

*The maximum stacking height for the calculation should be the greatest possible stacking height in shipment or storage, but not less than 10 feet (120").

Page 2 of 6

Designed by Ecoin

（a）样例 1

Step 2)
Center one packaged product in the compression tester in the normal stacking orientation.

Step 3)
Bring the compression tester platens together at a rate of one-half (0.5) inch (1.27cm) per minute.

Step 4)
Apply the calculated load. Note any creasing or load support failure to the package.

Step 5)
Remove the load and inspect both the package and the product for signs of failure or damage. Record findings.

Step 6)
Repeat the test for the remaining package samples.

Vibration Testing

Note: Two methods may be used to conduct vibration testing, (select one), using Mechanical (fixed displacement of vibrating platform) or Electro-Dynamic system with independent control of frequency and acceleration (displacement).

Use test equipment complying with *ASTM (American Society for Testing and Materials) D-999 (Method A1) or ASTM D-4728, Random Vibration.*
- Vibration tester with synchronous motion and with a total platform excursion of one (1) inch (2.54cm).
- Either a rotary or vertical linear motion of the vibrator platform is acceptable.

Mechanical Vibration Testing Procedure

Step 1)
Place the packaged product on the table of the vibration tester in the normal shipping orientation.

Step 2)
Set the vibration frequency at the minimum speed sufficient to cause the packaged product to leave the table surface momentarily so that a metal shim 1/16 inch (0.159cm) thick and 2 inches (5.08cm) wide may be inserted at least four (4) inches (10.16cm) between the bottom of the package and the table surface. The shim should be capable of moving intermittently along one edge of the package during vibration.

Step 3)
Vibrate the packaged product for a total of 14,200 impacts (The total duration of the test time in minutes is determined by dividing 14,200 by the cycles per minute, or frequency, as determined in Step 2).

Step 4
Inspect the packaged product for damage.

Electro-Dynamic Vibration Testing Procedure

Page 3 of 6

Designed by Ecoin

Step 1)
Place the packaged product on the vibration table. Program the vibration equipment to produce random vibration according to the following table:

Frequency, Hz	Power Spectral Density Level, g≤/Hz
1	0.00005
4	0.01
16	0.01
40	0.001
80	0.001
200	0.00001
Overall, g, rms	0.73 (assurance level 1 (99.4%))

Test Duration, minutes	180

Step 2)
Vibrate the packaged products for a total of 180 minutes, rotating the package end-to-end after 120 minutes, and rotating again 90 degrees to one side of the package after 150 minutes.

Step 3)
Inspect the packages and product for any damage or failure.

Drop Testing

Use test equipment complying with *ASTM (American Society for Testing and Materials) D-5276, or D-3332*. Free-fall drop tester with an impact surface that is flat and non-yielding, such as steel or concrete.

Packaged product weight	Drop height
1 – 20.99 lb. (0.45 – 9.52 kg)	24 inches (610 mm)
21 – 40.99 lb. (9.53 – 18.59 kg)	21 inches (533 mm)
41 – 60.99 lb. (18.6 – 27.66 kg)	18 inches (457 mm)
61 – 100.00 lb. (27.67 – 45.36 kg)	15 inches (381 mm)

First Drop Sequence:
Step 1)
Drop the packaged product at a height (determined by chart) in sequence according to the following six (6) impact points:

a) Two adjacent top edges.
b) Flat on the end of the package.
c) Flat on the opposite end of the package.
d) Flat on one side of the package.
e) Flat on the opposite side of the package.

Step 2)
Inspect the packages and product for damage.

Page 4 of 6

Designed by Ecoin

（b）样例 2

图 2-93　消费类电子产品的包装测试计划的样例

Second Drop Sequence:

Step 1)

Drop the packaged product at a height determined by chart in sequence according to the following six (6) impact points:

a) Flat on the top of the package.
b) Two adjacent bottom edges.
c) Two diagonally opposite bottom corners.
d) Flat on the bottom of the package (final drop*).

*The final drop must be from a drop height at 1.5 times the specified height.

Step 2)

Inspect the packages and product for damage.

ACCEPTANCE CRITERIA

All packages must successfully pass the prescribed test according to the following criteria:

1. Packages must not come open during testing. All package closures must remain securely sealed without indication of failure.
2. NO excessive shifting or out of position movement occurs to the product or components.
3. NO scuffing, abrasion, breakage, or other damage occurs to the external or internal parts of the product.
4. NO excessive creasing or package damage occurs which affects the integrity and stacking of the package. The package remains capable of supporting the expected load in shipment and storage.
5. NO tearing of shrink-wrap occurs when testing for package appearance only (no inspection performed between testing).
6. NO abrasion to retail carton graphics occurs (reference Retail Carton Workmanship Specification (Packaging)
7. All products remain functional within specified limits.

REPORTING INFORMATION

All final reports are required to be in one of the following formats:

1. Electronic file
2. Hardcopy

Reporting Format

I. Executive Summary
II. Introduction
A. Product description
B. Package description
1. Sample size
C. Test description
1. Test procedures
2. Test equipment
3. Instrumentation

Page 5 of 6

Designed by Ecoin

III. Background and Test Procedures
IV. Test Results
V. Conclusions and Recommendations

Page 6 of 6

Designed by Ecoin

（c）样例 3

图 2-93　消费类电子产品的包装测试计划的样例（续）

一份定制版的包装测试计划至少包含测试依据、测试条件、测试项目、测试顺序、测试方法、可接受标准等。

您也可以利用一些工具来制定包装测试计划，如 ISTA 和 Lansmont 公司开发的测试计划开发工具（具体信息可以到其官网查询）等。这些工具都参考了 ASTM D4169 和 ISTA 的一些标准，同时允许用户自定义测试计划。

对于同一款产品，随着工业（行业）标准不断被更新/修改、测试方法和设备的发展，以及模拟再现物流环境的方法和理论的持续改进，包装工程师们也需要与时俱进，更新其包装测试计划、测试方法，以保证包装设计的可靠性。

制定包装测试计划的过程中最具挑战性的部分就是确定测试项目，其中必须要有的测试项目如下。

1）温度及湿度测试（Temperature and Humidity Testing）

温度及湿度测试箱如图 2-94 所示。

在运输和存储过程中，温度的分布范围一般为−22℉(−30℃)～140℉(60℃)，海运集装箱及公路拖车中的相对湿度可以达到 96%。监控数据表明，在运输过程中温度及湿度随着白天/晚上的时间不同而波动。测试的顺序应依据整个运输过程中温度及湿度的变化范围而设定。

图 2-94 温度及湿度测试箱

典型的温度及湿度测试会持续 72 小时。这个测试可以使我们能够评估运输过程中包装材料的变形程度及强度。这个测试的另一个目的是评估产品本身质量/性能是否下降/减弱。

温度及湿度测试可以根据包装测试计划及要求进行定制。这种定制的温度及湿度测试可以依据已知或者期望中的运输或/和仓储条件设定，例如，延长高湿测试以评估湿气对产品或者包装材料的影响，引入干燥剂的影响，将低温测试与包装冲击测试相结合，将高湿测试与抗压测试相结合等。

如果运输箱内的零售包装没有通过温度及湿度测试，后续的测试应停止进行。

2）冲击（跌落）测试

为了验证包装能否经受冲击，它必须通过冲击（跌落）测试。

测试装置：根据不同的标准和要求，选择适当的测试装置和测试方法，如自由落体跌落测试机、斜坡跌落测试机等。

测试高度：根据物品的应用场景、标准和要求，确定冲击（跌落）测试（见图 2-95）的高度，常用高度为 0.5m、0.8m、1m、1.2m 等。

测试物品：根据测试要求和标准准备测试物品，确定其尺寸、重量、形状、包装方式等。

让测试物品从确定的高度进行自由落体运动，重复多次，根据要求记录跌落情况，包括物品是否破损、功能是否正常等。

图 2-95 跌落测试

评估测试结果：根据测试数据和要求，评估测试物品的抗跌落性能是否符合标准和要求，提出改进和完善建议。

3）压力测试

纸箱在储运过程中需要堆码放置，在底层的纸箱要承受上部多个纸箱的压力，为了不至于压塌，其必须具备合适的抗压强度，所以要检测纸箱的抗压强度（见图 2-96），并进行堆码试验。

测试载荷：选择适当的测试载荷，一般应大于包装在运输和使用中所受到的最大载荷。

压力速率：根据实际需要和标准要求，确定适当的压力速率。

压力持续时间：根据包装的实际使用情况和标准要求，确定适当的压力持续时间，一般应该在 1～5min 之间。

压力点数和位置：根据包装的尺寸和形状，确定适当的压力点数和位置，以对包装的整个表面进行全面测试。

压力传感器：选择适当的压力传感器，以测量包装所受到的压力大小和变化情况。

4）振动测试

为了确定哪种类型的振动测试最能模拟物流环境，包装工程师需要了解所有主流交通工具（如飞机、火车、远洋货轮、大货车或卡车等）的振动频率范围和振幅特征、装货方式、运输速度、通行状况及其他需要考虑的因素。常用交通工具的振动频谱可以通过精密测试设备再现。常见运输方式的典型振动频率如表 2-7 所示。

图 2-96　压力测试

表 2-7　常见运输方式的典型振动频率

运输方式	Conditions/source of vibration	Frequency Range（Hz）
卡车	Normal highway travel：	
	suspension	2～10
	tires	15～20
	structural（e.g.chassis…）	20～70
铁路	Normal freight car：	
	suspension	2～7
	structural	50～70
	rail joints	30～300
海运	engine/propeller revs	2～7
	ship movement（waves）	0.06～0.12
	bulkheads	2～200
	weather changes	very low
航空	landing bump	2
	structural	1～10
	cargo floor	2～200
	（fix mounted equipment）	<2000

在测试设备上可以根据实际运输情况设置振动频率、振动方向、振动加速度、振动时间、振动方式（包括单向振动、双向振动、正弦振动、随机振动）。实验室常用随机振动设备（液压）产生广域的振动频率及振幅输入信号。为了更准确地模拟运输环境，应将包装固定在测试台面上（见图 2-97）。

图 2-97　进行振动测试时应将包装固定在测试台面上

当在实验室模拟运输过程时，测试时间会被压缩，因为我们不可能做真实运输时间长度的测试。需要注意的是，在随机振动测试期间，测试的振动频谱与运输工具的实际振动频谱保持一致，但振幅一般会被人为地调整得更高，目的是缩短测试时间的同时保持测试强度不变，但这种方式的有效性尚需要进一步验证。实验室中模拟随机振动时的振幅和波形也没有一定的规范，因为在实际运输过程中，运输工具的实际振动跟产品的共振频率比起来并没有那么重要。

因为本书主要普及包装工作流程和实践方法，所以关于振动测试的底层逻辑和理论，这里不再展开探讨，对此感兴趣的同学可以自己去搜索相关资料。

5. 制定验收标准（Setting Acceptance Criteria）

扫描二维码，观看包装测试实验全过程：

制定验收标准也是具有挑战性的工作。对于所测试的包装和产品，应该清楚阐明哪些破损是可以接受的，哪些破损完全不可接受。

包装测试计划和验收标准应根据物流数据、货损概率、用户要求（包括区域要求）和质量验收目标百分比进行灵活设定，尤其是零售产品和保护包装一体化的产品。一般来讲，如果完成测试后，包装表面有轻微划痕或刮痕，不影响包装的保护功能，则是可以接受的；若包装表面轻微碎裂或凹陷，且这种破损也通常不会影响包装的保护性能，基本也会被零售商接受，但如果是大面积的破裂或受潮，这种情况可能会导致包装材料的性能下降或者产品受到损坏，则很可能不被接受；若出现毁坏或变形的情况，基本不会被接受。

对于贵司的 MR 眼镜这类消费类电子产品，一个典型的可以接受的验收标准如下：

- 产品表面未受到损害。
- 产品功能正常。
- 零售包装完好无损，但运输箱有轻微破损。

需要提醒的是，实际上没有可以测试所有设计要素和物流风险的完美测试计划。对于真实的物流环境和实验室中的模拟测试的差别，通过取舍求得适当的平衡对于确认可接受标准是非常重要的。

如何执行包装测试（Conduct Testing）？

在一个包装项目的推进过程中，至少会做两次实验室模拟测试，一次用白样做，一次用印刷好的包装样品做，以防实际发货时出现刮花擦伤等外观问题，影响品牌形象。产品开发不同阶段对应的包装测试如图 2-98 所示。

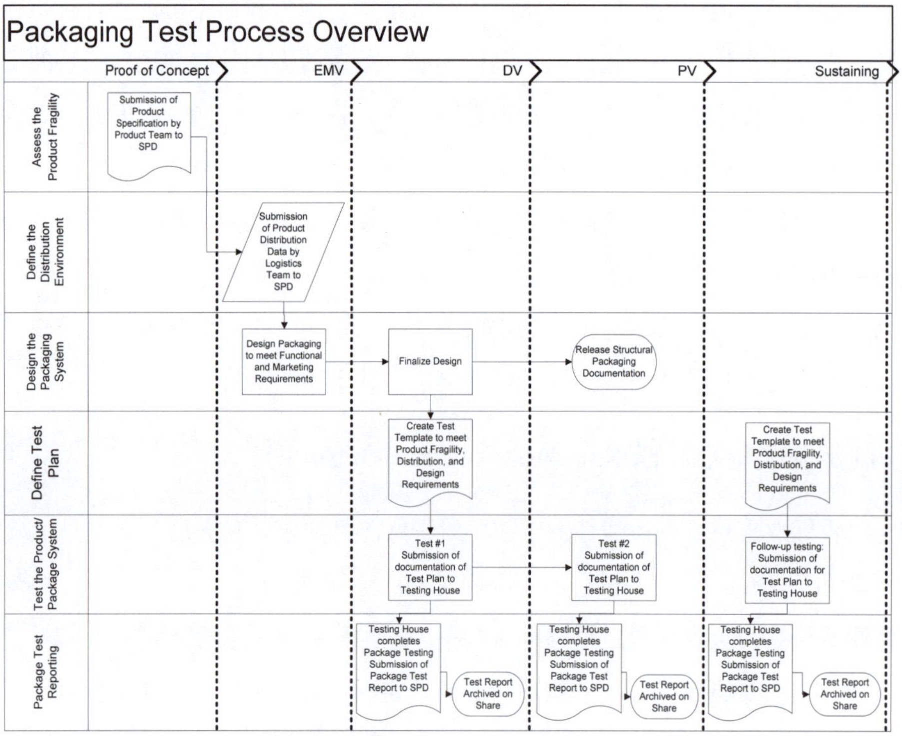

图 2-98　产品开发不同阶段对应的包装测试

对图 2-98 的说明如下：

在产品成型（Proof of Concept）阶段，需要拿到产品的脆值信息。

在工程实现阶段（EMV），与物流团队沟通，确定物流路径。

在设计验证阶段（DV），完成包装结构设计，制定包装测试标准，进行第一次包装测试并评估测试结果。

在试产阶段（PV），根据第一次包装测试结果改善包装设计，再用重新印刷的包装样品做第二次包装测试并评估测试结果。

在量产后的续航阶段（Sustaining），如果需要对包装优化，仍然需要进行包装测试，保证迭代后的包装也是合格的。

确定测试计划后，可将其发给通过 ISTA 认证的第三方实验室，由其来报价。报价通过后，送实验室进行测试。

测试对象：包装箱（按产品实际运输的状态提供完整的包装箱）。

测试目的：验证零售包装和运输纸箱对产品的保护作用。

测试样品：提供 1～3 个运输包装箱或 25 个独立单元（视产品供应情况而定）。

测试环境：包装测试期间，实验室室内环境应保持在 23℃/相对湿度 50%条件下（进行温度及湿度测试时除外）。这样的环境条件可以使我们在测试不同样品时获得可复现的实验结果。

不同性质包装的测试流程如图 2-99 所示。

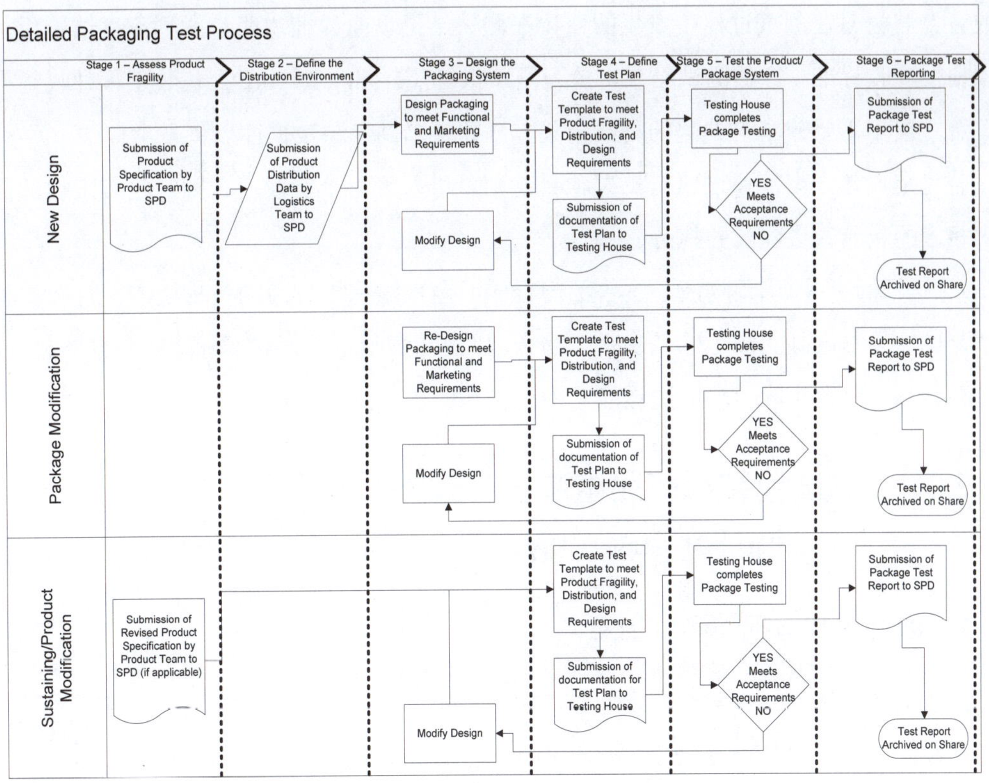

图 2-99 不同性质包装的测试流程

对于图 2-99 的说明如下：

对于不同性质的包装，其包装测试流程也不尽相同。具体来说，对于一个新产品的新包装，它需要经历一个完成的测试流程：取得脆值—定义物流路径—设计包装方案—制定包装测试计划—执行包装测试—撰写测试报告。

对于改进过的包装（产品没有变化），则需要从重新设计包装开始，然后制定包装测试计划、执行包装测试、撰写测试报告。

对于续航阶段因为产品的细节改变，包装也要随之变化的情形，除去不需要定义物流路径外，其他测试流程跟新的包装设计是一样的。

如果产品比较贵重或特殊，建议在实验室模拟测试外，再测试包装和产品能承受的最大限度破坏，方法是将实际产品包装好放进运输纸箱，选择最具有破坏潜力的运输方式（如FedEx、UPS、DHL 等结合空运和陆运的单一包裹运输方式）来测试。

凡事过犹不及，测试条件比实际物流环境更严苛会导致包装成本增加和对环境的不良影响；测试条件比实际物流环境更宽松会导致货损的增加和用户满意度下降。

包装测试结束后，实验室会出具一份测试结果。每个测试项目完成后，实验室会将产品或者包装材料在测试过程中发生的变化在测试结果里面详细说明。拿到测试结果后，就可以根据验收标准，评估测试结果，撰写测试报告（Testing Report）。包装工程师收到报告后汇总，根据需要分享给关键的利益相关方，并存档到包装数据库以供参考。

若包装设计方案能通过所有测试项目，则可进入下一个阶段；否则，包装工程师需要给出相应的包装改进建议并执行。

如果条件允许，可跟物流、销售部门合作，全程跟踪出货后的货物状态，查看实验室模拟测试结果与产品实际运输情况是否吻合，以提高实验室数据和实际运输数据的关联性，更重要的是，来自实际运输的数据能有效完善您的包装测试计划。

2.3.4 测试包装与产品组装生产线的适配性（Design For Assembly，DFA）

1. 进行组装适配性测试的意义

扫描下方二维码，了解快消品的自动生产线，看包装是如何被组装的：

快速消费类产品（简称快消品，如食品、药品、化妆品等）大部分由生产线制造，其包装容器的造型设计不能过于复杂，要想使包装吸引人，只能在包装的平面设计方面多花心思；如果生产线仍需要人工操作，那么在包装结构设计方面有较大发挥空间，这样就需要考虑生产线组装效率问题，即所需的人工和时间成本。

对于消费类电子产品，由于部件较多等原因，目前可以实现完全自动化组装的生产线所占比例不大。例如，某生产照明灯的工厂，已经实现全自动化生产。照明灯从生产到包装，再到一个个码齐装箱，甚至连折叠纸箱的工作都是机械手在做。整个车间里只有一个操作工人，他的工作就是把装好箱的照明灯从生产线搬到拖车上，然后拉入仓库。这个工作非常简单，但机器目前仍然做不好，因为拖车是人开过来的，每次停的位置略有不同，让机器根据拖车的位置去调整机械手搬箱子的话，暂时还没有这么高的灵活度。

有些产品的包装设计方案明显拉低了整体的出货效率（见图 2-100）。实际上，大部分消费类电子产品（如贵司的 MR 眼镜）的包装仍需要人工组装，所以，您设计好的包装最好提前让生产线工人进行组装测试，评估一下完成一个产品的包装需要多长时间、包装盒成形的难易程度如何等，因为这些都会反映到人工成本上。如果 ODM 厂商很强势，那包装的结构设计就需要根据组装生产线的反馈进行优化。

图 2-100　包装设计方案拉低整体出货效率典型案例：吸尘器和玩具

2. 进行组装适配性测试的方法

扫描下方二维码，了解各种消费类电子产品的生产线，看包装是如何被组装的：

图 2-101 所示为典型的电子厂组装车间的生产线（俗称“拉”）。作为一个消费类电子产品的包装设计师，您需要经常到这样的生产线上参加各种验证（即 Build，如 EV、DV 和 PV）。具体什么时间要进工厂进行验证，视每个项目的进度而定，我们在后文会详细介绍。

图 2-101 典型的电子厂组装车间的生产线

对于产品包装，一般会安排两次组装适配性测试，分别在 EV 和 DV 阶段。

EV——此阶段主要使用白样进行组装适配性测试，在生产线上，通过组装 50 套产品，找出问题并与一级供应商和二级供应商一起改进包装并解决问题。然后顺便利用这些样本进行包装运输测试，根据测试结果来决定是否需要继续完善包装结构设计。

DV——如果需要进一步修复 EV 发生的问题，验证最终的包装设计方案，则需要在 DV 阶段再做一次组装适配性测试，然后顺便安排第二次包装测试。所有组装的部件都应该是 DV 中的定形件，以便包装测试能反映出包装对产品的实际影响。

2.3.5 包装设计方案本身是否适合量产

包装设计师可能会有很多很出色的包装创意，但如果某个创意或概念无法在包装生产车间（见图 2-102）实现高效率生产或复制，那这个创意再华丽也没用。包装工程师的职责之一就是想办法把设计创意或概念转化为实体模型，而且验证整个包装设计方案在制造端能否被经济、高效地施行。

（a）包装生产车间（手工部分）

（b）包装生产车间（自动化生产线）

图 2-102　包装生产车间

2.3.6　包装材料是否环保、安全、合规（Environmental Testing）

在许多对包装有严格要求的国家或地区（如欧盟成员国或美国加州），品牌商需要提交包装材料的详细成分及经过审计的合规信息，需要证明包装的重金属含量没有超标，在使用某些特定包装材料时还需要遵守相关的规定。很多国产纸张重金属含量或瓦楞纸板添加剂超标，导致中国出口企业在包装上吃亏（遭受退货），这也是国外市场设置进出口门槛的重点之一，所以我国的企业应重视对产品的包装材料的选择，做到环保、安全、合规，尤其是对于食品、药品、化妆品等使用多种包装材料的零售包装，更要特别谨慎。

对于纸类包装材料，一是看受限物质（如重金属或有机添加物）的含量是否达标（见表 2-8）。

表 2-8　某品牌商对纸类包装材料受限物质含量的限制

受限物质	上限（mg/kg）
砷	5.00
镉	0.50
铬	50.00
铜	50.00
氟	100.00
汞	0.50
钼	1.00
镍	25.00
铅	50.00
硒	0.75
锌	150.00

二是看可持续环保性。例如，某消费类电子产品（CE）的品牌商要求：由纸板和瓦楞纸板制成的包装组件中必须使用 50%的回收成分，回收成分中的 25%又必须是消费后（Post–consumer）回收成分；每个产品的纸质包装组件中必须包含至少 95%的纸质材料，包装全部表面中复合材料（即蜡、黏土、层压板、塑料或金属）所占面积比例不得超过 5%；对于硬质塑料包装材料，必须包含至少 25%的消费后回收成分；对于木质包装制品，材料来源不能是任何原始森林/保护区砍伐的木材或其副产品，除非这些区域以生态负责的方式控制和管理其资源，并通过了森林管理委员会（FSC）的认证。

对于化妆品或食品的包装，其阻隔性能是保证产品安全、影响产品在货架期内质量的重要因素，所以，对于包装材料对气体、液体等渗透物的阻隔作用，必须严格把关。通常需要对包装材料做如下检测：

（1）氧气透过率检测，主要针对化妆品或食品包装所用的薄膜、复合膜，化妆品包装袋，以及瓶类整体包装的氧气透过率进行检测。

（2）水蒸气透过率检测，主要针对化妆品或食品包装所用的薄膜材料，以及瓶、袋、罐等包装容器的水蒸气透过率进行测定，以控制与调节包装材料的技术指标，满足产品应用的不同需求。

（3）其他物理（机械）指标检测，如抗拉强度、伸长率、复合膜剥离强度、热封强度、密封性、耐冲击性能及材料表面滑爽性等。

某即食产品包装的检测报告（部分）如图 2-103 所示。

检测报告

报告编号 AL2301029401　　签发日期:2023.02.03

第 4页，共 6页

测试结果

1. GB/T 10004-2008 包装用塑料复合膜、袋干法复合、挤出复合

测试项目	测试标准	要求	结果	单项判定
溶剂残留量(mg/m²)				
总量	GB/T 10004-2008	≤5.0	总量：4.85 （检出限：0.01）	符合
苯类溶剂		不得检出	未检出 (检出限：0.01)	符合
特定化学物质(mg/kg)#				
Pb+Hg+Cd+Cr VI	GB/T 26125-2011	<80	未检出 (检出限：2)	符合

备注:

(1) 未检出为小于检出限。

(2) "#"表示该测试项目不在 CNAS 认可范围内。

2. GB 9683-1988 复合食品包装袋卫生标准

测试项目	测试标准	要求	结果	单项判定
感官指标				
外观	GB 9683-1988	应平整，无皱纹，封边良好。不得有裂纹、孔隙和复合层分离。	符合要求	符合
袋膜浸泡液		不得有异味、异臭、混浊和脱色现象。	符合要求	符合
理化指标				
甲苯二胺(mg/L)				
4%乙酸，120℃，40min	GB 31604.23-2016	≤0.004	未检出 (检出限：0.0005)	符合
蒸发残渣(mg/L)				
4%乙酸，120℃，40min	GB 31604.8-2021	≤30	14.8	符合
65%乙醇，常温，2h		≤30	6.2	符合
正己烷，常温，2h		≤30	11.0	符合

（a）第 1 部分

图 2-103　某即食产品包装的检测报告（部分）

检测报告

报告编号 AL2301029401　　　　签发日期:2023.02.03

第 5页，共 6页

测试项目	测试标准	要求	结果	单项判定
高锰酸钾消耗量(mg/L)				
水，120℃，40min	GB 31604.2-2016	≤10	<1.0	符合
重金属(以 Pb 计)(mg/L)				
4%乙酸，120℃，40min	GB 31604.9-2016	≤1	<1	符合

备注:

(1) 未检出为小于检出限。

(2) 蒸发残渣为第一次迁移测试结果。

3. 邻苯二甲酸酯含量

测试方法：GB 31604.30-2016

测试项目	CAS No.	结果(mg/kg)	检出限(mg/kg)
邻苯二甲酸二甲酯(DMP)	131-11-3	ND	5
邻苯二甲酸二乙酯(DEP)	84-66-2	ND	5
邻苯二甲酸二烯丙酯(DAP)	131-17-9	ND	5
邻苯二甲酸二异丁酯(DIBP)	84-69-5	ND	5
邻苯二甲酸二正丁酯(DBP)	84-74-2	ND	5
邻苯二甲酸二(2-甲氧基)乙酯(DMEP)	117-82-8	ND	5
邻苯二甲酸二(4-甲基-2-戊基)酯(BMPP)	146-50-9	ND	5
邻苯二甲酸二(2-乙氧基)乙酯(DEEP)	605-54-9	ND	5
邻苯二甲酸二戊酯(DPP)	131-18-0	ND	5
邻苯二甲酸二己酯(DHXP)	84-75-3	ND	5
邻苯二甲酸丁基苄基酯(BBP)	85-68-7	ND	5
邻苯二甲酸二(2-丁氧基)乙酯(DBEP)	117-83-9	ND	5
邻苯二甲酸二环己酯(DCHP)	84-61-7	ND	5
邻苯二甲酸二(2-乙基)己酯(DEHP)	117-81-7	ND	5
邻苯二甲酸二苯酯(DPhP)	84-62-8	ND	5
邻苯二甲酸二正辛酯(DNOP)	117-84-0	ND	5
邻苯二甲酸二异壬酯(DINP)	28553-12-0	ND	50
邻苯二甲酸二壬酯(DNP)	84-76-4	ND	5

备注:

（b）第 2 部分

图 2-103　某即食产品包装的检测报告（部分）（续）

2.4 Step 4 包装视觉设计（Visual Design）

包装视觉设计也称为包装平面设计、包装图文设计或包装装潢设计。鉴于后几个称呼已经有点年代感，在本书中统称包装视觉设计，简称视觉设计。

现在您已经知道，在前面 Step2 的设计评审阶段，就需要制作包装原型（白样），与此同时，包装工程师需要将初步的结构设计刀线图分享给市场部门/创意部门/外部设计机构

（Creative Agency），开始视觉设计的创意构思。

等到包装设计方案通过 Step3 中的包装测试后，包装结构设计刀线图也就确定下来，这时候，视觉设计的创意构想和版面安排也大致确定，只需要把创意落地并完善细节即可。

对于大部分知名品牌商，视觉设计的方向一般由公司市场部的 PMM（Product Marketing Manager）主导，由其制定设计方向和要求，与 Marcom 小组（也是市场部下属的一个职能团队，负责各种媒介传播）或外部设计机构沟通，将包装的视觉创意落地，并批准最后的设计稿（即 Artwork）。对于贵司这样的初创中、小型公司，一般由公司内的包装设计师提出创意，征得老板和市场部（如果贵司有的话）同意后即完成此步骤，但这样略显草率的过程产生的包装设计往往也不尽如人意。

不管是委托外部设计机构还是内部包装设计师，都需要做一些市场调研和准备工作，如提前收集产品和当前包装的信息，以及了解公司文化和品牌调性、产品的目标市场和受众、竞争对手、用户痛点等。

例如，Step1 中介绍的“挖掘‘小’数据，满足用户需求”的案例中，麦片生产商雇佣的设计方发现，产品的主要顾客是共同执掌厨房的婆媳。在婆婆们的潜意识中，色彩越艳丽，食材就越新鲜，深紫、橙黄和荧光黄是她们心中最“新鲜”的颜色，而对于二十多岁的儿媳们来说，这样的色彩显得夸张，跟天然、有机完全不沾边，她们越来越多地受西方媒体和观念的影响，都不约而同地喜欢绿色。鉴于以上审美分歧，设计方针对婆婆们的需求，将包装正面从上到下分开设计，下面 2/3 的包装换成艳丽、明亮的调料颜色，在包装的一侧，还增加了一个触觉维度设计，激发老一代人拿起产品的欲望；而上面 1/3 的包装，是给身材高些的儿媳们看的，设计色彩以“天然棕”和“天然绿”为主，并详细介绍产品的天然成分。就这样，同一款产品，完美地照顾到了两个气场和审美截然不同的群体的需求。再次重温这个案例，您是不是觉得深入了解您的用户群（Know Your Audience）很有价值？

2.4.1 什么是好的包装视觉设计？

“一千个观众眼中有一千个哈姆雷特。”关于好的包装视觉设计，一千个设计师心中有一千零一种观点，但您需要知道的是，好的包装视觉设计一般都会有以下几个共同点。

1. 主动与用户沟通（Communicate with Your Customers Proactively）

例如，图 2-104 所示的手套的包装视觉设计并没有多少发挥空间，但设计师还是很贴心地放上了手掌的尺寸比例，以便顾客更快地判断、选择。

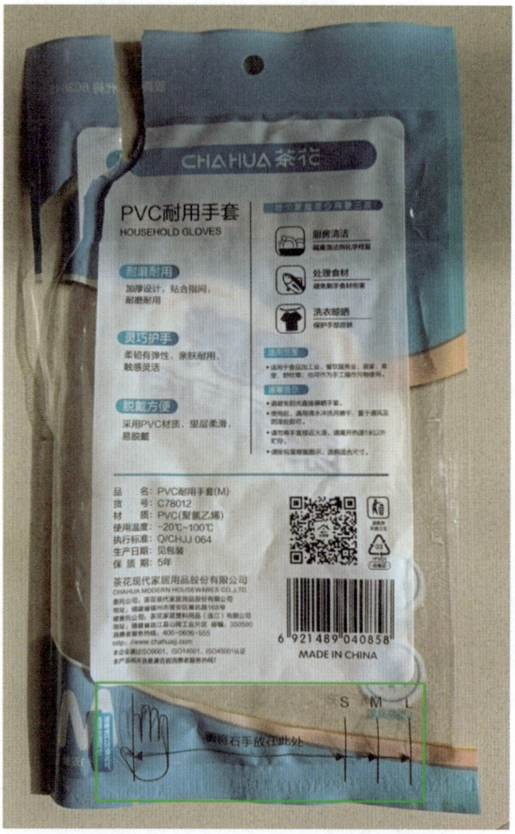

图 2-104　贴心的手套包装视觉设计

2. 与用户建立联系（Connect with Your Customers）

好的包装视觉设计能提供情绪价值，通过细节和观感唤起顾客的注意力和共鸣，如可口可乐包装罐的个性化流行语设计，还有这款曾经风靡一时的、面向年轻用户群体的白酒酒瓶上的“心灵鸡汤语录”等（见图 2-105），都是非常易于被大众接收且能快速传播的。

实际上，这款白酒的包装视觉设计案例只是一个关于消费者洞察和个性化包装的初级案例。如果您对中国规模庞大的酒类产品消费群体进行稍微深入的消费者洞察，可能会有更多收获。例如，对于“996”人群或“压力山大”的“创业小老板”群体，他们可能会更喜欢幽默、搞笑、减压的包装风格（见图 2-106）。

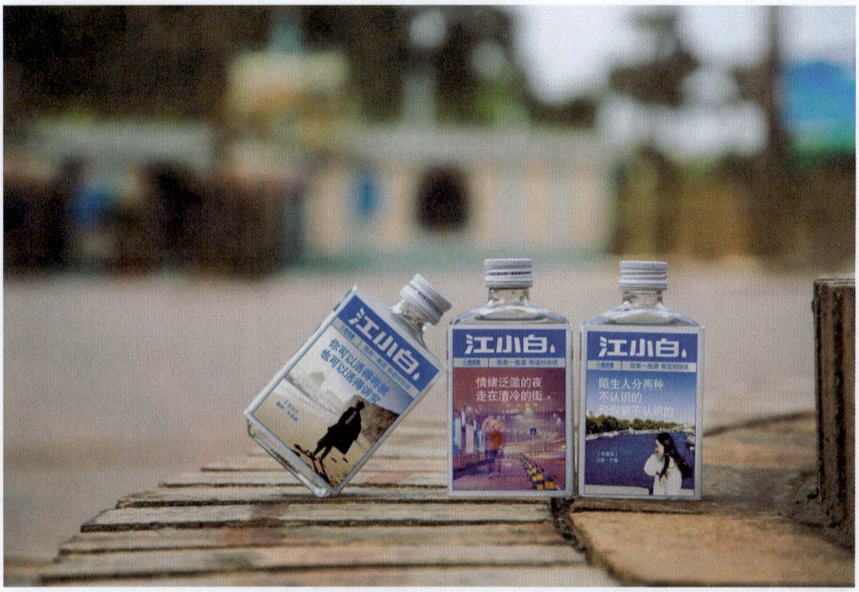

图 2-105　白酒酒瓶上的“心灵鸡汤语录”

图 2-106　减压的白酒瓶身设计

文艺青年们可能会喜欢这种后现代风格的包装（见图 2-107）。

充满童心的中年人可能会偏爱这种讲故事风格的包装（见图 2-108）。

大多数年轻消费者更崇尚舒适、简约的生活方式。简单、反奢侈、回归品质的产品会更容易引起消费者的情感共鸣，所以很多以年轻消费者为主要受众的产品的形式和外部包装都引入了极简主义（Minimalism）的设计理念，例如，科技公司的产品经理们可能会对以下这种极简风格的包装一见倾心（见图 2-109）。

图 2-107　后现代风格的包装

图 2-108　讲故事风格的包装

图 2-109　极简风格的包装

当然，还有少数的年轻人反而更喜欢复古风格的包装（见图 2-110）。

图 2-110　复古风格的包装

通过了解以上不同风格的包装，您会不会觉得，做包装视觉设计的魅力就在于您有很多选择可以尝试和探索？这个职业带来的乐趣和报酬同样有价值，并不像无良自媒体们渲染的那样：只是一份“996”的工作。

总而言之，包装视觉设计越来越多元化，有的用色大胆、出挑，有的善于借用卡通形象，有的善于讲故事，有的善于使用立体效果让包装更有质感等，所以，要想设计出好的包装，您首先需要深入了解目标用户群体的认知和审美偏好。

讲到好的包装视觉设计，这里有必要提一下将视觉感知和设计关联的格式塔（Gestalt）原则（11 条）：

- 简单化原则（Simplicity）
- 图形与背景关系原则（Figure-ground）
- 接近性（邻近）原则（Proximity）
- 相似原则（Similarity）
- 共方向原则（Common Movement）
- 对称性原则（Symmetry）
- 平行性原则（Parallelism）
- 连续性原则（Good Continuation）
- 封闭的原则（Closure）
- 共同区域原则（Common Region）
- 元素连通性原则（Element Connectedness）

这些原则用于解释我们的大脑如何感知不同的视觉元素，并将其作为同一整体中的一部分。对包装视觉设计来说，这些原则是很有价值的指导工具。如果有时间，强烈建议您深入学习一下有关心理学、格式塔原则和人性洞察的视频或书籍，在此限于篇幅不再赘述。

2.4.2　包装视觉设计应尽力避开的 3 个“坑”

1. 缺乏对市场营销的深度理解

大多数包装设计师毕业于艺术类专业，这使得他们往往倾向于画面唯美或个性鲜明的平面设计，但却不一定能很好地体现品牌形象和调性，彰显公司文化和理念，以及使设计方案与销售场景匹配。

2. 工程师文化主导下的营销的设计通病

工程师文化的体现是在包装盒上印着巨大的产品图片和密密麻麻的产品规格等，例如，有些打印机的包装上会列出打印机的各种尺寸、打印分辨率、纸盒容量、链接选项等。丰富的信息有助于让消费者更好地了解产品，但是如果包装试图传达太多信息，反而很可能导致产品无法与消费者建立联系，因为很多消费者（尤其是企业客户）时间宝贵，通常不会花时间去理解包装上的信息（高价特色商品除外）。

3. 对世界各地法律、法规、基本常识和文化差异缺乏了解

例如，德国规定进口商品的包装不可出现纳粹标志；加拿大规定进口商品上的文字必须同时配有英、法文对照；销往中国香港的食品，其标签必须用中文，但食品名称及成分须同时用英文注明；利比亚对进口商品的包装禁止使用猪的图案和女性人体图案；出口到希腊的产品，其包装上必须用希腊文字写明公司名称、代理商名称、产品质量和数量等项目；销往阿拉伯国家的食品、饮料，其说明文字必须用阿拉伯文，图案方面禁用六角星图案；印度则拥有号称世界上最严格的广告规则，禁止人类形象出现在包装设计上，因为印度政府认为，如果产品包装印上新生儿的形象，可能会使消费者误以为他们的孩子有一天会像包装上的新生儿一样漂亮。

2.4.3　包装视觉设计实践中的一些注意事项

品牌标识和产品名称的放置位置、产品的图片，甚至包括说明书，都是品牌体验的一

部分，所以包装上的色彩、产品图片、所选字体、主次元素、文化符号等的版面安排应尽量体现艺术和技术的组合美感，给用户良好的第一印象。

人眼中负责观察余光区域的细胞是柱状细胞。它只对明暗变化、强光及对比度高的物体敏感，只有位于余光区域里的物体具备以上特征之一时，此物体才较容易被观察者注意到，所以，当我们的目光扫过一排货架时，最先注意到的一定是那些和其他产品的色调差距更大的产品。在设计产品的包装时，应先了解一下货架上同类竞品的情况：它们的主色调是什么，各种色系的占比如何……然后就可以在整体配色组合上实现差异化，通过增大字体、调整图形等方法来突出重要信息，从而吸引消费者的注意。

例如，在实际的版面安排中，包装的正面尽量以产品形象为中心，规格信息则尽量放到包装背面和说明书上；产品名称应清晰可见并易于理解，设计风格要与竞品有明显差异；字母或LOGO要足够大，所选字体尽量与平面、电视广告中使用的字体一致；尽量不要使用俗气、奇怪的字体或符号，不要使用陈旧过时的图片，这样会显得产品和包装很“廉价”。

除此之外，包装设计师还需要在多领域发掘灵感，例如，通过了解社会活动、新闻事件、科学领域的新发现、政治和经济大环境的变化、新的理论和思想潮流的兴起、社会和人口的变化趋势（如老年独居群体日益扩大、需要帮助的群体逐步受到重视、喜欢独居的“Z世代”引起关注等），都可以激发您的设计创意。

2.4.4 包装设计稿的交付技术标准

包装的设计制作是一个艺术和技术并重的工作，很多设计机构的包装设计师对印刷工艺和色彩复制过程了解不足，经常会犯一些基础的技术性错误，例如，条形码或二维码仍然是四色的，文字颜色可能会误用四色黑等，这可能会导致批量印刷时出现质量问题，所以对于最终的包装设计稿，在交付印刷前也要进行检查，以确认其是否遵循特定的技术标准，如图2-111所示为一个比较规范的设计稿的样板，供大家参考。

包装设计稿交付时应遵循的部分技术标准如下。

1. 版面布局

- 版面顶部和左侧应尽量保持整洁干净，不放置无关信息。
- 版面底部和右侧可以放置印刷控制条、技术规格（SPEC）编号、创建日期或版本号等指导或描述类信息。
- 除专色色块外，刀线范围内尽量不要放置其他无关信息。

- 印刷控制条、版本号等信息应放置在刀线范围以外，并尽量靠近刀线，以减小印刷面积。

图 2-111　一个比较规范的设计稿的样板

2. 文字

- 黑色字应用纯黑色（100% Black）。
- 不推荐使用多色字，如果不得不采用多色字，字号应大于 10pt。
- 对于多色字，其主色网点占比要超过 70%，以避免字体边缘不平滑。
- 镂空字的字号应至少为 8pt，背景色网点占比不低于 30%。
- 叠印字的背景色网点占比应低于 30%。

3. 线条

- 尽量不要使用极细线，否则在不同的输出设备上其显示宽度可能会有所不同。
- 单色线条的宽度应至少为 0.25pt。
- 多色线条的宽度应至少为 2pt。

- 与背景色色调相反的细线条宽度至少应为 1pt。

4. 色块

- 版面上需要放置所有设计元素用到的专色色块。
- 设计稿所用到的专色色块应放在调色板的第一层。
- 避免使用三原色合成的灰色或棕色。
- 尽可能对重复出现的设计元素使用 CMYK 中的双色定义。
- 印刷控制条应包括 CMYK 和所有用到的专色。

5. 刀线（DIELINE）

- 刀线应为 EPS 或 PDF 格式，采用包装盒外立面视角（Outside View）。
- 刀线上要显示裁切、压痕、针孔线、涂胶区域、印刷区域等关键信息。
- 裁切用实线表示，压痕用短虚线表示，针孔线用长虚线表示。
- 不需要印刷的涂胶区域要用清晰、恰当的交叉阴影线表示。
- 刀线颜色使用专色，而且这些专色要命名为“DIELINE”。
- 刀线的宽度设置为 0.5pt。
- 设计稿版面上的刀线均应设置为叠印。

6. 条形码

- UPC 条形码（码纹）的颜色必须采用纯黑色（100% Black）。
- 条形码必须放置在白框内，且白框内应有足够的留白区域，例如，条形码下方距离白框下边缘至少为 0.125 英寸。
- 使用条形码扫描仪测试的结果应为 B 及以上。

7. PDF 文件规范

- 用于最终印刷的包装设计稿一般存储为 PDF 格式，需要从可靠的 PDF 库生成（如从 Adobe Creative Suite 生成），或者从 PostScript 文件创建。
- PDF 文件中的所有字体应已嵌入或转曲线。
- 在打开 PDF 文件时，设计版面应居中显示；文件应设置适当的裁切尺寸，出血尺寸至少为 5mm。

- 图像分辨率：彩色 Tiff 图像的分辨率应不小于 350dpi，单色位图图像的分辨率应不小于 1200dpi。
- 彩色图像应尽量是 CMYK+专色的模式，任何 RGB 图像都应转换为 CMYK 模式。
- 尽量避免使用网点占比在 5%以下的网点填色，以避免小网点在制版、印刷环节丢失。
- 最大油墨密度总和不应超过 320%，黑色实地应设置为叠印。
- PDF 文件中不要有多余的内容，不允许用白色色块遮盖一些本该删除的设计信息。

2.4.5 包装设计稿的管理流程（Packaging Artwork Management）

有些品牌商因为产品 SKU 多、语言版本多、细节多、修改多，往往一个很小的细节出错，导致大量包装印刷品的报废和成本的浪费；有时，不同的包装供应商印刷出的同一品牌的 LOGO 的色调也不同。为了使包装印刷质量符合相关规范与客户要求，让处于不同地方的包装供应商都能印出外观色彩稳定、一致的包装材料，品牌商一般都有一个系统的管理流程，管控包装设计稿从准备、创作、校对、修改、打样、存档、发布和大货印刷启动的全过程。

以外部设计机构（以下简称 Agency）承接包装视觉设计为例，整个过程大致如下：

（1）包装工程师或包装结构设计师将刀线图发送给市场部的 Marcom 小组。Marcom 小组将品牌指导书（Brand Guideline）、刀线图及视觉设计要求等发给 Agency。双方可以面对面沟通（最有效），也可以通过邮件或视频会议沟通，下同。

（2）Agency 根据设计要求等开始生成创意和进行制作，一般 Agency 会准备 3 款设计方案发给 Marcom 小组选择，可以是 PDF 形式的文件，也可以是纸质形式的彩色打印稿。

（3）Marcom 小组会联合相关部门一起评审设计方案，选择出最适合或最接近设计要求的一款设计方案，并标注修改意见和日期，再返还给 Agency。

（4）Agency 根据反馈和修改意见修改设计方案并将其再次发给 Marcom 小组审阅。

（5）Marcom 小组需要检查版面、图、文、色彩的设计是否合乎品牌指导书规范，除此之外，还需要与相关部门确认版面信息是否合乎各种法规的要求（例如，需要跟产品经理确认产品的图片和技术参数是否正确，跟销售部门确认 UPC Code 是否符合零售商的要求，跟技术部门确认是否符合印刷打样要求，跟监管部门确认产品规格信息或认证是否符合行业规范及法规等，具体工作量跟所处的行业有关，对于食品、药品产品包装上的信息，相关的监管部门、行业规范及法规就比较多；对于 3C 产品，产品的图片、技术参数和各种认证图标的确认会花较长时间）。

（6）如果需要继续修改，则重复步骤（3）～（5），如果各部门确认信息无误，那么就可以进入步骤（7）。

（7）Marcom 小组批准最终版的设计方案，签署日期，然后上传到服务器存档并正式发布（Release）。

（8）指定的包装印刷供应商收到订单后，可以直接通过发布的链接地址下载文件，也有国内企业因为 IT 基础设施落后，仍通过 QQ 在线传文件或电子邮件形式把设计方案发给包装印刷供应商。

（9）包装印刷供应商收到设计方案后，打印数码稿（或上机打样），交给 Marcom 小组和负责看色的 Agency 检查。部分大公司的包装团队也会专门设置一个负责到印刷厂现场看色的职位（Press check）。

（10）Agency 或品牌商看色人员如果对数码稿或印刷小样的色彩呈现不满意，可提出修改意见，让包装印刷供应商继续提高样稿质量，直到满意为止；此时 Agency 或品牌商看色人员可签名批复并发包装印刷供应商留存，以备大货生产时参考。

（11）包装印刷供应商在接到大货订单后，安排正式上机印刷时，Agency 或品牌商看色人员需要到印刷车间现场确认大货标准样张（Golden Samples），供机长在生产过程中跟色参考，同时品牌商内部也将该大货标准样张存档（也有品牌商采用云签样或远程签样的方式进行此步骤）。

扫描下方二维码，观看包装视觉设计发展趋势：

2.5 Step 5 管理包装物料

2.5.1 建立所需包装物料的 BOM（Bill of Material）

建立包装 BOM 的目的是建立关于包装物料的档案，供内外相关人员查找和使用。在实际工作中，在包装结构设计方案通过测试后，就需要开始预搭建 BOM（Pre-BOM），如表 2-9 所示。

待所有刀线和技术规格确定后，就可以在公司的 ERP 系统里发布正式的 BOM，如图 2-112 所示。

在 BOM 里，必须包含各包装组件的物料号、组件描述、数量、技术规格（SPEC）、文件发布状态等必要信息。

表 2-9 Pre-BOM

Component Description	Qty per unit	Part Number	SPEC	Status	Remarks
Assembly Instruction	1	Yoshimi creating	S008222	Working	
Shipper RSC	0.1	Yoshimi creating	S008223/S008224	Working	
Blister front	1	Yoshimi creating	S008227	Working	
Blister back	1	Yoshimi creating	S008226	Working	
Box	1	Yoshimi creating	S008225	Working	
Paper insert for blister	1	Yoshimi creating	S008228	Working	
Paper insert bottom holder	1	Yoshimi creating	S008229	Working	
Retail label	1	66701	S000120	Released	
Shipping label	0.1	X03-21986	S000398	Released	
Cord Tag label	1	X10-53941		Released	
Brochure	1	TBD			
Manual	1	TBD			
Flyer	1	TBD			

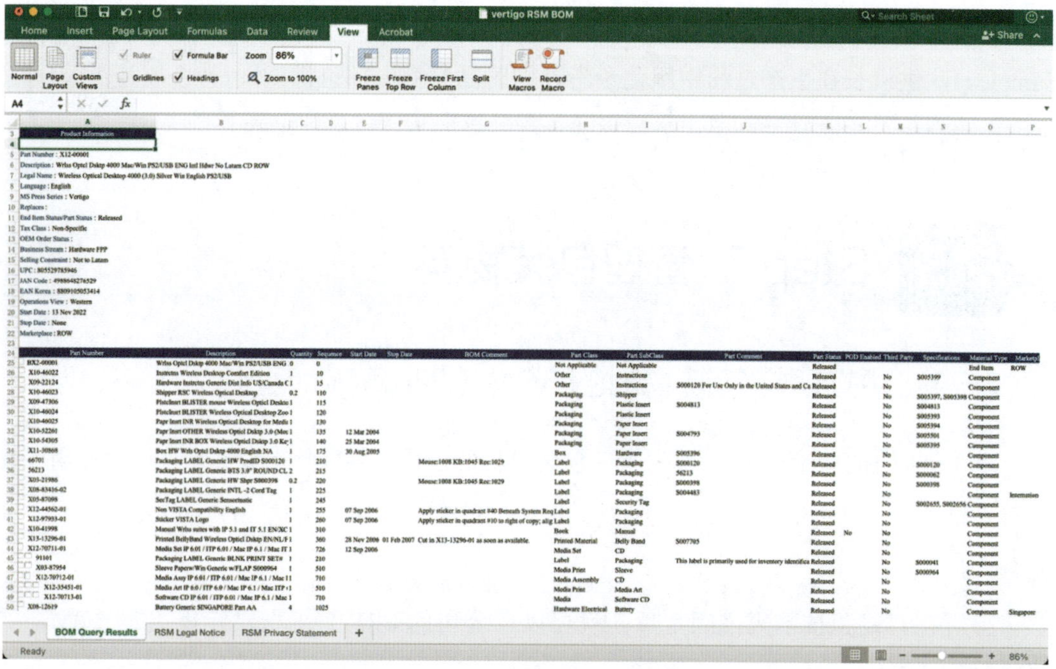

图 2-112 正式的 BOM 示例

2.5.2　编写 SPEC

SPEC（技术或工程规格）用于说明这个包装材料是做什么的、怎么做成的、要注意什么等。

编写和发布 SPEC 是包装设计开发工作中的一项重头戏。优秀的 SPEC 可以节省很多沟通时间。下面就包装设计开发过程中的一些常用物料给出相应的案例。

1. 纸盒（Paperboard Box）的 SPEC

一款包装盒的刀线图文件需要包含 dwg、dxf、dwf、eps、pdf 等格式的文件，如图 2-113、图 2-114 所示。

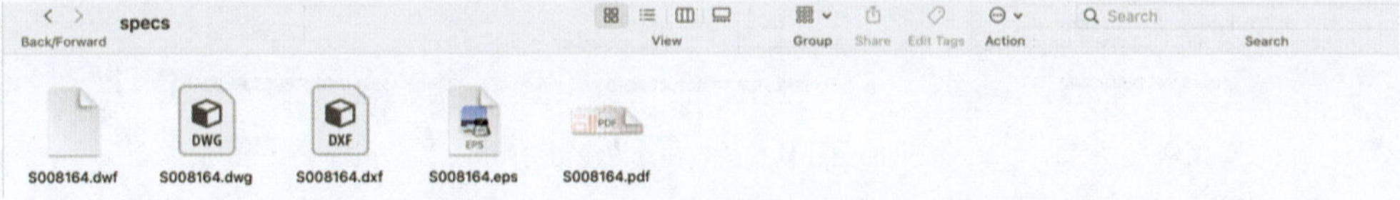

图 2-113　包装盒刀线图文件的各种格式

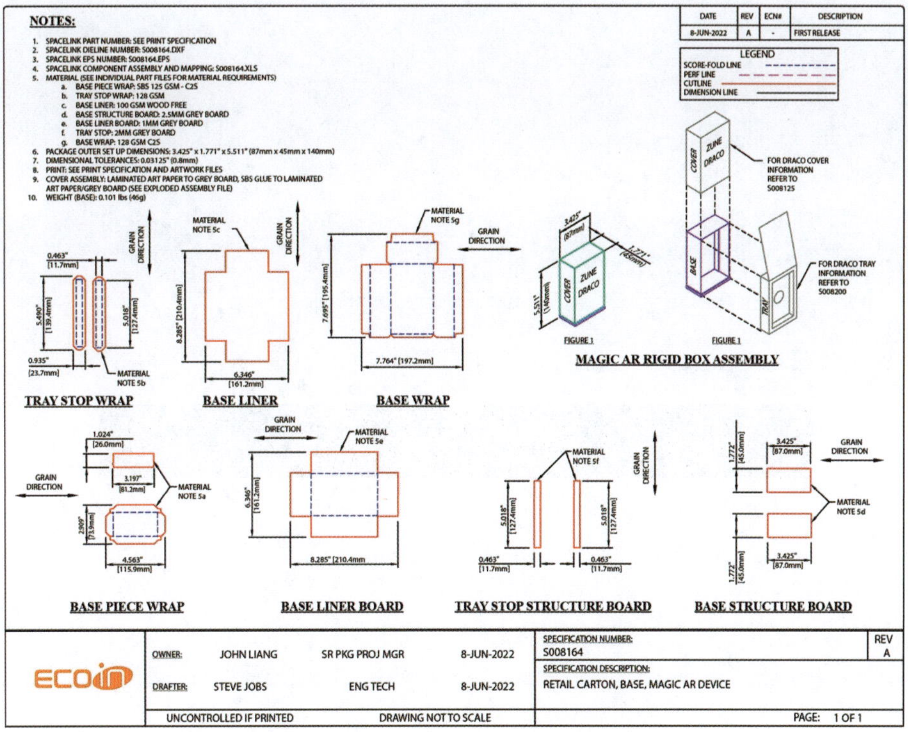

（a）dwg 格式的包装盒刀线图文件

图 2-114　一款包装盒的刀线图文件的不同格式

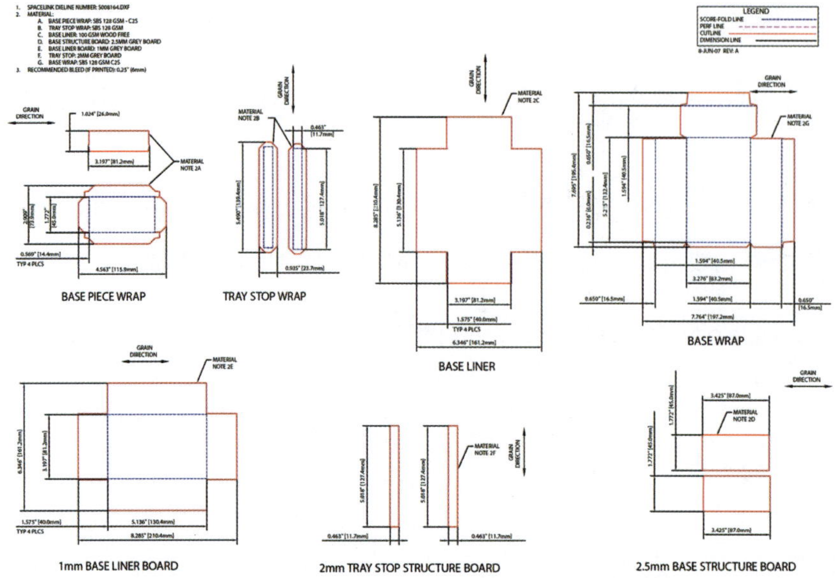

（b）dxf 格式的包装盒刀线图文件

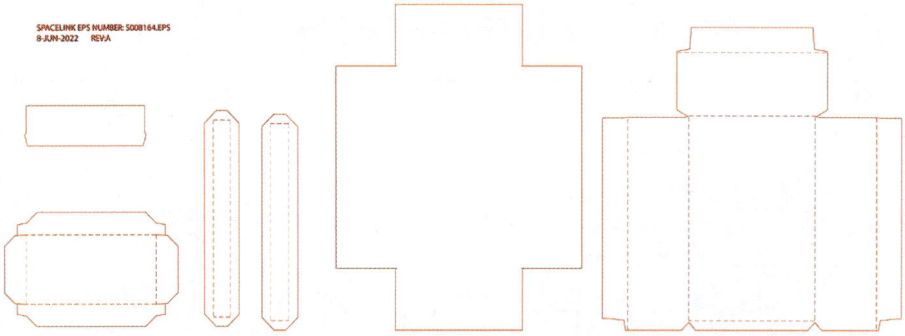

（c）eps 格式的包装盒刀线图文件

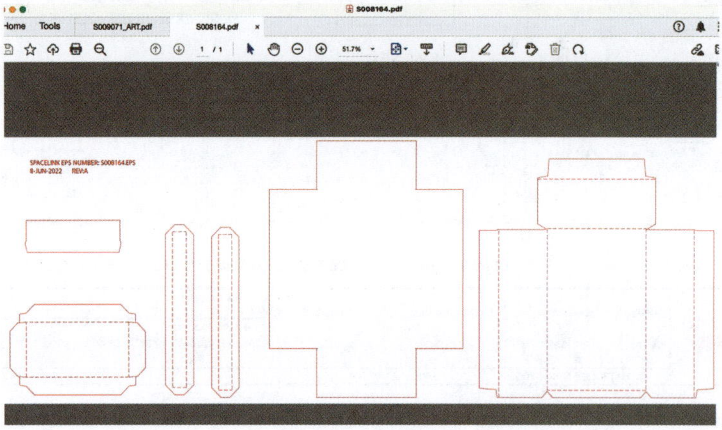

（d）pdf 格式的包装盒刀线图文件

图 2-114 一款包装盒的刀线图文件的不同格式（续）

2. 各种标签（Label）的 SPEC

常用于零售包装盒的透明 BTS Label 的 SPEC 如图 2-115 所示。

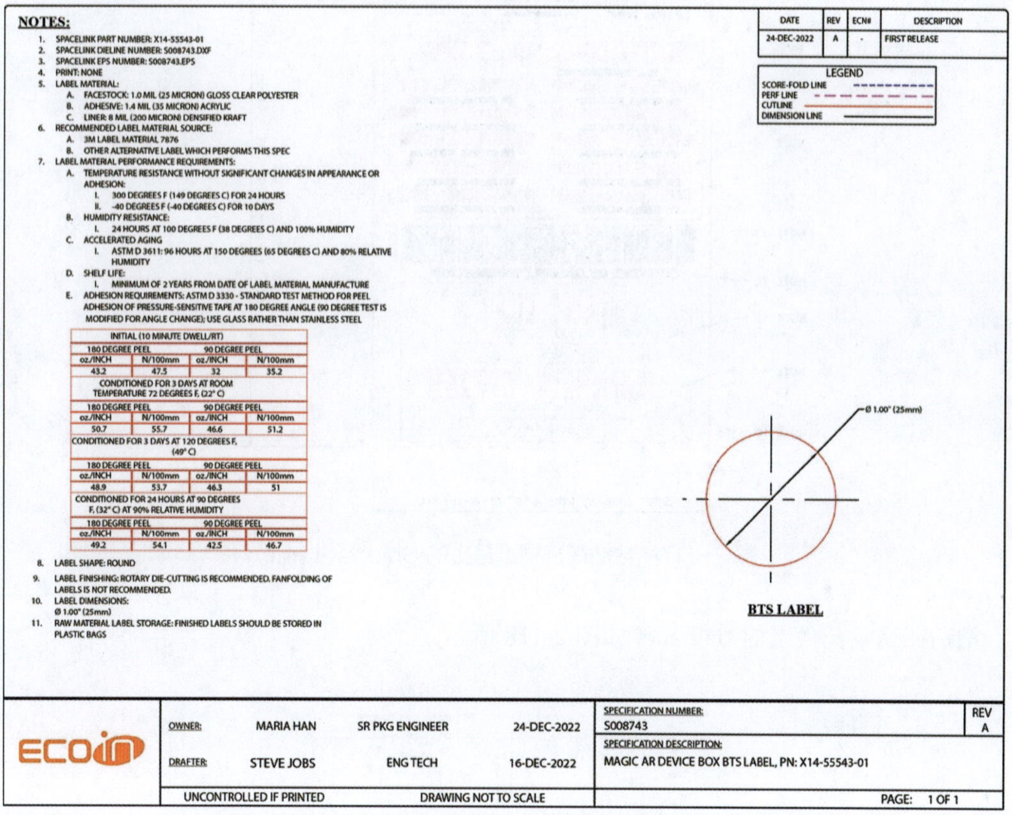

NOTES:

1. SPACELINK PART NUMBER: X14-55543-01
2. SPACELINK DIELINE NUMBER: S008743.DXF
3. SPACELINK EPS NUMBER: S008743.EPS
4. PRINT: NONE
5. LABEL MATERIAL:
   A. FACESTOCK: 1.0 MIL (25 MICRON) GLOSS CLEAR POLYESTER
   B. ADHESIVE: 1.4 MIL (35 MICRON) ACRYLIC
   C. LINER: 8 MIL (200 MICRON) DENSIFIED KRAFT
6. RECOMMENDED LABEL MATERIAL SOURCE:
   A. 3M LABEL MATERIAL 7876
   B. OTHER ALTERNATIVE LABEL WHICH PERFORMS THIS SPEC
7. LABEL MATERIAL PERFORMANCE REQUIREMENTS:
   A. TEMPERATURE RESISTANCE WITHOUT SIGNIFICANT CHANGES IN APPEARANCE OR ADHESION:
      I. 300 DEGREES F (149 DEGREES C) FOR 24 HOURS
      II. -40 DEGREES F (-40 DEGREES C) FOR 10 DAYS
   B. HUMIDITY RESISTANCE:
      I. 24 HOURS AT 100 DEGREES F (38 DEGREES C) AND 100% HUMIDITY
   C. ACCELERATED AGING
      I. ASTM D 3611: 96 HOURS AT 150 DEGREES (65 DEGREES C) AND 80% RELATIVE HUMIDITY
   D. SHELF LIFE:
      I. MINIMUM OF 2 YEARS FROM DATE OF LABEL MATERIAL MANUFACTURE
   E. ADHESION REQUIREMENTS: ASTM D 3330 - STANDARD TEST METHOD FOR PEEL ADHESION OF PRESSURE-SENSITIVE TAPE AT 180 DEGREE ANGLE (90 DEGREE TEST IS MODIFIED FOR ANGLE CHANGE); USE GLASS RATHER THAN STAINLESS STEEL

INITIAL (10 MINUTE DWELL/RT)			
180 DEGREE PEEL		90 DEGREE PEEL	
oz./INCH	N/100mm	oz./INCH	N/100mm
43.2	47.5	32	35.2
CONDITIONED FOR 3 DAYS AT ROOM TEMPERATURE 72 DEGREES F, (22° C)			
180 DEGREE PEEL		90 DEGREE PEEL	
oz./INCH	N/100mm	oz./INCH	N/100mm
50.7	55.7	46.6	51.2
CONDITIONED FOR 3 DAYS AT 120 DEGREES F, (49° C)			
180 DEGREE PEEL		90 DEGREE PEEL	
oz./INCH	N/100mm	oz./INCH	N/100mm
48.9	53.7	46.3	51
CONDITIONED FOR 24 HOURS AT 90 DEGREES F, (32° C) AT 90% RELATIVE HUMIDITY			
180 DEGREE PEEL		90 DEGREE PEEL	
oz./INCH	N/100mm	oz./INCH	N/100mm
49.2	54.1	42.5	46.7

8. LABEL SHAPE: ROUND
9. LABEL FINISHING: ROTARY DIE-CUTTING IS RECOMMENDED. FANFOLDING OF LABELS IS NOT RECOMMENDED.
10. LABEL DIMENSIONS: Ø 1.00" (25mm)
11. RAW MATERIAL LABEL STORAGE: FINISHED LABELS SHOULD BE STORED IN PLASTIC BAGS

DATE	REV	ECN#	DESCRIPTION
24-DEC-2022	A	-	FIRST RELEASE

LEGEND
SCORE-FOLD LINE
PERF LINE
CUTLINE
DIMENSION LINE

Ø 1.00" (25mm)

BTS LABEL

ECOin

OWNER:	MARIA HAN	SR PKG ENGINEER	24-DEC-2022	SPECIFICATION NUMBER: S008743 — REV A
DRAFTER:	STEVE JOBS	ENG TECH	16-DEC-2022	SPECIFICATION DESCRIPTION: MAGIC AR DEVICE BOX BTS LABEL, PN: X14-55543-01
UNCONTROLLED IF PRINTED		DRAWING NOT TO SCALE		PAGE: 1 OF 1

图 2-115　常用于零售包装盒的透明 BTS Label 的 SPEC

印刷或粘贴在零售包装盒上的 UPC Label 如图 2-116 所示。

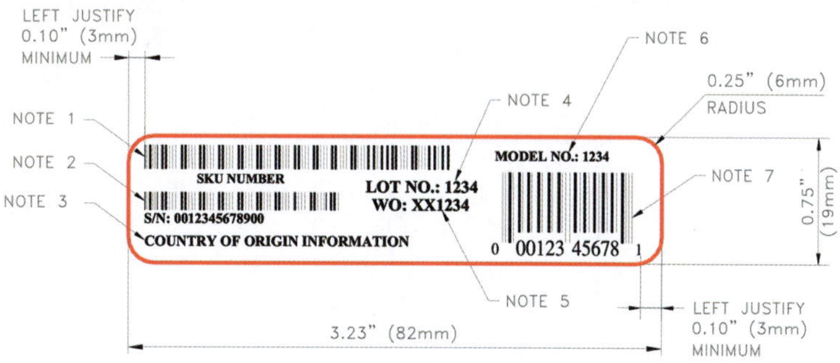

图 2-116　印刷或粘贴在零售包装盒上的 UPC Label

粘贴在瓦楞纸箱上的 Shipper Label 如图 2-117 所示。

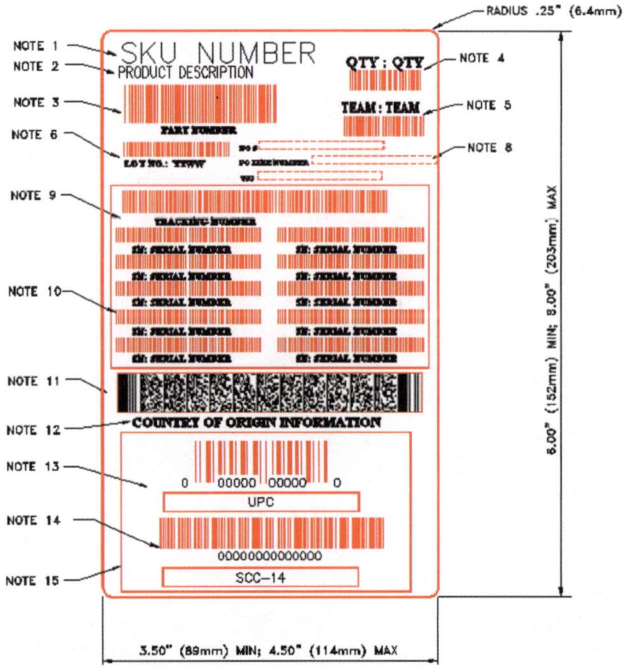

图 2-117　粘贴在瓦楞纸箱上的 Shipper Label

粘贴在运输托盘上的 ID Label 如图 2-118 所示。

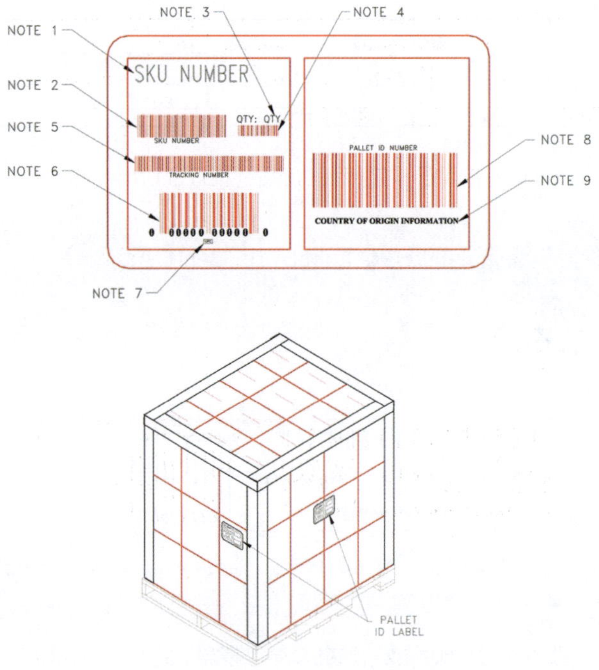

40" x 48" OR 1000mm x 1200mm PALLET

图 2-118　粘贴在运输托盘上的 ID Label

部分保密程度高的产品，会在瓦楞纸箱上粘贴上市日期标签（Street Date Label），如图 2-119 所示。

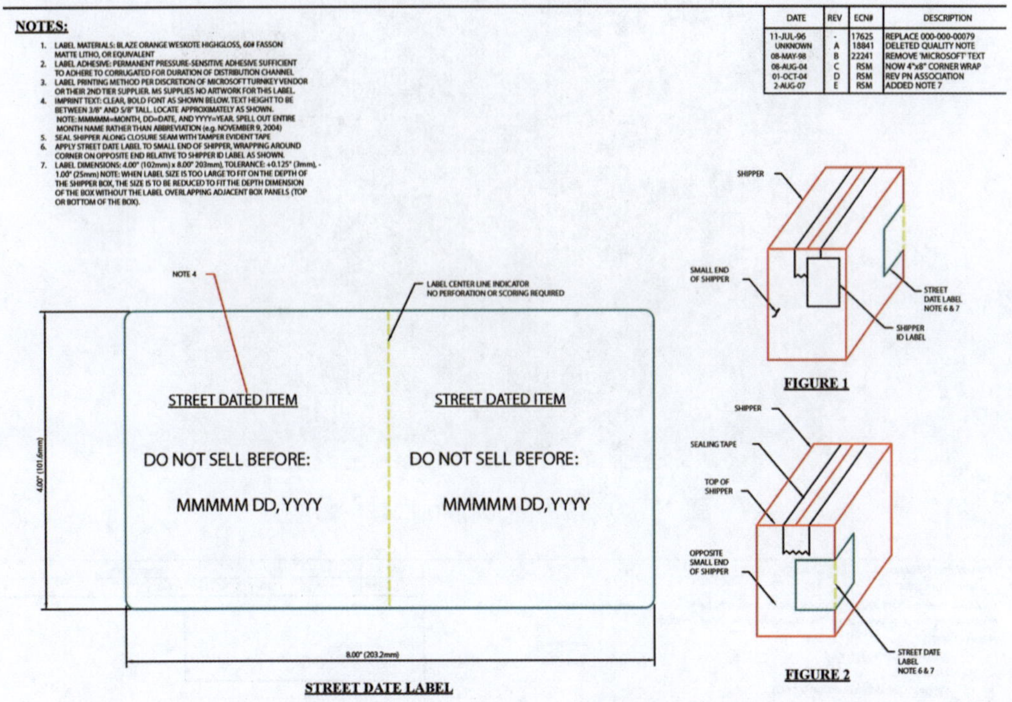

图 2-119 Street Date Label

有的零售商要求供应商直接在瓦楞纸箱上印刷单色的运输标志（俗称唛头）（Shipping Marks），跟上面的 Shipper Label 功能差不多，是为了防止错发错运，以及便于运输、仓储和海关等有关部门进行查验等工作，也便于收货人提取货物，在进出口货物的外包装上标明的记号。唛头的内容包括：目的地名称或代号、收货人或发货人的代用简字或代号、件号（即每件标明该批货物的总件数）、体积（长×宽×高）、货重（毛重、净重、皮重）及生产国家或地区等，如图 2-120 所示。

3. 瓦楞纸箱（Master Carton or Shipper）的 SPEC

瓦楞纸箱 SPEC 示例如图 2-121 所示。

知识拓展——关于瓦楞纸箱的名称

很多工厂也把瓦楞纸箱称作卡通箱，其实是来自其英文名中的 Carton，跟卡通片（Cartoon）一词毫无关系。

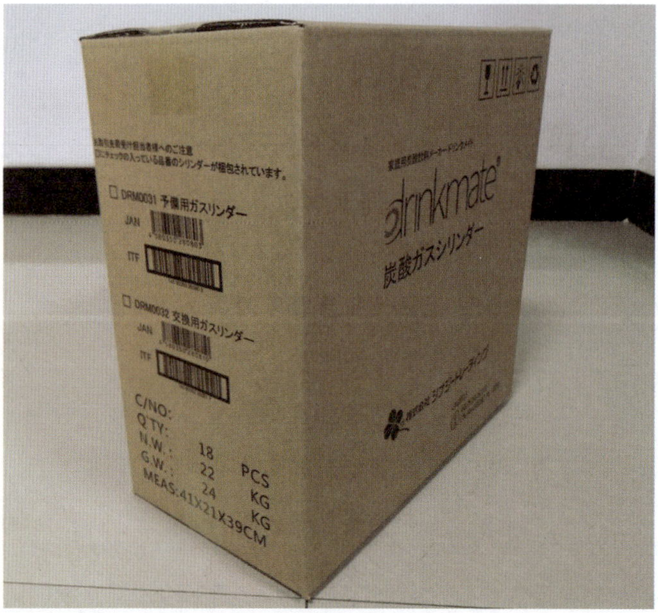

图 2-120　唛头（Shipping Marks）

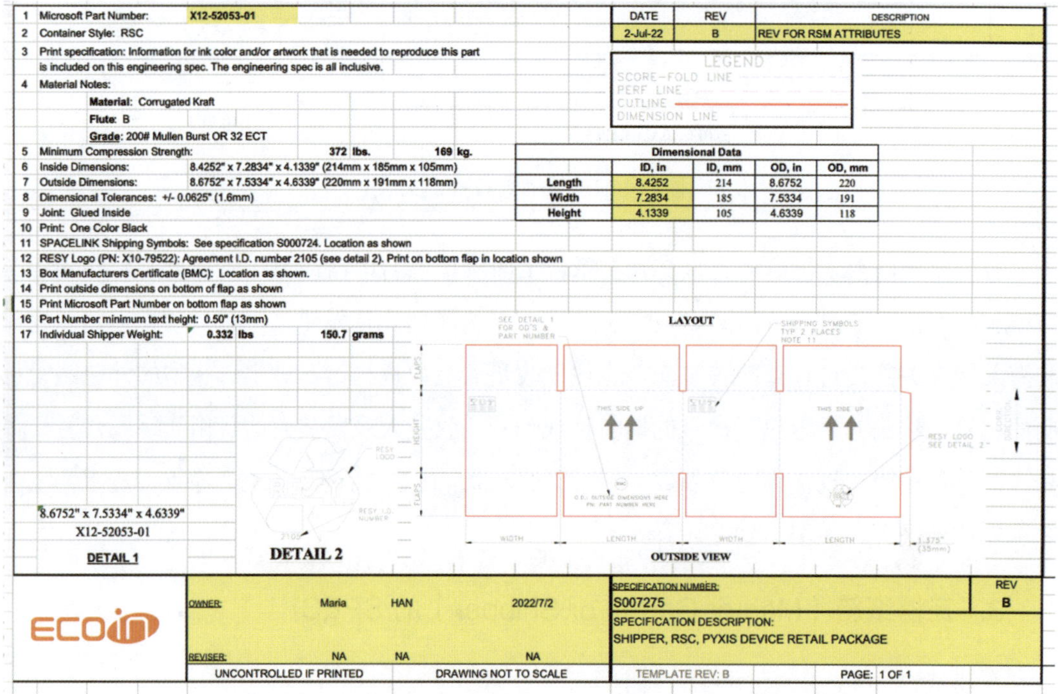

DATE	REV	DESCRIPTION
2-Jul-22	B	REV FOR RSM ATTRIBUTES

1 Microsoft Part Number: X12-52053-01
2 Container Style: RSC
3 Print specification: Information for ink color and/or artwork that is needed to reproduce this part is included on this engineering spec. The engineering spec is all inclusive.
4 Material Notes:
Material: Corrugated Kraft
Flute: B
Grade: 200# Mullen Burst OR 32 ECT
5 Minimum Compression Strength: 372 lbs. 169 kg.
6 Inside Dimensions: 8.4252" x 7.2834" x 4.1339" (214mm x 185mm x 105mm)
7 Outside Dimensions: 8.6752" x 7.5334" x 4.6339" (220mm x 191mm x 118mm)
8 Dimensional Tolerances: +/- 0.0625" (1.6mm)
9 Joint: Glued Inside
10 Print: One Color Black
11 SPACELINK Shipping Symbols: See specification S000724. Location as shown
12 RESY Logo (PN: X10-79522): Agreement I.D. number 2105 (see detail 2). Print on bottom flap in location shown
13 Box Manufacturers Certificate (BMC): Location as shown.
14 Print outside dimensions on bottom of flap as shown
15 Print Microsoft Part Number on bottom flap as shown
16 Part Number minimum text height: 0.50" (13mm)
17 Individual Shipper Weight: 0.332 lbs 150.7 grams

LEGEND
SCORE-FOLD LINE
PERF LINE
CUTLINE
DIMENSION LINE

Dimensional Data	ID, in	ID, mm	OD, in	OD, mm
Length	8.4252	214	8.6752	220
Width	7.2834	185	7.5334	191
Height	4.1339	105	4.6339	118

8.6752" x 7.5334" x 4.6339"
X12-52053-01
DETAIL 1

DETAIL 2

LAYOUT

OUTSIDE VIEW

ECOin	OWNER: Maria	HAN	2022/7/2	SPECIFICATION NUMBER: S007275	REV B
	REVISER: NA	NA	NA	SPECIFICATION DESCRIPTION: SHIPPER, RSC, PYXIS DEVICE RETAIL PACKAGE	
	UNCONTROLLED IF PRINTED	DRAWING NOT TO SCALE		TEMPLATE REV: B	PAGE: 1 OF 1

图 2-121　瓦楞纸箱 SPEC 示例

在 COSTCO 超市里还有一种叫零售展示箱（Retail Ready Packaging）的瓦楞纸箱（见图 2-122）。它既可以用作运输纸箱保护零售包装，又可以堆积起来作为展示产品的货架。

图 2-122　COSTCO 超市里的零售展示箱

1）瓦楞纸箱的抗压强度和堆码强度

为了避免货物在运输、存储等物流环境中遭到损坏（例如，货物在仓库里存储时，底层的纸箱可能因受到上层所有纸箱的压力而被压塌），瓦楞纸箱必须具备一定的抗压强度。

瓦楞纸箱的抗压强度是指在压力试验机均匀施加动态压力的情况下，箱体由完好到开始破损时所承受的负荷。在已知瓦楞纸板原材料的边压强度（ECT）的条件下，计算单体瓦楞纸箱的抗压强度理论值（也称空箱抗压强度，用 BCT 表示）的经验公式如下：

$$\mathrm{BCT}=5.876\times\mathrm{ECT}\times\sqrt{P\times T}$$

其中：

BCT——空箱抗压强度（单位：N）；

ECT——边压强度（单位：N/m）；

P——瓦楞纸箱周长（单位：m）；

T——瓦楞纸板厚度（单位：m）；

5.876——经验系数。

这个计算空箱抗压强度的公式被称为马基（Mckee）公式（注意：上述公式中的单位仅用来确定代入数值的数量级），因为由它推算出的数值比较接近真实值，并且公式简单，易于掌握，所以它在包装工程师的日常工作中最为常用。其他常用的计算公式还有凯里卡特（Kellicutt）公式、马丁荷尔特（Maltenfort）公式、沃福（Wolf）公式等。

如果在日常工作中经常需要用 BCT 评估包装运输及堆码的安全性，您也可以自己制作一个简单的 Excel 计算器（如图 2-123 所示），以提高工作效率。

Box Compression Evaluation Form

Remark: The Form (Mackee Equation) only use for single wall & double wall corrugated container

Please enter values into white cells only.
Yellow cells are results cells.

Pm	瓦楞纸板横向竖压强度（lb/in)	2	lb/in	ECT
H	瓦楞纸板厚度(in)	3	inch	Thickness
Z	纸箱周边长(in)	4	inch	L+W
P	纸箱耐压强度	40.66855	lb	BCT

Wolf Equation (more accuracy)

Pm	瓦楞纸板横向竖压强度（kgf/cm)	2	kgf/cm	ECT
H	瓦楞纸板厚度(mm)	3	mm	Thickness
Z	纸箱周边长(cm)	4	cm	L+W
D	纸箱高度(cm)	5	cm	H
A	纸箱长宽比	6		L / W
P	纸箱耐压强度(kgf)	-11.0281	kgf	BCT

Formular for MACH

Pm	瓦楞纸板横向竖压强度（lb/in)	32	lb/in	ECT
H	瓦楞纸板厚度(in)	0.2875	in	Thickness
Z	纸箱长(in)	21.4375	in	L+W
D	纸箱宽(in)	17.375	in	H
P	纸箱耐压强度(lbs)	476	lbs	BCT

Conversion Rate: (单位换算)

1	lbf/6in	--------->	kgf/6in	=	result / 2.2046	3= 112GSM Medium Paper
2	kN/m	--------->	kgf/cm	=	result / 0.98	4=112GSM Medium Paper (A Flute)
3	kN/m	--------->	lbf/6in	=	result / 0.029	5= 125GSM/150GSM Medium Paper
4	kN/m	--------->	kgf/cm	=	result / 0.386	B=125 GSM Pulp top Liner Paper
5	kN/m	--------->	lbf/6in	=	result / 0.175	W=140GSM/150GSM White top Liner Paper
6	kgf/cm	--------->	lbf/in	=	result x 5.599	A=175 GSM Pulp top Liner Paper
						K=250 GSM Pulp top Liner Paper

图 2-123 用于计算瓦楞纸箱抗压强度的简单计算器

仓库或货柜车里的货物一般都会采用堆码（Stacking）的方式摆放，这种情况下，底层的纸箱所承受的最大载荷一般称为堆码强度。堆码高度过高（有时甚至会超过 3.5m）就有可能发生坍塌，对货物造成损坏，所以，在设计纸箱前确定堆码强度是非常有必要的。堆码强度的计算公式为：

$$P_w=KW(n-1)$$

其中：

P_w——堆码强度（单位：kg）；

W——纸箱装货后的质量（单位：kg）；

K——堆码安全系数；

n——堆码层数。

堆码安全系数 K 与货物的存储时长有关，一般来说，存储期小于 30 天时 K 取 1.6；存储期在 30~100 天之间时 K 取 1.65；存储期大于 100 天时 K 取 2.0。堆码层数 n 由堆码高度 H 与单个纸箱高度 h 相除得出，即 $n=H/h$。

以（装货后）质量为 20kg 的纸箱为例，如果堆码层数为 8 层，存储期小于 30 天（K=1.6），则底层瓦楞纸箱的堆码强度为 224kg。

包装工程师通过比较空箱抗压强度（BCT）的数值和堆码强度（P_w）的数值，可以评估堆码的安全与否。常用的判断标准如下：

BCT：P_w 在 1.00～1.30 范围内为合格；

BCT：P_w 在 1.31～1.70 范围内为最佳；

BCT：P_w 在 1.71～2.00 范围内，说明材料强度过高，用料稍显浪费；

BCT：P_w 超过 2.00，说明用料浪费较为严重。

在设计瓦楞纸箱时可以根据产品、物流环境、客户的具体要求灵活处理，在确定 BCT:P_w 比值的情况下，也可以反推出瓦楞纸板的边压强度（ECT），从而据此选取合适的瓦楞纸板楞型与等级。

2）瓦楞纸箱的尺寸和设计

瓦楞纸箱有 3 种尺寸（Dimension）：内部尺寸（Inner Dimension）、制造尺寸（Blanking Dimension）、外部尺寸（Outer Dimension）。

在和瓦楞纸箱生产厂沟通时，一定要统一尺寸的表示方式，否则可能您指的是内部尺寸，而瓦楞纸箱生产厂按外部尺寸去生产，导致不必要的损失。

设计瓦楞纸箱时要考虑的因素比较多，如产品特点、尺寸、箱型及楞型、装箱数量、内容物排列方式、堆码方式、托盘尺寸、集装箱尺寸及实际运输环境（如高温高湿度、运输过程时间较长、仓库堆码性能要求等）等。

对于常见的 0201 普通开槽瓦楞纸箱（又称 0201），设计其尺寸时请参考以下经验：

长：宽：高=1：1：1 时，最浪费材料；

长：宽：高=2：1：2 时，最节省材料；

长：宽=1.414：1 时，纸箱抗压强度最大；

长：高=1.618：1 时，纸箱看起来最美观。

另外应保证：长宽比不超过 2.5，高宽比在 0.15～2 之间。

瓦楞纸箱尺寸的把握更多地依赖包装工程师的经验，但是也要尽量减少不必要的包装浪费。

3）其他注意事项

如果您想考虑 0201 之外的箱型，需要做好强度及成本方面的核算，还需要与相关业务部门沟通，得到他们的配合后，实施起来更容易。

装箱时原则上要求内容物排列规整，纸箱内四周空隙不要超过 3mm，排列方式单一。如用人工搬运，装箱后的总重量应确保人工搬运可以胜任；如果运输过程全部使用叉车，则可尽量包装成较大的单位。

如果货物出口到欧洲，用户对环保可能有特殊的要求，瓦楞纸箱一般要求用无钉纸箱，无金属打包，封口胶带为纸胶带，印有环保或回收标志。

4. 生产线组装指导（Assembly Instruction）SPEC

生产线组装指导 SPEC 示例（部分）如图 2-124 所示。

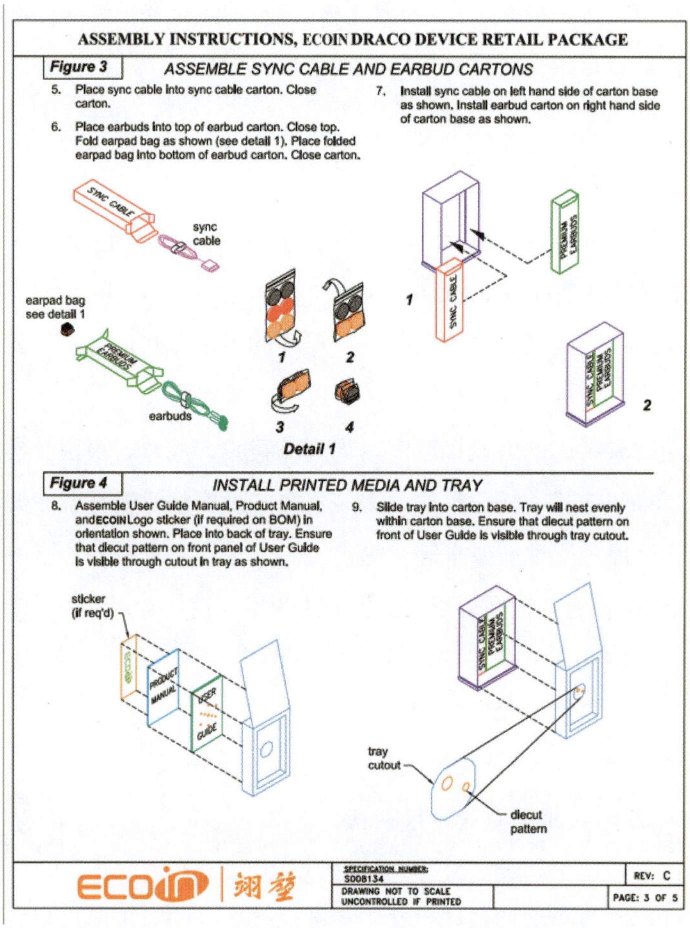

图 2-124 生产线组装指导 SPEC 示例（部分）

5. 托盘或卡板（Pallet）运输相关的 SPEC

托盘装运 SPEC 示例如图 2-125～图 2-128 所示。

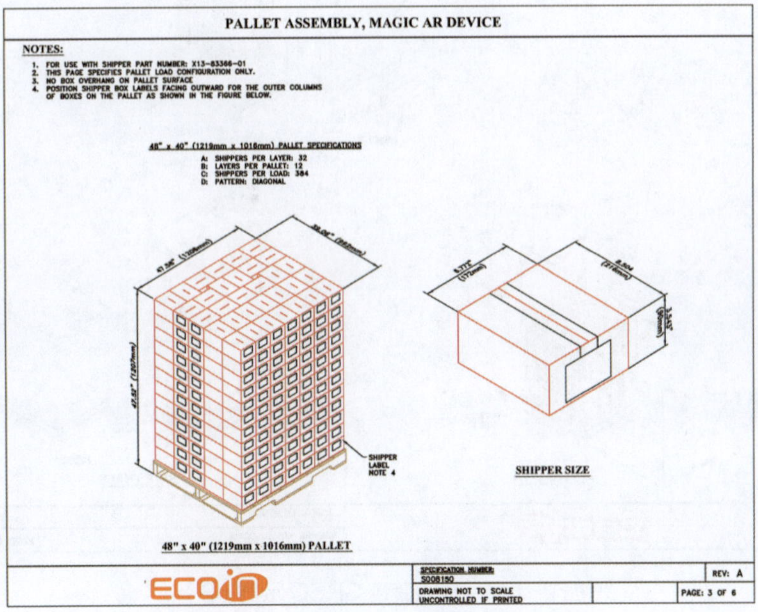
PALLET ASSEMBLY, MAGIC AR DEVICE

NOTES:

1. FOR USE WITH SHIPPER PART NUMBER: X13-83366-01
2. THIS PAGE SPECIFIES PALLET LOAD CONFIGURATION ONLY.
3. NO BOX OVERHANG ON PALLET SURFACE
4. POSITION SHIPPER BOX LABELS FACING OUTWARD FOR THE OUTER COLUMNS OF BOXES ON THE PALLET AS SHOWN IN THE FIGURE BELOW.

48" x 40" (1219mm x 1016mm) PALLET SPECIFICATIONS

A: SHIPPERS PER LAYER: 32
B: LAYERS PER PALLET: 12
C: SHIPPERS PER LOAD: 384
D: PATTERN: DIAGONAL

SPECIFICATION NUMBER: S008150 | REV: A
DRAWING NOT TO SCALE UNCONTROLLED IF PRINTED | PAGE: 3 OF 6

图 2-125 托盘装运 SPEC 示例（1）

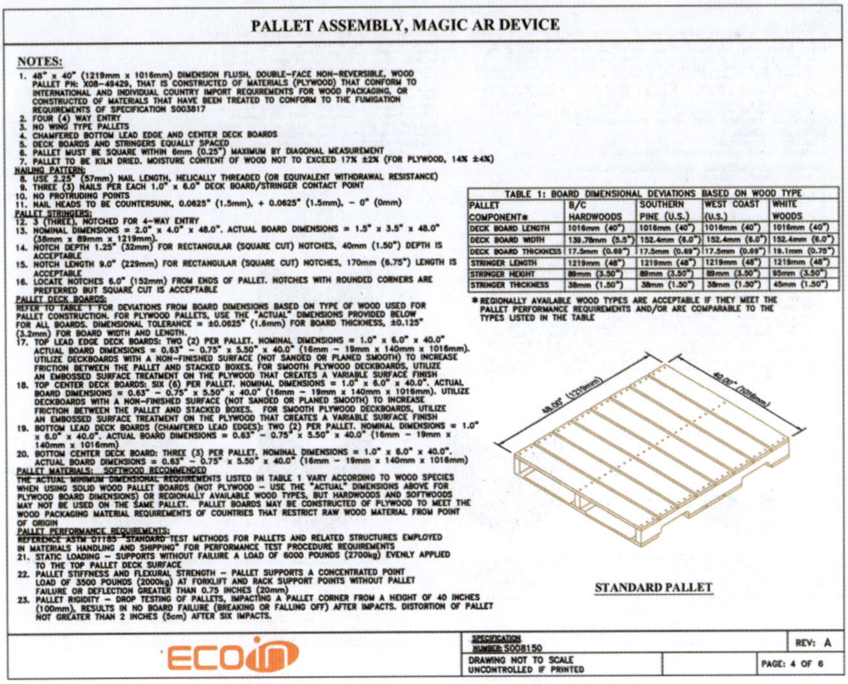
PALLET ASSEMBLY, MAGIC AR DEVICE

NOTES:

1. 48" x 40" (1219mm x 1016mm) DIMENSION FLUSH, DOUBLE-FACE NON-REVERSIBLE, WOOD PALLET PN: X08-49429, THAT IS CONSTRUCTED OF MATERIALS (PLYWOOD) THAT CONFORM TO INTERNATIONAL AND INDIVIDUAL COUNTRY IMPORT REQUIREMENTS FOR WOOD PACKAGING, OR CONSTRUCTED OF MATERIALS THAT HAVE BEEN TREATED TO CONFORM TO THE FUMIGATION REQUIREMENTS OF SPECIFICATION S003817
2. FOUR (4) WAY ENTRY
3. NO WING TYPE PALLETS
4. CHAMFERED BOTTOM LEAD EDGE AND CENTER DECK BOARDS
5. DECK BOARDS AND STRINGERS EQUALLY SPACED
6. PALLET MUST BE SQUARE WITHIN 6mm (0.25") MAXIMUM BY DIAGONAL MEASUREMENT
7. PALLET TO BE KILN DRIED. MOISTURE CONTENT OF WOOD NOT TO EXCEED 17% ±2% (FOR PLYWOOD, 14% ±4%)

NAILING PATTERN:

8. USE 2.25" (57mm) NAIL LENGTH, HELICALLY THREADED (OR EQUIVALENT WITHDRAWAL RESISTANCE)
9. THREE (3) NAILS PER EACH 1.0" x 6.0" DECK BOARD/STRINGER CONTACT POINT
10. NO PROTRUDING POINTS
11. NAIL HEADS TO BE COUNTERSUNK, 0.0625" (1.5mm), + 0.0625" (1.5mm), − 0" (0mm)

PALLET STRINGERS:

12. 3 (THREE), NOTCHED FOR 4-WAY ENTRY
13. NOMINAL DIMENSIONS = 2.0" x 4.0" x 48.0". ACTUAL BOARD DIMENSIONS = 1.5" x 3.5" x 48.0" (38mm x 89mm x 1219mm).
14. NOTCH DEPTH 1.25" (32mm) FOR RECTANGULAR (SQUARE CUT) NOTCHES, 40mm (1.50") DEPTH IS ACCEPTABLE
15. NOTCH LENGTH 9.0" (229mm) FOR RECTANGULAR (SQUARE CUT) NOTCHES, 170mm (6.75") LENGTH IS ACCEPTABLE
16. LOCATE NOTCHES 6.0" (152mm) FROM ENDS OF PALLET. NOTCHES WITH ROUNDED CORNERS ARE PREFERRED BUT SQUARE CUT IS ACCEPTABLE

PALLET DECK BOARDS:

REFER TO TABLE 1 FOR DEVIATIONS FROM BOARD DIMENSIONS BASED ON TYPE OF WOOD USED FOR PALLET CONSTRUCTION. FOR PLYWOOD PALLETS, USE THE "ACTUAL" DIMENSIONS PROVIDED BELOW FOR ALL BOARDS. DIMENSIONAL TOLERANCE = ±0.0625" (1.6mm) FOR BOARD THICKNESS, ±0.125" (3.2mm) FOR BOARD WIDTH AND LENGTH.

17. TOP LEAD EDGE DECK BOARDS: TWO (2) PER PALLET. NOMINAL DIMENSIONS = 1.0" x 6.0" x 40.0" ACTUAL BOARD DIMENSIONS = 0.63" − 0.75" x 5.50" x 40.0" (16mm − 19mm x 140mm x 1016mm). UTILIZE DECKBOARDS WITH A NON-FINISHED SURFACE (NOT SANDED OR PLANED SMOOTH) TO INCREASE FRICTION BETWEEN THE PALLET AND STACKED BOXES. FOR SMOOTH PLYWOOD DECKBOARDS, UTILIZE AN EMBOSSED SURFACE TREATMENT ON THE PLYWOOD THAT CREATES A VARIABLE SURFACE FINISH
18. TOP CENTER DECK BOARDS: SIX (6) PER PALLET. NOMINAL DIMENSIONS = 1.0" x 6.0" x 40.0". ACTUAL BOARD DIMENSIONS = 0.63" − 0.75" x 5.50" x 40.0" (16mm − 19mm x 140mm x 1016mm). UTILIZE DECKBOARDS WITH A NON-FINISHED SURFACE (NOT SANDED OR PLANED SMOOTH) TO INCREASE FRICTION BETWEEN THE PALLET AND STACKED BOXES. FOR SMOOTH PLYWOOD DECKBOARDS, UTILIZE AN EMBOSSED SURFACE TREATMENT ON THE PLYWOOD THAT CREATES A VARIABLE SURFACE FINISH
19. BOTTOM LEAD DECK BOARDS (CHAMFERED LEAD EDGES): TWO (2) PER PALLET. NOMINAL DIMENSIONS = 1.0" x 6.0" x 40.0". ACTUAL BOARD DIMENSIONS = 0.63" − 0.75" x 5.50" x 40.0" (16mm − 19mm x 140mm x 1016mm)
20. BOTTOM CENTER DECK BOARD: THREE (3) PER PALLET. NOMINAL DIMENSIONS = 1.0" x 6.0" x 40.0". ACTUAL BOARD DIMENSIONS = 0.63" − 0.75" x 5.50" x 40.0" (16mm − 19mm x 140mm x 1016mm)

PALLET MATERIALS: SOFTWOOD RECOMMENDED

THE ACTUAL MINIMUM DIMENSIONAL REQUIREMENTS LISTED IN TABLE 1 VARY ACCORDING TO WOOD SPECIES WHEN USING SOLID WOOD PALLET BOARDS (NOT PLYWOOD − USE THE "ACTUAL" DIMENSIONS ABOVE FOR PLYWOOD BOARD DIMENSIONS) OR REGIONALLY AVAILABLE WOOD TYPES, BUT HARDWOODS AND SOFTWOODS MAY NOT BE USED ON THE SAME PALLET. PALLET BOARDS MAY BE CONSTRUCTED OF PLYWOOD TO MEET THE WOOD PACKAGING MATERIAL REQUIREMENTS OF COUNTRIES THAT RESTRICT RAW WOOD MATERIAL FROM POINT OF ORIGIN

PALLET PERFORMANCE REQUIREMENTS:

REFERENCE ASTM D1185 "STANDARD TEST METHODS FOR PALLETS AND RELATED STRUCTURES EMPLOYED IN MATERIALS HANDLING AND SHIPPING" FOR PERFORMANCE TEST PROCEDURE REQUIREMENTS

21. STATIC LOADING − SUPPORTS WITHOUT FAILURE A LOAD OF 6000 POUNDS (2700kg) EVENLY APPLIED TO THE TOP PALLET DECK SURFACE
22. PALLET STIFFNESS AND FLEXURAL STRENGTH − PALLET SUPPORTS A CONCENTRATED POINT LOAD OF 3500 POUNDS (2000kg) AT FORKLIFT AND RACK SUPPORT POINTS WITHOUT PALLET FAILURE OR DEFLECTION GREATER THAN 0.75 INCHES (20mm)
23. PALLET RIGIDITY − DROP TESTING OF PALLETS, IMPACTING A PALLET CORNER FROM A HEIGHT OF 40 INCHES (100mm), RESULTS IN NO BOARD FAILURE (BREAKING OR FALLING OFF) AFTER IMPACTS. DISTORTION OF PALLET NOT GREATER THAN 2 INCHES (5cm) AFTER SIX IMPACTS.

TABLE 1: BOARD DIMENSIONAL DEVIATIONS BASED ON WOOD TYPE

PALLET COMPONENT*	B/C HARDWOODS	SOUTHERN PINE (U.S.)	WEST COAST (U.S.)	WHITE WOODS
DECK BOARD LENGTH	1016mm (40")	1016mm (40")	1016mm (40")	1016mm (40")
DECK BOARD WIDTH	139.78mm (5.5")	152.4mm (6.0")	152.4mm (6.0")	152.4mm (6.0")
DECK BOARD THICKNESS	17.5mm (0.69")	17.5mm (0.69")	17.5mm (0.69")	19.1mm (0.75")
STRINGER LENGTH	1219mm (48")	1219mm (48")	1219mm (48")	1219mm (48")
STRINGER HEIGHT	89mm (3.50")	89mm (3.50")	89mm (3.50")	95mm (3.50")
STRINGER THICKNESS	38mm (1.50")	38mm (1.50")	38mm (1.50")	45mm (1.50")

* REGIONALLY AVAILABLE WOOD TYPES ARE ACCEPTABLE IF THEY MEET THE PALLET PERFORMANCE REQUIREMENTS AND/OR ARE COMPARABLE TO THE TYPES LISTED IN THE TABLE

SPECIFICATION NUMBER: S008150 | REV: A
DRAWING NOT TO SCALE UNCONTROLLED IF PRINTED | PAGE: 4 OF 6

图 2-126 托盘装运 SPEC 示例（2）

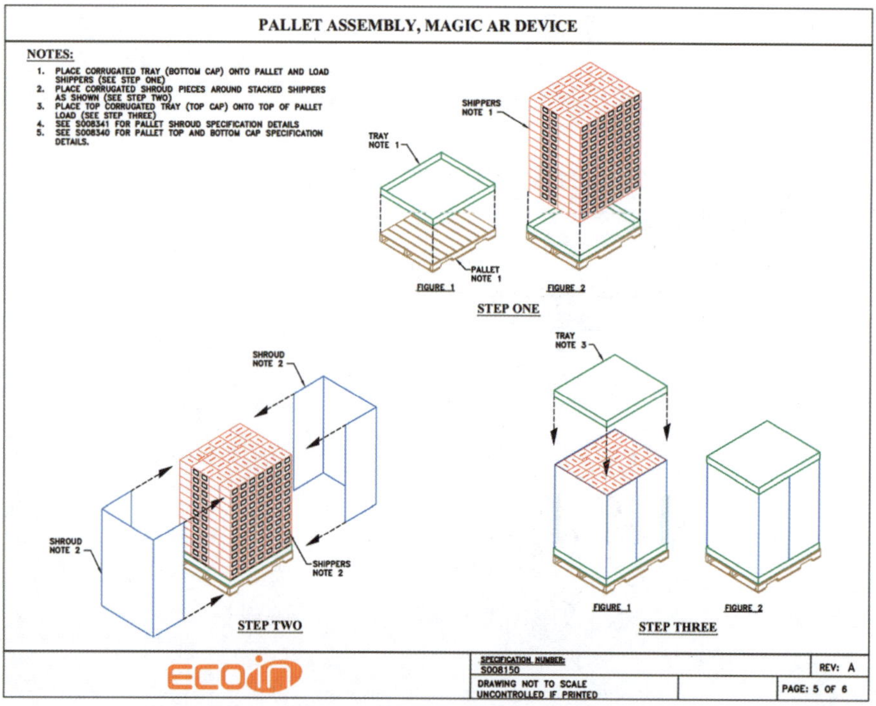

图 2-127　托盘装运 SPEC 示例（3）

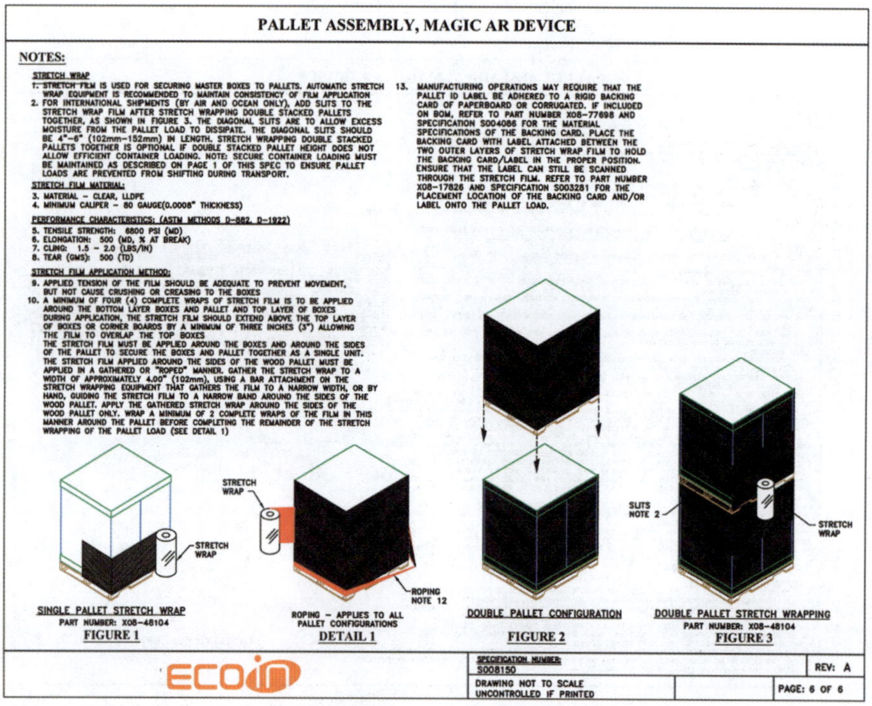

图 2-128　托盘装运 SPEC 示例（4）

关于托盘、集装箱运输的简短科普：

20 世纪 60 年代航运业开始采用货柜（集装箱）运输，专门运输集装箱的船舶称为集装箱船。在此之前运输散装货物一般使用散货船，散装货物的装卸、搬运效率非常低，因野蛮装卸造成的货损率亦高；而集装箱便于叉车、吊车机械化装卸、搬运，有利于缩短装卸、搬运时间，显著降低物流成本，可以说，集装箱的出现是物流领域的一场革命。

如何节省海运费用：

通常，每件产品的单位运输成本可能是其包装成本（COGS）的 3～4 倍。在 2020 年新冠疫情期间，海运费用涨得更是“离谱”，不过随着新冠疫情告一段落，海运费用又回落到正常水平，在本书出版前后这段时间，从中国深圳盐田港到美国西海岸的洛杉矶港或长滩，单个货柜的海运费用在 3500 ~ 5000 美元之间。

例如，一个 20 英尺集装箱（即集装箱外尺寸的最长边为 20 英尺，余同），容积是 $33m^3$，一般装 $25m^3$ 的货物，空间利用率约为 76%; 一个 40 英尺集装箱，容积是 $67m^3$，一般装 $55m^3$ 的货物，空间利用率约为 82%，如表 2-10 所示。如果能提高集装箱的空间利用率到 90% ~ 95%，海运费用的节省还是比较可观的。

表 2-10 空间利用率对比

集装箱类型	容积	一般装货量	空间利用率
20 英尺	$33m^3$	$25m^3$	76%
40 英尺	$67m^3$	$55m^3$	82%

包装团队和物流部门可以一起合作，设计合适的包装尺寸和选择合适的包装材料来提高集装箱的空间利用率，通过了解运输路线，精心规划运输过程，对集装箱尺寸→纸箱堆码→纸箱尺寸→产品尺寸→集装箱尺寸这样一个闭环做到最合理利用，从而降低运输成本。

大多数货物的箱型有多种，当某种货物的包装方式确定了，其包装箱的体积也会大致确定，因此，其最佳箱型一般是能够确定的。例如，某公司进行了瓦楞纸箱箱型改进后，使集装箱的空间利用率达到 90%～96%，每个集装箱可节约海运费用 100 美元以上，该公司因此项改进全年节约海运费用约 4.5 万美元。

对于散货装箱，为了避免在开启集装箱的时候货物砸到人，应尽量采取宽度较短的边与货柜短边平行的放置方式，顶部可以横躺放置（见图 2-129）。

对于有装托盘要求的货物（见图 2-130），设计包装时要考虑托盘的尺寸，尽量使托盘平面和空间的利用率提高，一般以 90%以上为佳。

图 2-129　散货装箱方式

图 2-130　有装托盘要求的货物

采用托盘运输有两种方式，一种是整托，另一种是拼托。一般来说整托的方式能有效地保护包装箱，避免其在运输过程中因颠簸而受损。

对于同一托盘来说，堆码方式对于长时间运输的瓦楞纸箱的强度会造成非常大的影响。交错堆码可以减少纸箱因压力而产生的破坏，稳定性好于重叠堆码，但是堆码层数不能太高。如果担心底部瓦楞纸箱的强度不够，还是建议用重叠堆码。如果担心堆码不齐，可以使用薄膜缠绕。

实际操作时，我们可以按照集装箱的不同规格，编制不同的标准箱规格，并且将平时遇到的各种利用率高、装载比较成功的箱体规格记录在数据库里，供以后测量、确定箱体尺寸时参考。另外，应尽量采用标准箱或利用率高的箱型，以提高设计速度。

2.6 Step 6 包装材料先行——为小批量试产护航

2.6.1 小批量试产前的包装准备工作

顾名思义，小批量试产（Production Validation，又称 PV Build）在量产前进行。

包装 BOM 内所有包装材料的 SPEC 正式发布之后，包装工程师就可以通知包装供应商下载文件，安排打样。

如果包装材料由品牌商自行采购并直接付款给包装供应商，并为 ODM 生产商指定交货地点，那么包装工程师审查样品并确认其合格后，在三套样品的验收单上签字，一套返还包装供应商，一套发给 ODM 生产商，作为验货参考标准。

如果品牌商的产品由 ODM 生产商（以下简称 T1，即一级供应商）制造，相应的包装供应商（以下简称 T2，即二级供应商）由品牌商指定，包装材料的费用由 T1 支付给 T2，则包装样品的审核过程会相对更加烦琐一些：

（1）T2 将三套样品及环境验证合规性文档送给 T1。

（2）T1 根据品牌商的包装材料 SPEC 和质量工艺标准在三套样品的验收单上签字。

（3）T1 留存一套样品，同时将一套样品返给 T2 存档，再将以下部分发送给品牌商：

① 一套带有 T1 和 T2 签名和日期的包装样品。

② 一份由 T2 提供的环境验证合规性文档。

③ 带有 T1 签名的首样检查列表（First Article Inspection Packaging Component Checklist）（参考样例见图 2-131）。

（4）品牌商包装工程师收到上述样品和文件后，如果样品符合包装 SPEC，同时相关内容和参数由 PMM 和相关工程师确认无误，那么就可通过邮件等形式回复（样品通过或未通过审核）。如果样品通过审核，三方手上的样品作为共同的标准样存档，供参考；如果未通过审核，需要再重复上述过程。

（5）收到品牌商包装工程师的通过审核答复后，T1 通知 T2 进行大货生产，为了管控大货的质量，包装工程师或印刷看色人员需要到印刷车间看色，确认印刷和印后工艺处理，并签署样版（Golden Sample）作为合格品参照基准。

一般包装厂的生产期为两周左右（加急情况下，3～5 天也可完成，但不提倡，因为加急情况下很容易出质量问题），最终交货地可能是品牌商仓库，也可能是 OEM/ODM 工厂。

包装工程师还需要制定相应的质量检查标准，并将其发至 OEM/ODM 供应商，以便其质检人员在验货入库时参考执行。

COMPONENT TYPE:					
	☐ Retail box/carton	☐ Inner Corrugated box	☐ Insert	☐ Blister/Clamshell	☐ CD
	☐ Shipper	☐ Retail Label	☐ Shipper Label	☐ Manual	☐ Other

Inspector:	Part Number/Specification Number:	Quantity:	SKU Number:
Part Description: Tier 1/Tier 2 Supplier:			

Inspection Attributes	Acceptance Criteria (meets specification)							
	Tier 1			Microsoft Approval			Discrepancy	Owner
Part/Spec Number (correct)	☐ Yes	☐ No	☐ Condition	☐ Yes	☐ No	☐ Condition		
Material	☐ Yes	☐ No	☐ Condition	☐ Yes	☐ No	☐ Condition		
Dimensions (inside, outside, and critical)	☐ Yes	☐ No	☐ Condition	☐ Yes	☐ No	☐ Condition		
Board Thickness/grade/fluting	☐ Yes	☐ No	☐ Condition	☐ Yes	☐ No	☐ Condition		
Corrugation direction	☐ Yes	☐ No	☐ Condition	☐ Yes	☐ No	☐ Condition		
Scoring/Perforation	☐ Yes	☐ No	☐ Condition	☐ Yes	☐ No	☐ Condition		
Embossing	☐ Yes	☐ No	☐ Condition	☐ Yes	☐ No	☐ Condition		
Die cutting Quality	☐ Yes	☐ No	☐ Condition	☐ Yes	☐ No	☐ Condition		
Gluing and glue joint performance	☐ Yes	☐ No	☐ Condition	☐ Yes	☐ No	☐ Condition		
Shipper print information	☐ Yes	☐ No	☐ Condition	☐ Yes	☐ No	☐ Condition		
Plastics : clarity	☐ Yes	☐ No	☐ Condition	☐ Yes	☐ No	☐ Condition		
Coating (UV, Aqueous)	☐ Yes	☐ No	☐ Condition	☐ Yes	☐ No	☐ Condition		
Litho Laminate Quality	☐ Yes	☐ No	☐ Condition	☐ Yes	☐ No	☐ Condition		
Manual Material and Binding	☐ Yes	☐ No	☐ Condition	☐ Yes	☐ No	☐ Condition		
CD Verification	☐ Yes	☐ No	☐ Condition	☐ Yes	☐ No	☐ Condition		
Overall Component Physical Condition/Contamination (i.e. dirt, scuffing, hickey, etc...)	☐ Yes	☐ No	☐ Condition	☐ Yes	☐ No	☐ Condition		
Other:	☐ Yes	☐ No	☐ Condition	☐ Yes	☐ No	☐ Condition		
	☐ Yes	☐ No	☐ Condition	☐ Yes	☐ No	☐ Condition		
	☐ Yes	☐ No	☐ Condition	☐ Yes	☐ No	☐ Condition		

Inspection Results :	☐ Accepted	☐ Accepted w/ Discrepancies	☐ Rejected

Function :	Name :	Signature/Date :
Tier 1		
ECOIN Structural Packaging Program Manager		

图 2-131　首样检查列表

2.6.2　到工厂生产线参加 PV Build（小批量试产，简称试产）

通常一款消费类电子产品的 PV Build 需要包装工程师和 NPI PM（新项目导入项目经理）一起参加，要求生产线将每个 SKU 实际装配 100 套以上。

在试产现场，包装工程师需要检查的有以下几点：

- PV Build 所用的包装材料是否与 BOM 和 SPEC 一致。
- 条形码是否有效。
- 生产线实际装配过程与组装指南 SPEC 是否一致。
- 随机抽查某些包装好的产品的包装部件，看其质量是否合格。

原则上，在这个阶段，包装材料不能再有任何变动，但若试产过程中出现问题，需要及时整改；如果 PV Build 进行顺利，就可以开始大货生产。T1 对包装完好的产品（Fully Packaged Products，FPP）进行抽查，并将结果拍照发送给包装工程师进行照片审核（Photo Audit），再次确保出货包装没有任何问题，然后，包装好的产品被装箱并放到货柜车上，再被运到机场或码头，通过航空公司的货机或远洋货轮送到全球各地的零售商仓库。

2.6.3 撰写 PV Build 报告

PV Build 报告（又称 Packaging Qualification Review Documentation）样例如图 2-132 所示。

COMPONENTS REVIEWED:	☐ Retail box/carton	☐ Inner Corrugated box	☐ Insert	☐ Blister/Clamshell	☐ CD
	☐ Shipper	☐ Retail Label	☐ Shipper Label	☐ Manual	☐ Assembly

Inspector:	T1 Supplier (Location) and Representative:	Date:	Program:
Component Summary:			
BOM Review Summary:			

Product SKU List:	Product Legal Name	Quantity	Build and review complete	
			☐ Yes	☐ No
			☐ Yes	☐ No
			☐ Yes	☐ No
			☐ Yes	☐ No
			☐ Yes	☐ No
			☐ Yes	☐ No
			☐ Yes	☐ No
			☐ Yes	☐ No
			☐ Yes	☐ No

Assembly Labor Review :	

Summary of Build:	

Action Items :	

SIGN OFF by TEAM MEMBERS:		
Function :	Name :	Signature/Date :
T1 Program Manager		
T1 Quality		
Structural Packaging Program Manager		

图 2-132　PV Build 报告样例

2.7 Step 7 产品上市后的包装迭代（Packaging Iteration）

产品上市后，可能会遇上不可抗力（如出现大规模疫情），可能会遇上市场形势变化，此时，产品本身及其包装都需要做出相应变化，可能需要节省成本，也可能需要优化包装，还有可能需要引入新的供应商等，有的产品本身就需要定期更新包装（如日化或食品饮料的包装，可能每 6 个月到 1 年就需要更新一次）。

下面举例说明。

2.7.1 产品上市后需要节省包装成本（Cost Saving）

例 1 消费类电子产品

某 PC 周边设备供应商的产品主要包括鼠标、键盘、互动式游戏机及音像产品，其主要生产地点在亚洲，产品需要配送到全球 100 多个国家。

作为产品的一部分，美轮美奂的包装对该公司的产品非常重要。外观亮眼的包装可以吸引消费者注意力，如果与零售商的展示区风格相配，就更有可能带来较高的销售额，但该公司的产品在托盘和集装箱里的空间利用率却不高。该公司的物流成本，因为燃料、高速公路通行、人力物力等费用的上涨，以及第三方物流（3PL）的服务费用，也在以每年 20%的速度在增长，如果要降低物流成本，就需要在包装尺寸和形状上进行调整，但这并不容易，因为包装设计由营销部门负责，物流由供应链团队负责，完成上述任务需要多部门协作；而且，如果在量产后改进包装，也需要将现有库存全部更换为新版包装，否则零售商可能会将使用新包装的产品视为全新的产品，这可能会产生更高的调整费用，并且会影响销售额，所以，最好的办法是从设计初始就考虑合适的包装。

经过供应链团队和营销部门的通力合作，包装团队对包装进行了优化，例如，在包装尺寸和形状上稍加调整，就能够使单位托盘所装载的产品数量增加 200～250 个，从而大大降低了物流成本。

该公司另一款电子产品主要在亚马逊平台零售，采用散货装柜的方式从盐田港出货，通过将零售包装的长宽高各缩短 1 英寸，带来了每年 120 万美元的运费节省。这其中包括

60 万美元的海运货柜费用节省（Ocean Container Saving）（见图 2-133）及 60 万美元的美国本土小件包裹 FBA 费用节省。

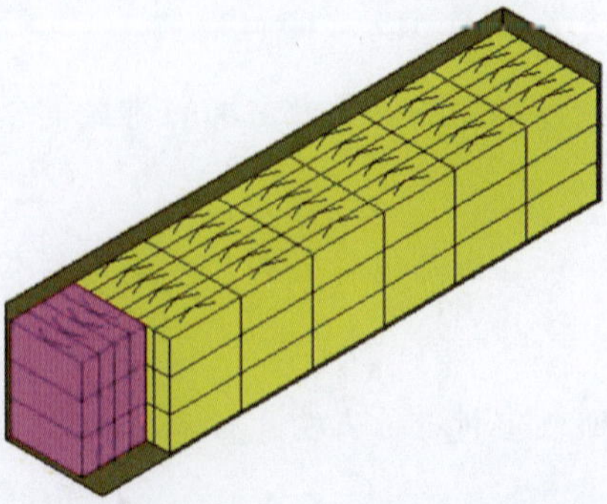

图 2-133　通过改变包装设计提高集装箱空间利用率

新冠疫情期间，由于海运费用的暴涨，某个品牌商将电子烟产品的零售包装全部去掉，改为 Bulk Packaging（批量包装），大大减少了平摊到每件产品上的运输成本。

例 2　零售行业

在某些情况下，可以通过改良的印刷工艺降低包装的成本，例如，超市的水果箱由四色印刷改为简单的单色印刷；通过亚马逊电商平台销售的 SIOC 形式的产品，其包装也可以改用单色印刷，可以节省 5%～10%的包装成本。

例 3　饮料行业

饮料行业的成本上涨主要集中在原材料、包装材料、运输费用，以及产销环节人员费用等的提高，有时，包装材料相关费用可占饮料直接成本的 60%以上。

可口可乐、雀巢、日本大冢等重新设计了矿泉水或非碳酸饮料的 PET 瓶的瓶身和瓶盖，使其更轻、更易于回收，同时减小了标签尺寸，从而最大化地减少塑料使用量（7%～30%不等），并且节省了运输成本。

以铝为材料的易拉罐相对于 PET 瓶、玻璃瓶价格更高，其所占产品生产成本的份额更大。可口可乐中国区将易拉罐的容量减少 25 毫升，采用国际已普遍使用的环保型保留环盖。这种环盖在被打开后不会脱离罐体，这样就提高了铝材的重复使用率。采用环保型保留环盖后，可口可乐中国区每年可节省超过 1200 吨铝材。此外，容量减少 25 毫升的举措也带来了 7%的饮料成本节省。

例 4 化妆品行业

某国内化妆品公司每年都会对本公司已经上市的重点产品的包装进行降低成本的可行性分析，主要从以下三方面入手：

一是改进包装外观设计，即在满足消费者需求的前提下舍弃一些不必要的设计内容以降低包装成本。

二是重新考虑包装形式，即在满足消费者需求、生产要求和流通要求的前提下改进包装形式以有效降低成本。

三是与合作的供应商沟通或重新进行采购竞标来有效降低包装采购成本。

例 5 食品行业

一些生产商从包装容器着手来降低成本。各种品牌的薯片、意大利面酱、巧克力都在缩小包装容器，减少产品份量，但大多数情况下产品价格却维持不变。

例 6 其他 CPG（Consumer Packaged Goods）产品

通过可以将等量物料压缩到更小空间中的前沿技术，联合利华将除臭喷雾器变小，但里面的除臭剂的量不变，零售价也不变。

需要提醒的是，如果一味追求降低包装成本而导致了更高的货损率，反而会得不偿失。对于某些货值高的产品，如果使用较多的包装可以显著降低货损率，也是有经济意义的。

希望以上降低包装成本的案例可以给您一些启发，在贵司的 MR 眼镜产品上市后，可以开源节流，除降低包装成本、提高供应链的运作效率外，也要注重开发更适合市场的新品，培育重点用户群。

例 7 如何优化电商包装设计和节约成本

假设您所在的公司正在研发的 MR 眼镜量产后，会通过线下零售商、线上电商平台、代理商等进行全渠道（Omni-channel）销售，而且关键在于，销售和市场团队一开始为了节省包装设计预算，决定多渠道共用同一款包装，但一年后发现该商品在亚马逊等电商平台的销量占比最高（第 1 年销量在 50 万台左右），而且还有逐年增长的趋势，同时 FBA 费用也是一笔不小的成本支出，所以公司希望您来继续负责这款 MR 眼镜包装的优化和成本削减工作，那么您打算从何做起呢？

首先，您要明白，对于多渠道销售场景，优化包装时要做出平衡和取舍。如果电商平台对销量贡献突出，您的包装策略要向电商平台倾斜。

其次，要搞清楚电商包装的成本出自哪里。一般来说电商包装的成本主要来自三方面：

（1）包装盒（袋）本身的制造成本。

（2）海运费用（如从深圳盐田港到美国洛杉矶港的集装箱费用等）。

（3）亚马逊平台的 FBA 收费（不同尺寸、质量区间的亚马逊 FBA 收费见表 2-11、表 2-12）。

表 2-11　亚马逊 FBA 收费的尺寸区间示例

商品尺寸分段	单件质量*	最长边	次长边	最短边
小号标准尺寸	16 盎司	15 英寸	12 英寸	0.75 英寸
大号标准尺寸	20 盎司	18 英寸	14 英寸	8 英寸
小号大件	70 盎司	60 英寸	30 英寸	不适用
中号大件	150 盎司	108 英寸	不适用	不适用
大号大件	150 盎司	108 英寸	不适用	不适用
特殊大件	超过 150 磅	超过 108 英寸	不适用	不适用

表 2-12　亚马逊 FBA 收费的尺寸、质量区间示例

标准尺寸商品分段			
商品类型	尺寸分段	发货质量	配送费用
大多数商品（非危险品和非服装商品）	小号标准尺寸	不超过 4 盎司	$3.22
		4～8 盎司（不含 4 盎司）	$3.40
		8～12 盎司（不含 8 盎司）	$3.58
		12～16 盎司（不含 12 盎司）	$3.77
	大号标准尺寸	不超过 4 盎司	$3.86
		4～8 盎司（不含 4 盎司）	$4.08
		8～12 盎司（不含 8 盎司）	$4.24
		12～16 盎司（不含 12 盎司）	$4.75
		1～1.5 磅（不含 1 磅）	$5.40
		1.5～2 磅（不含 1.5 磅）	$5.69
		2～2.5 磅（不含 2 磅）	$6.10
		2.5～3 磅（不含 2.5 磅）	$6.39

更多关于亚马逊平台对单件商品包装尺寸、质量和收费的分类，请到亚马逊网站查询。

假设目前您所在的公司的 MR 眼镜包装外尺寸为 45cm×23cm×16cm，总质量（含商品和包装）为 2.3 磅，按照亚马逊 FBA 的阶梯式收费标准，可以落到大号标准尺寸，2～2.5 磅的收费区间，即每件商品的 FBA 收费为 6.10 美元。

如果您通过优化这款 MR 眼镜的包装结构设计方案，将包装的尺寸缩减为 42cm×21cm×14cm，总质量降为 2 磅，那么每件商品的 FBA 收费就可以降到 5.69 美元。按每年

通过亚马逊平台的销售量为50万台计，仅FBA费用一项就会为公司节省数十万美元的成本。如果再加上包装制造成本的削减和集装箱用量的减少，成本节约效果会更显著。

在经济大环境不好，科技企业巨头纷纷裁员的时候，作为包装工程师或结构设计师的您，如果能为公司节约成本做出这么大的贡献，那么您在职场上会更有竞争力和议价资本。

除去上述认证计划中对单件商品的零售包装的要求外，亚马逊对卖家发到其物流配送中心（FC）的批量商品的运输包装也有非常明确的结构、尺寸和重量等方面的要求，在此不再赘述，有需要的同学可以自行查阅亚马逊官网相关内容。

这些规定一方面是为了商品入库存储的统一管理，另一方面也是为了避免卖家出售一些违禁品，如果不遵守亚马逊物流的商品备货要求、安全要求和商品限制，可能会导致亚马逊物流配送中心拒收、弃置或退回您的库存商品，或被禁止以后继续向亚马逊物流配送中心发货，或被收取额外服务费用。

商品的种类和数量一直在动态变化，亚马逊对包装的要求和政策也在持续更新中，如果您正在负责通过亚马逊平台销售的商品的包装，就要格外留意。

2.7.2 产品上市后需要进行包装优化（Packaging Optimization）

大部分情况下，包装优化只是进行尺寸上的少量调整，属于小修小改的范畴，但有的时候，品牌商会对包装进行大刀阔斧的整改，这就相当于重新做一次设计。针对后一种情况，我们通过一款主要在亚马逊平台销售的电动牙刷的包装优化案例来手把手教您如何进行包装优化。

首先是准备工作。您需要研读亚马逊平台上跟该款电动牙刷的包装有关的用户点评、专业博主的点评，观看尽量多的开箱视频，如果有条件，还可以召集一个焦点小组进行访谈，或者借助AI生成工具寻找设计灵感等。准备工作事无巨细，每一项都有其意义。

其次，您需要快速做一些竞品分析（具体分析项参考Step 2中的竞品分析部分），如图2-134所示。

接下来，您需要提出2个设计概念并制作原型，并对原型进行制造成本、运输成本、用户体验、组装效率、外观印象、可持续环保性等方面的评审，如图2-135、图2-136、图2-137所示。

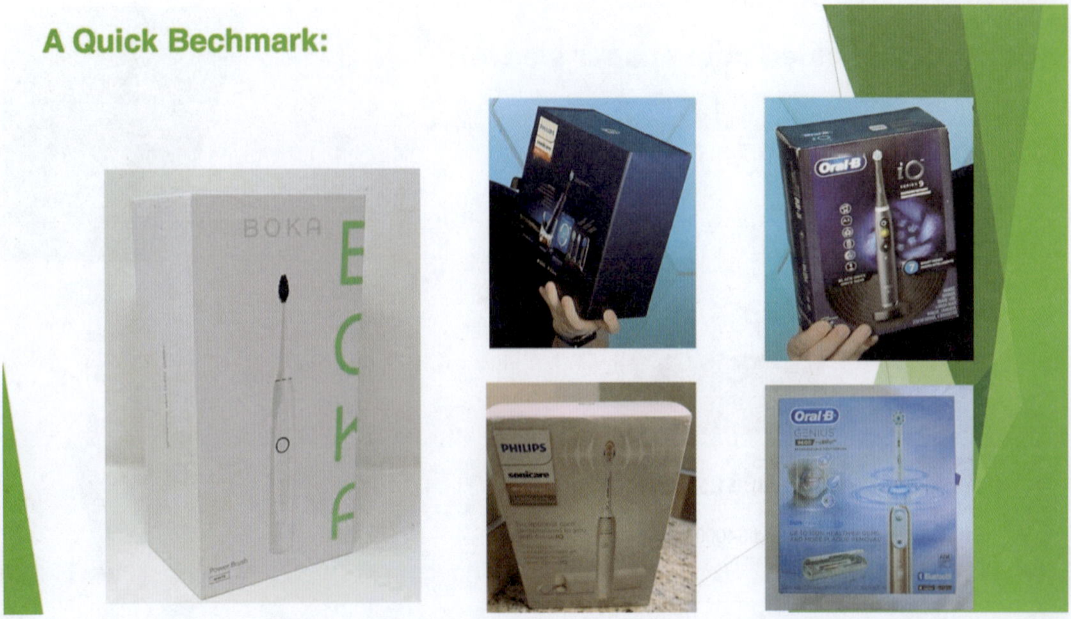

图 2-134　选择市面上的主流竞品进行竞品分析

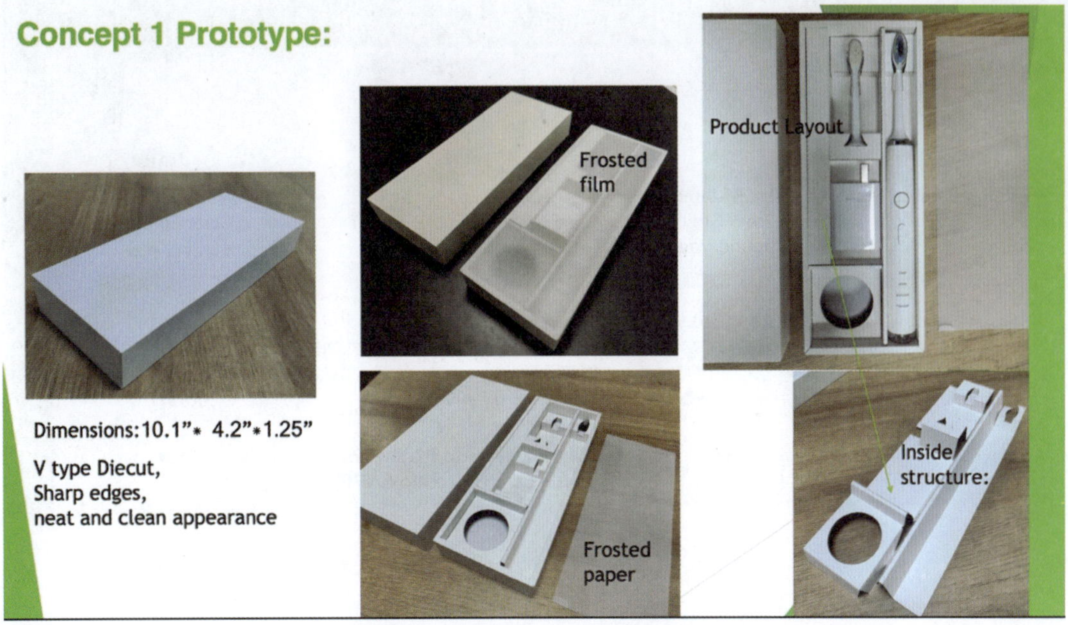

图 2-135　提出设计概念并制作原型（1）

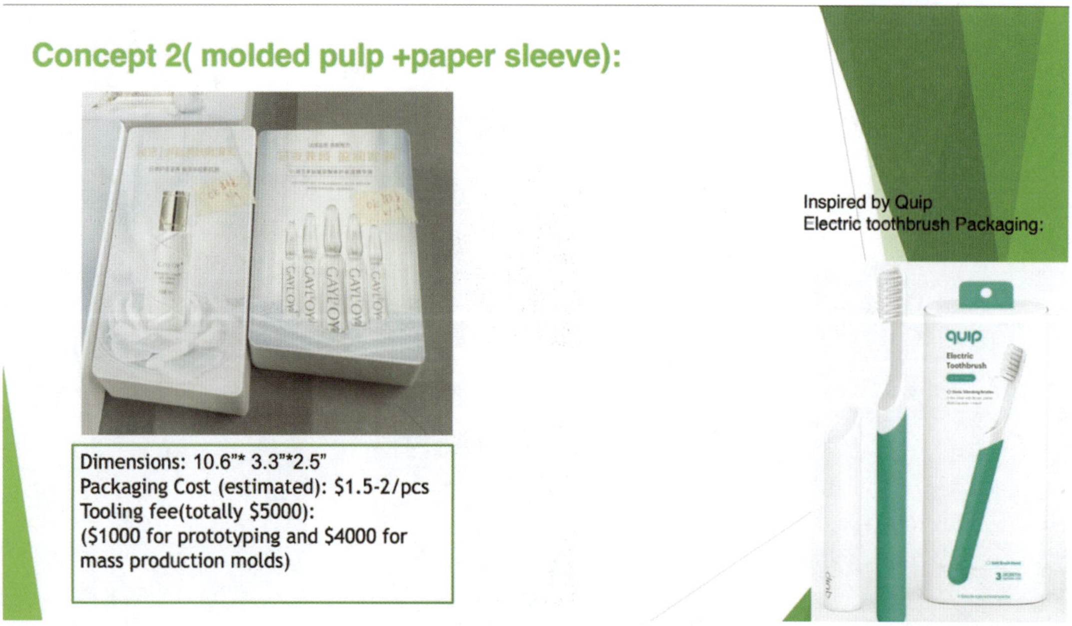

图 2-136　提出设计概念并制作原型（2）

Cost Comparison

items \ Options	Current Pkg	Concept 1	Concept2
Pictures			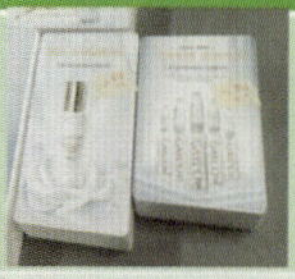
Main materials	250g SBS laminated on 2mm Grey board 2 round Magnets	300g SBS paper board F flute (White or Black) E flute (White)	Molded pulp+ Color Sleeve
Box Dimensions	8.6" x 3.5" x 3.5"	10.1" x 4.2" x 1.25"	10.2" x 3.3" x 2.5"
Box Weight	0.6 (=1.5-0.9) lbs	0.35 lbs	0.3lbs
Manufacturing cost	$1-1.4	$0.9-1.1	$1.5-2/pcs
Containers needed (SZ to LA)	1.0792	0.3899-0.4	0.6317
FBA fee	$5.4	$5.4 (if change to folding box FBA fee can reduced to &4.75)	$5.4

图 2-137　对原型进行评审

最后，选择一个设计优化方向，然后做包装测试并调整刀线图，再重新进行包装视觉设计，如图 2-138、图 2-239 所示。

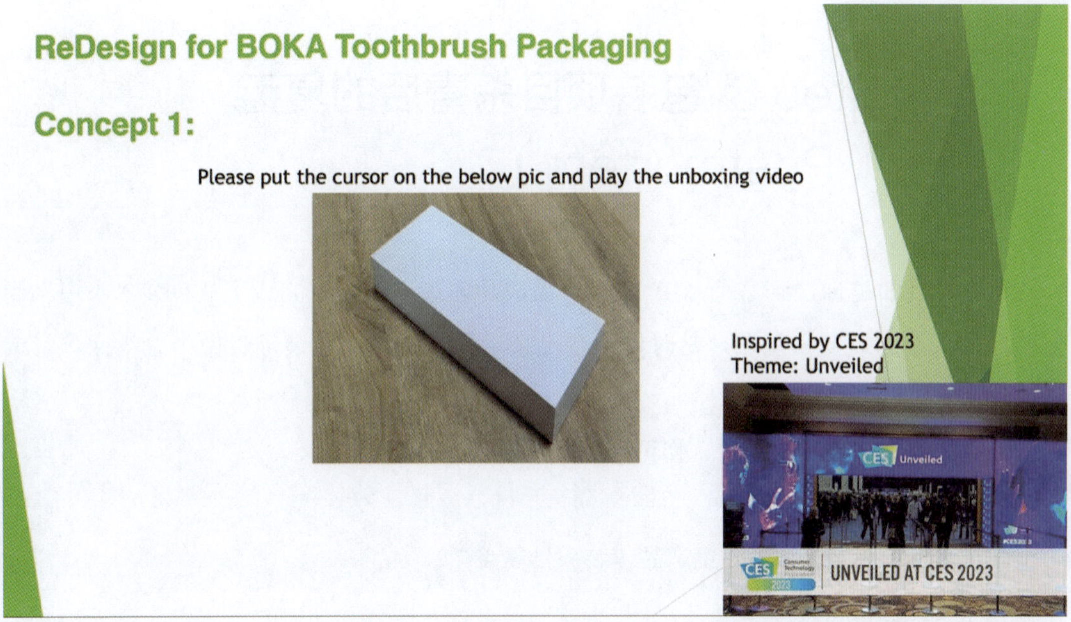

图 2-138　选择最终设计方案并优化

图 2-139　重新进行包装视觉设计

2.8 Step 8 包装项目杀青后的复盘（Postmortem）

从先导片的培训，到这个 MR 眼镜产品成功面市，恭喜您完成了从包装“小白”到包装专业人士的蜕变。现在，是时候给自己亲手操盘的这个包装项目做个总结回顾（或者叫复盘）啦！

复盘的内容和格式很简单，您可以按照下面这个套路来：

项目名称：×××MR 眼镜产品包装项目复盘

亮点（Highlights）：

- 整体的包装结构设计简单、特别。
- 精品包装盒的包装形式看起来高端、大气、上档次。
- 包装盒上的 LOGO 看起来很能吸引消费者注意力。

败笔（Lowlights）：

- 视觉设计用色太多，看起来很花哨。
- 包装盒内部没有足够的缓冲保护设计。

需要提高的地方（To Be Improved）：

- 采用局部 UV 或起凸的印后表面处理。
- 印刷用色不超过 2 色。
- 增加防伪设计，可采用特殊油墨、激光全息烫金或其他方式。
- 内部结构增加缓冲保护设计。

以下内容有助于梳理前面所学知识。

2.8.1 实战案例 1 消费类电子产品的包装结构设计开发过程

以一款游戏手柄的包装结构设计开发过程为例（见图 2-140）。

（1）基于设计要求、竞品分析、客户调查和设计要素，生成三款设计方案（见图 2-141）。

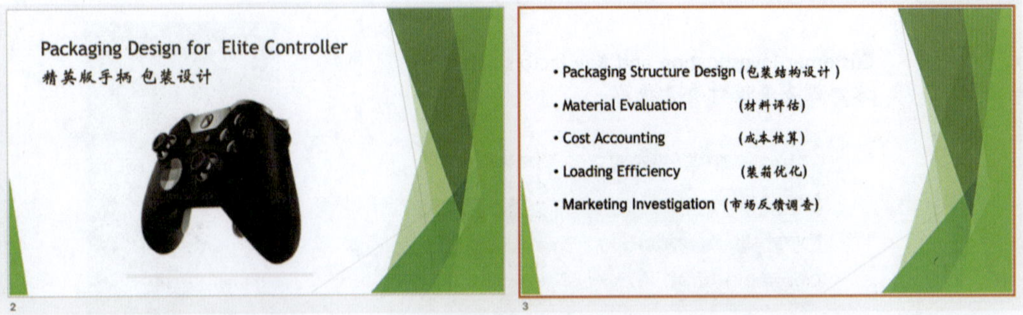

图 2-140 一款游戏手柄的包装结构设计开发过程

图 2-141 生成三款设计方案

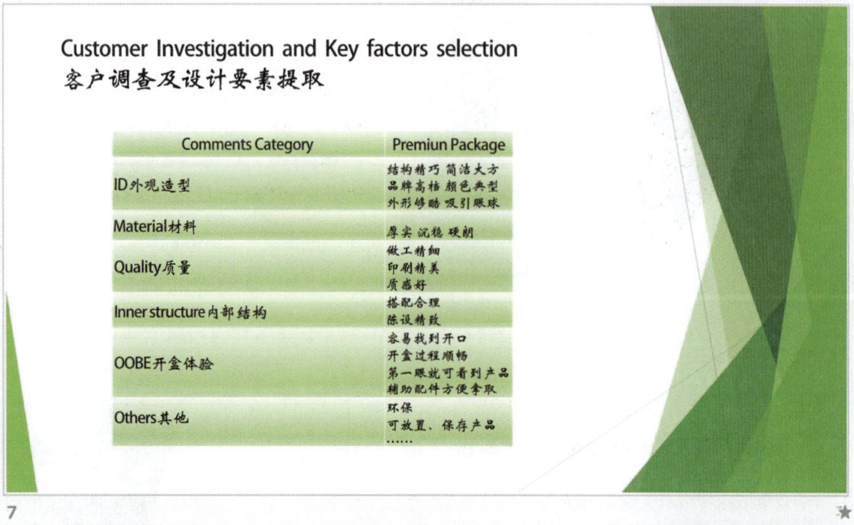

Comments Category	Premiun Package
ID外观造型	结构精巧 简洁大方 品牌高档 颜色典型 外形够酷 吸引眼球
Material材料	厚实 沉稳 硬朗
Quality质量	做工精细 印刷精美 质感好
Inner structure内部结构	搭配合理 陈设精致
OOBE开盒体验	容易找到开口 开盒过程顺畅 第一眼就可看到产品 辅助配件方便拿取
Others其他	环保 可放置、保存产品 ……

图 2-141　生成三款设计方案（续）

（2）从设计风格、生产可行性等方面评审设计方案，选出得分最高的方案（精品盒+纸浆模盘）并制作原型。制作原型的材料有多种选择，根据对产品的保护功能和盒子的质量等进行选择（见图 2-142）。

（3）进行成本核算、装箱计算并优化（见图 2-143）。

（4）选择最优的装箱方式（见图 2-144）。

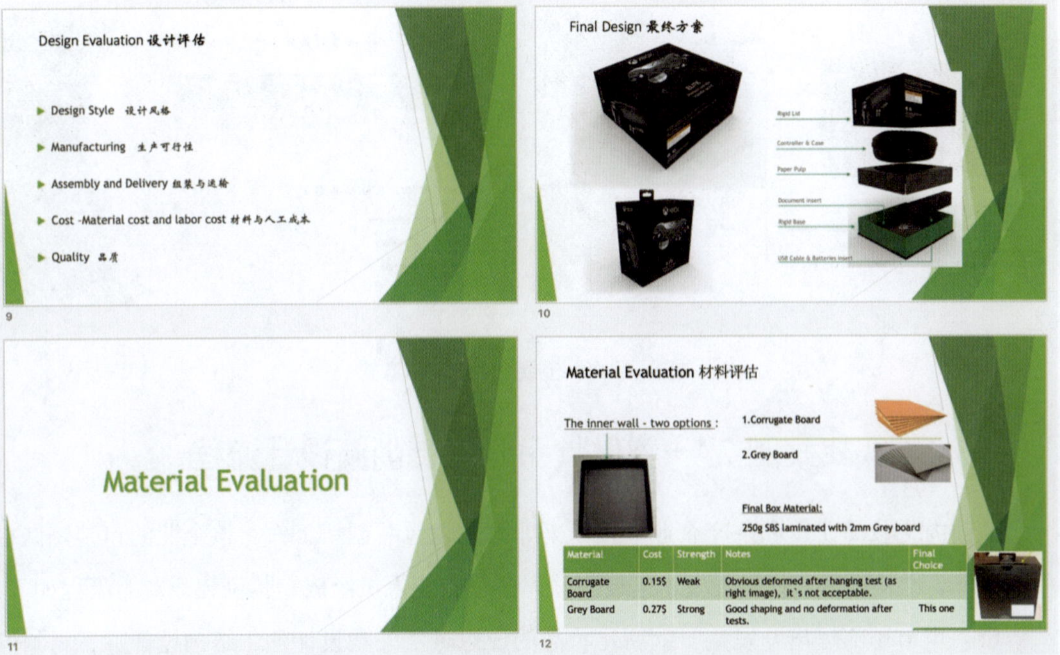

图 2-142　评审设计方案并制作原型

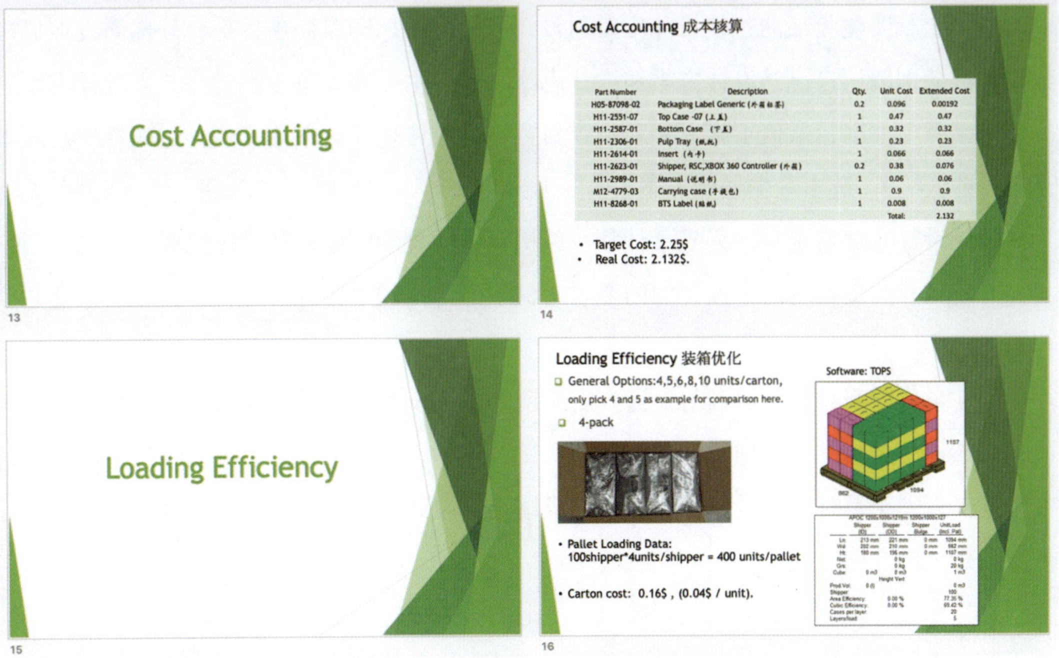

图 2-143　成本核算、装箱计算并优化

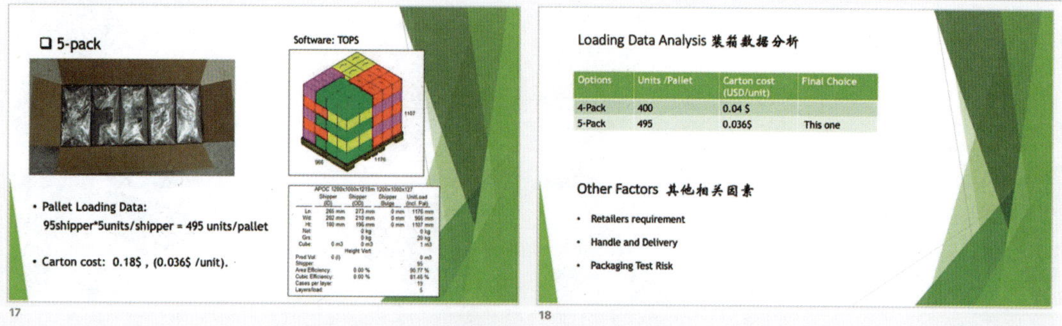

图 2-144　选择最优的装箱方式

2.8.2　实战案例 2　一款化妆品的包装创新设计流程

某国内化妆品研发和生产企业一直以来非常重视包装创新工作。该企业的包装团队由外观设计、结构设计、材料开发、包装测试评估等专业人员组成。其包装开发的流程如下：

（1）当市场部提出开发某一款新化妆品的设想时，外观设计师、结构设计师、材料开发工程师就会分别从产品的外观、结构，包装的材料、工艺选择，灌装工艺及成本等方面提出各自的方案，进行可行性分析。待可行性报告通过公司的专家组评审后，进入实质性开发阶段。

（2）这款新化妆品的包装设计方案由设计竞标产生，即首先由内部、外部的设计机构或设计师分别阐述自己的设计方案和设计思路，然后由专家评审小组对每一个设计方案进行评审（评审标准包括但不限于外观是否新颖、是否体现品牌形象、能否适应量产及成本是否足够低等），选出最佳设计方案。

（3）设计方案敲定后，外观设计师、结构设计师分别完成外观设计图和结构设计图，材料开发工程师根据这两个设计图的要求与供应商讨论确定合适的材料、加工工艺及品控标准。

（4）待供应商完成试样（前文提到的原型 Prototype）后，包装测试工程师将依据公司的包装部件质量标准对试样进行各方面的测试、评估。如果某方面的测试结果不合格，材料开发工程师会及时将不合格的测试结果反馈给供应商，要求供应商进行改进，直至所有测试项目全部合格。

（5）在进行包装性能测试的同时，为了适应大规模连续灌装生产线的工艺，包装团队还会对试样进行模拟灌装试验以验证新包装的生产线灌装可行性，如有问题，包装团队会及时对试样或生产线进行适当的调整以确保正常生产。

要成功推出一款化妆品包装，包装团队在包装设计开发过程中需要考虑多方面的要求：

（1）品质要求。品质要求主要指对包装基本性能（如尺寸、容量、瓶重、密封性、相容性、印刷牢固度、耐光耐老化性能等）的要求。一款合格的包装，其各项基本性能必须符合企业内部的包装质量标准。同时，品质要求还包括最终产品应符合初始的设计要求，这方面由设计师进行评估。

（2）生产线灌装工艺要求。为了提高生产效率，降低包装成本，有的企业会引进先进的自动化包装流水生产线，因此，如何使新开发的包装材料最大程度地适配流水生产线，也是材料开发工程师必须考虑的问题。

（3）可持续环保要求。不少企业都非常重视环保包装材料的推广应用，有的企业在十几年前就已经用 PET 容器替代了 PVC 容器，现在又积极引入 PCR 包装，并积极抵制过度包装。

化妆品是时效性非常强的商品，要完成一个创新的化妆品包装方案，包装设计师和材料开发工程师往往会提出数套甚至十几套方案进行比较，然后确定最终的方案，这就意味着需要比较长的设计开发周期。然而，为了在竞争激烈的化妆品市场中抢占尽可能多的市场份额，化妆品生产企业会尽可能地压缩设计开发周期，确保新产品、新包装的面市速度领先于同行。这就需要包装设计开发者们保持快速响应的态度和成长型思维方式（Growth Mindset）。

第三篇

可持续包装经济是个伪命题吗?

当贵司的包装完好的MR眼镜到达消费者手中后，您所设计的包装的使命也随之完成。那这些包装接下来会被怎么处理呢？图3-1描述了大部分包装材料的生命周期：加工、制造、配送、使用，最后进入最终环节，在此环节，大部分材料被填埋，只有少部分被循环利用。

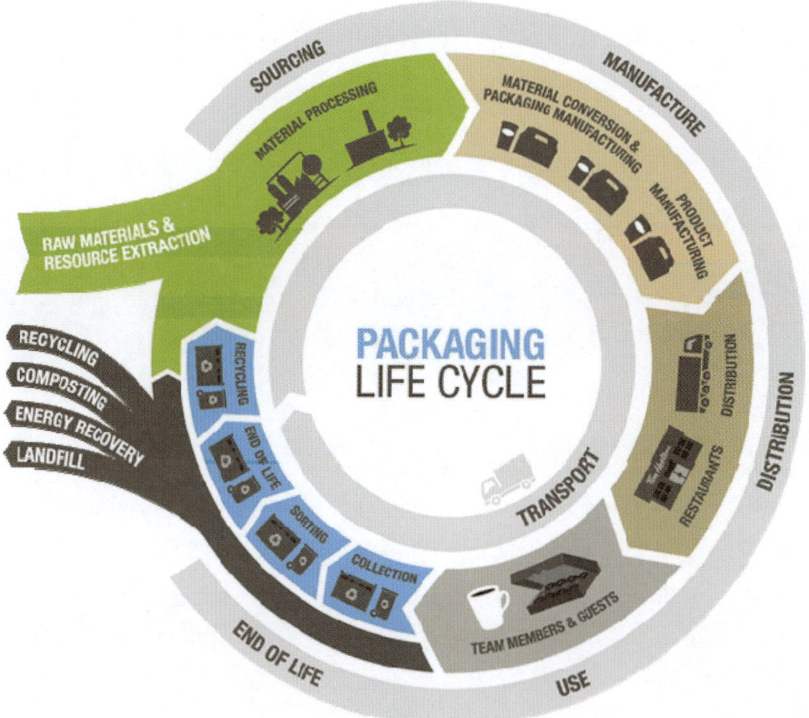

图3-1　包装材料的生命周期

3.1 保护环境，关注未来

以包装消费大国美国为例，人均每年丢弃近 500 磅的容器和包装废弃物。这些容器和包装废弃物由纸（纸板）、玻璃、钢、铝、塑料、木材和少量其他材料制成。2017 年，美国产生了数千万吨此类废弃物，其中只有一半被回收；其余的废弃物，部分被焚烧，部分被倒入垃圾填埋场或海洋中。在 2017 年全球进入垃圾填埋场的城市垃圾中，包装废弃物占近 30%，在分解过程中，包装废弃物向大气排放的甲烷当量超过 2000 万吨二氧化碳。

大家都知道日本商品的包装以美观、精致著称，而且有各种便于消费者使用的巧妙设计。这种不断追求高质量的包装、不断开发新的包装形式的精神确实值得学习，但硬币总是有两面的，这些设计巧妙的包装的成本和流通费用会比其他包装更高，有些甚至属于过度包装，与少即是多（Less is More）的设计理念是冲突的。可持续包装设计的理念之一就是在创新和节约之间寻求平衡点。

我国在电商快递和快餐外卖方面比欧美国家都要发达，这促进了消费经济的发展，但也造成了海量的包装材料的浪费。有些外卖商家贪图便宜，使用一些伪生物降解材料，其实这对环境和用餐来说都是安全隐患；2020 年，我国快递包装废弃物总量已超 1000 万吨。2021 年，我国快递年业务量首次超过 1000 亿件，快递包装废弃物还将持续增加。包装废弃物中最主要的材料就是 PE 塑料袋、EPS 白色泡沫和 PVC 封箱胶带。这些材料在掩埋处理后上百年的时间内都在影响着土壤和水质。

此处稍微解释一下，包装废弃物分为使用前（Pre-consumer）包装废弃物和使用后（Post-consumer）包装废弃物。使用前包装废弃物包括包装印刷厂的纸板切边、质量不合格的白盒等；使用后包装废弃物包括消费者收到快递后拆箱扔掉的包装盒等。

在我国，大多数包装印刷厂里的模切废料已由专人回收，拆箱后的包装纸盒或其他使用后废纸，也可通过废品回收站返回造纸厂，被用于重新制造纸浆。这种再生纸浆可用于生产多种纸制品，如纸袋、纸盒、鸡蛋托，甚至产品样本用纸等。

废弃塑料的回收再利用方式分为物理（机械）回收和化学回收。受塑料产品结构影响，工程塑料、瓶体类塑料等基本采取物理回收方式，实现了较好的回收利用，如饮料 PET 瓶的物理回收技术已经比较成熟。PET 瓶经初步分拣后，被严重污染的瓶子会被挑出，合格的瓶子则被送到再生工厂，根据颜色进行再次分拣。其中，标签、瓶盖、瓶身会分开处理，标签因其不能再生会被集中处理；瓶盖经加工后可以制作为地垫、提手等；瓶身一般被粉碎为碎片，经消毒去污、熔融、造粒处理后，成为米粒大小的再生聚酯切片。这些切片可以用来制作新瓶子，也可被拉丝后用于制作衣服、背包等。

占塑料产量45%左右的包装类塑料，特别是其中的膜/袋类塑料，其废弃物基本不具备开展物理回收的技术经济条件，所以目前有些国内企业正在尝试采用热裂解的工艺技术，将废弃包装塑料转化为高品质燃料或化工原料，相关的主流技术有水基热裂解、催化热裂解等，预计到2030年，全球废弃塑料回收率有望达到50%。

国内有的企业也在对 EPS 白色泡沫进行回收再利用，将其压缩成颗粒状的“粒子”，再加工成经久耐用的仿木相框、画框或防潮地板，既有助于解决白色泡沫污染问题，又能“以塑代木”，减少森林树木砍伐量。

麦肯锡的一份关于可持续包装的调查报告中指出：世界各地的消费者对可持续包装材料的认知并不一致，例如，中国和巴西的消费者认为可堆肥或可回收的塑料更可持续，但印度的消费者则认为纸质和玻璃包装更可持续。企业和政府对可持续包装问题的看法也不一致，所以，尽管有为数众多的国家和地区的政府机构及企业都在努力探索可持续包装的有效措施，但目前也没有形成一致的态势，而是各有各的努力方向。

欧盟在推动可持续包装材料方面一直走在世界前列，由2010年前后追求生物降解到现在（倡导循环经济），不断鼓励企业和社会尽量减少包装废弃物的产生，尽量重复利用废弃物和采用可回收材料，其包装的循环利用模式如图 3-2 所示，强调 3R（Reuse，Reduce，Recycle）。

我国早在2008年左右就出台了关于节约资源、保护环境、反对商品过度包装的通知，但其不属于法律法规，也没有具体量化的评价标准，环保部门只能通过加强宣传，提倡节约，以引导生产商家自觉减少包装浪费。目前，我国有关部门正在大力提倡使用生物降解材料，但从欧盟十几年来的实践情况看，鼓励使用生物降解材料的政策并不奏效。2020年，中华人民共和国国家发展和改革委员会等八部门联合发布了《关于加快推进快递包装绿色转型的意见》，提出推进快递包装“绿色革命”，明确了 2022 年和 2025 年可循环快递包装应用的量化目标，后来又进一步提出在 2022 年 1 月至 2023 年 12 月组织开展可循环快递包装规模化应用试点。使用快递循环箱是一个值得提倡的措施，但由于暂时没有成本优势，还有附加的社会成本（快递小哥来去匆匆，缺乏时间和意愿承担回收任务，消费者认知水平不同，配合度参差不齐），目前尚未得到大力推广。

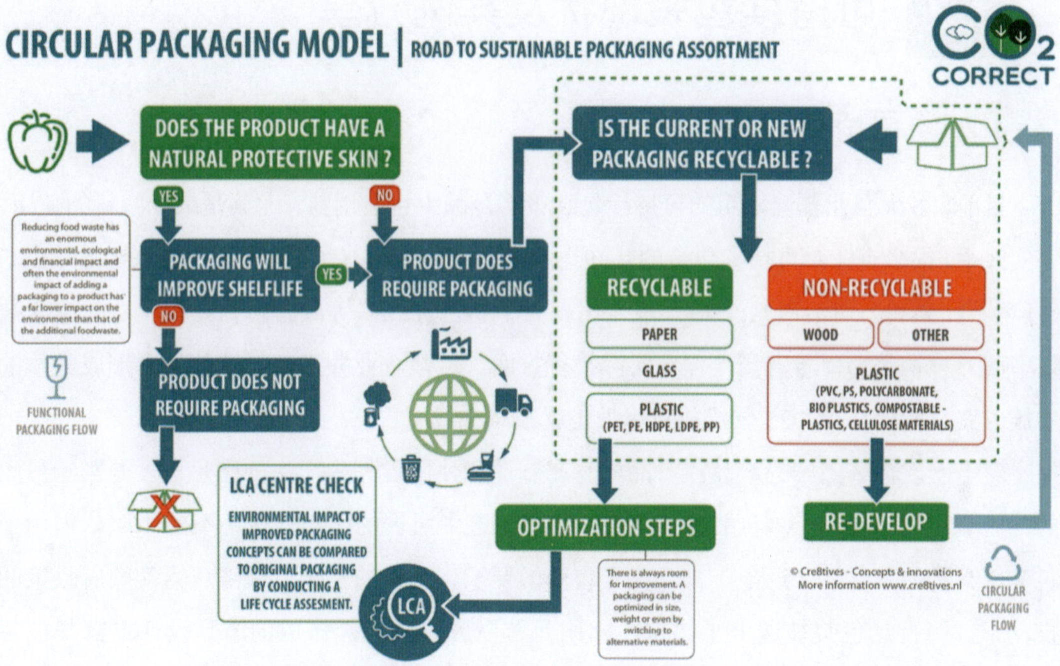

图 3-2　包装的循环利用模式

加拿大环境与气候变化部也宣布从 2022 年 12 月 20 日起，加拿大将禁止生产和进口一次性塑料，努力到 2030 年实现零塑料浪费。该禁令涵盖一次性塑料，包括购物袋、餐具、搅拌棒和吸管等。同时，将禁止销售一次性塑料的开始时间延迟到 2023 年 12 月，以让加拿大的企业有足够的时间过渡并耗尽其现有库存。

美国更看重材料对环境的最终影响。各州通过自己的立法，逐步完善回收系统并促使辖区内的公司更好地履行环保承诺。有些主打重复使用和再填充的美国初创企业发展势头很强劲，例如，可持续发展初创企业 Algramo 在其 A 轮融资中筹集了 850 万美元，为其在雅加达、纽约、墨西哥和伦敦的扩张提供资金，循环式消费平台 Loop 则在美国、加拿大、英国、法国和日本都开设了店内业务。以 Loop 在美国本土的经营模式为例：一般情况下，消费者购买的商品将被装在一个印有 Loop 标志的环保袋子中，并由快递公司 UPS 送货上门；冷冻商品也会被妥善地安置在保温箱中进行寄送。收到商品并拆下包装后，消费者可将包装废弃物放在原有的环保袋子中，UPS 的快递员便会上门进行回收。

3.2 可持续包装现状及案例分享

3.2.1 可持续包装现状

目前，各大企业普遍采用的可持续包装策略是减少包装用料，尤其是减少塑料的使用。在实践中，很多企业对可持续包装的认知还存在欠缺，例如，有的企业将可持续包装与 ESG（环境、社会和公司治理）、DEI（多元化、公平和包容性）等概念混为一谈。这些概念被很多商界领袖作为口号宣扬，但在实际推行方面，这些企业并未依据这些概念形成具体的实施方案，所以其“2025 碳排放目标”也就很难完成。

对于一款包装完好的产品，产品本身在制造和使用过程中产生的碳足迹才是影响最大的，而非包装。实际上，包装在一个产品的碳足迹中所占的比例往往还不到 10%，但由于包装废弃物的外显性，近十年来，在零售商的要求、公众的意识、经济压力和政府政策的推动下，可持续包装被送上了热搜，相比而言更应该减少碳排放的产品设计本身却被忽略了。

再如，硬质塑料（如 PET、PS、PP 等）虽然是性价比很高的包装材料，但近年来颇受各大企业的“嫌弃”，各大企业形式化地强调“去塑化”，实际上也是一种“不作为”。其实各类包装材料都有其优点和缺点，不同的产品需要的包装也不同，并不存在普适的环保包装形式，纸质包装和生物塑料包装也不是环保万灵药。

目前业界普遍认为软包装或纸质包装是相对环保的包装形式，主要原因在于软包装的材料更薄、更轻或能生物降解，另一个重要原因就是已经建立的回收系统及正在逐步使用的大量回收材料也证明了软包装的环保性。这些都值得硬质塑料生产企业学习。只有建立起硬质塑料废弃物的回收体系，对塑料的偏见才有可能根除。

另外，业界对生物降解材料的青睐，也可能会导致一些食品安全问题。加拿大多伦多大学某实验室的研究结果表明，一些采用生物降解材料制造的环保餐盒中含有高浓度的全氟和多氟烷基化合物（PFAS）。这种化合物很难分解，会长期停留在人体或土壤中，并且与多种不同类型的癌症有关。

对于可持续包装，公众普遍存在的另一个误区是关于人的作用。很多企业里负责可持续包装的职位，在大多数情况下只是一个顾问，他可能对环保事业充满热情，但在实际工作中，他只能提出建议，不能直接参与包装设计业务。

总之，对于可持续包装领域，急需具有社会责任感、有一定影响力且“不差钱”的大企业投入重金研究包装创新解决方案和建立塑料包装废弃物回收系统。零售巨头沃尔玛在可持续包装方面的工作一直走在世界前列，您可以登录他们的官网以深入了解。

3.2.2 可持续包装设计案例分享

图 3-3 所示是一个很全面的可持续包装设计理念，它考虑到了包装材料的来源、包装废弃物的去向、材料安全，以及对资源、人力的占用等方面，很适合用来指导您的可持续包装设计工作。

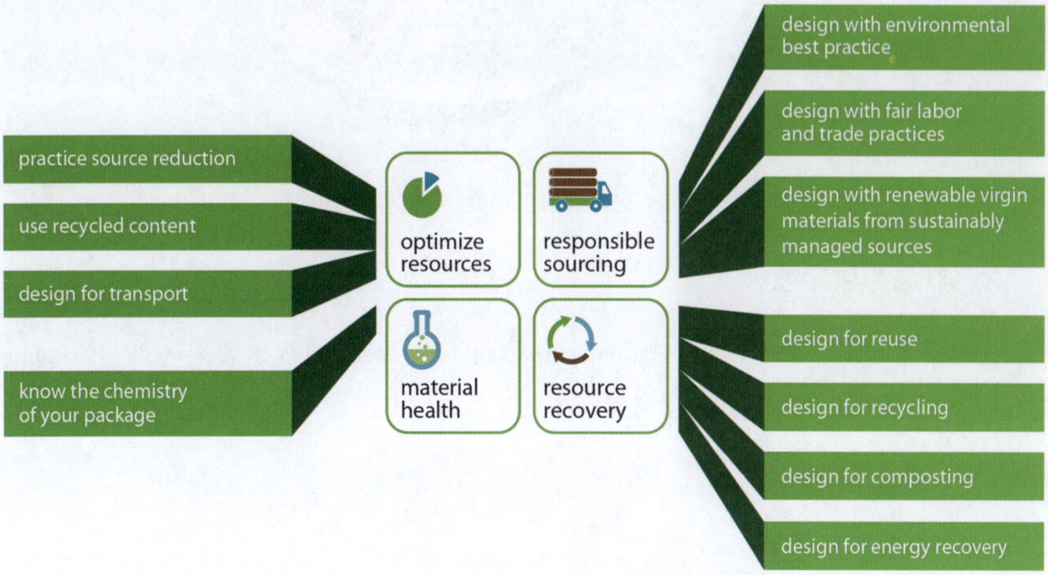

图 3-3 一个很全面的可持续包装设计理念

1. 平底锅的设计

设计行业经常提到的“少即是多（Less is more）”，在这款平底锅产品的包装设计上得到了完美的体现，如图 3-4 所示。

图 3-4　平底锅的包装设计

2. 电视的包装设计

这是很多年前一位叫 Tom Ballhatchet 的设计师设计的电视包装架（TV Packaging Stand），今天看来依然值得我们学习揣摩（见图 3-5）。

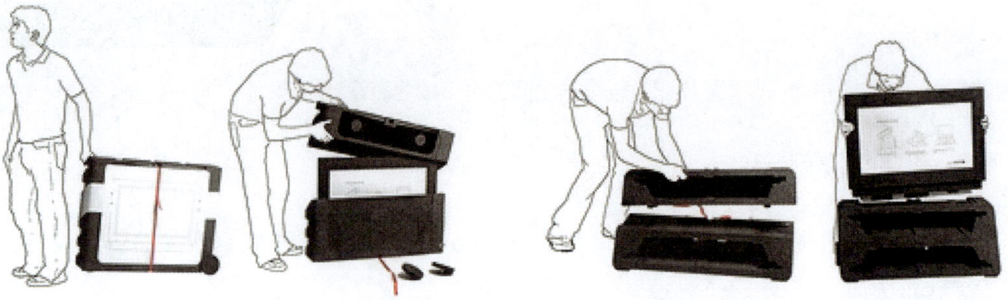

（a）

图 3-5　电视包装架设计

（b）

（c）

（d）

图 3-5　电视包装架设计（续）

这个设计简单、实用，最主要的是无污染、零废弃，设计思想非常值得包装结构设计师们学习。

3.2.3 知名品牌商们如何开展可持续包装开发

我们来快速了解一下不同领域的知名品牌商是怎么做可持续包装开发的。像消费类电子领域的戴尔（Dell）、快消费领域的宝洁（P&G）、线下零售的国际巨头沃尔玛（Walmart）等知名品牌商，他们在ESG（环境、社会、治理）和可持续包装理念的践行上都可以称得上是业内的标杆。

目前各个知名品牌商基本围绕以下几方面推进可持续包装：

- 减少包装用量
- 可回收
- 可堆肥降解
- 减少塑料的使用

戴尔早在2007年就开始宣布减少碳排放，因为他们发现，减少10%的包装材料就能节约800万美元支出，同时可以少砍伐15万株树木，这对于公司本身和自然环境都是可观的回报。除此之外，他们积极探索使用回收废料作为运输用包装材料，把3300万件牛奶纸盒转化为Studio Hybrid台式机的缓冲材料。戴尔还是第一个采用100%可再生的竹子做产品包装的公司，曾在2010年被新闻周刊评为美国最环保的公司。

根据戴尔近期发布的数据显示，2023财年，戴尔在产品和包装中的可持续材料使用量达15.55万吨；戴尔整个产品组合中94.5%的包装由回收或可再生材料制成。到2030年，戴尔的包装将100%由回收或可再生材料制成，或将采用消费者能二次利用包装的解决方案。

宝洁（中国）积极推动国内电商包装的可持续发展，与国内零售商和电商平台一起做出了许多创新。例如，其2023年11月推出了名为“Versafill记忆蜂窝”的快递包装盒。这种新颖的纸质缓冲包装设计具有巧妙的拉伸结构，可以很好地固定不同形状的产品，减少产品磨损或变形，并带给用户良好的开箱体验。

Versafill记忆蜂窝采用可回收的纸张材料制成，替代了常用的缓冲材料（泡沫、塑料气柱或纸碎），对环境保护和用户开箱体验都是福音，而且可以使电商包装节约高达85%的运输存储空间，经济效益也非常可观。

此外，宝洁（中国）与陶氏于2022年合作推出的创新快递包装——空气胶囊，也可以将用于电商包装的重量减少 40%，碳排放减少 15%，省去了层层缠绕的 PVC 封箱胶带，让消费者的开箱体验变得更好，而且这种包装形式易于回收和再次循环使用。

宝洁（中国）发布的 2030 年可持续包装目标是：80%的电商包装无需二次防护，100%的包装材料可回收或者可循环使用。

惠普关注包装生命周期的各个方面，从采购、包装设计到使用对环境无害的材料，确保所有用于包装的纸张均来自可回收或经认证的可持续来源，并且提倡尽量不使用那些可能造成严重污染的、用于包装的传统材料，如塑料。惠普在其 2023 年度可持续影响报告中宣布：该公司的目标是“3 年后淘汰 75%的一次性塑料包装”。

雀巢成立了一家包装研究所，使用可重复使用和可堆肥降解的材料开发可持续产品包装，如高性能食品级阻隔纸。

高露洁推出了消费包装可回收计划，并花了五年时间重新设计其产品容器（如牙膏管），以便它们可以进入回收箱。更难能可贵的是，高露洁与竞争对手共享其知识产权，以推动必要的全行业变革。

可口可乐不仅重视包装本身的环保，而且在很多年前就投资 6000 万美元在美国建造了一座塑料瓶回收厂，该厂每年生产 1 亿磅食品级再生塑料。此外，也有部分饮料企业开始恢复采用玻璃瓶或转向纸盒或铝瓶包装。

索尼不再为产品零部件使用保护袋，苹果从 iPhone13 开始去掉了其包装盒外裹的热伸缩膜（Shrink Wrap），三星将用可自然降解的再生纸和生物塑料取代塑料包装……

笔者在此列举以上企业的做法，并不是表达完全赞同他们做法的意思，只是希望能抛砖引玉，给国内的企业和包装同行带来一些启发。实际上，以上这些知名企业一般不会轻易做出改变包装的决定，很多改变的实现，更多的是因为受到来自各国政府和消费者的压力。尼尔森的一项调查显示，当今的消费者，尤其是“千禧一代”和“Z 世代”，更愿意购买对环境影响相对较小的品牌的商品。如果企业不顺应这样的潮流，也许将失去相当多的用户和收入。

3.3 ESG 与包装碳足迹计算

3.3.1 ESG 与碳足迹简介

在先导片中，我们提到过 ESG 的概念。它代表企业在环境、社会和治理方面的表现，也是投资者、利益相关方和消费者评估企业的关键指标之一，所以上市企业的ESG报告将成为衡量其可持续商业增长能力的报表之一。

ESG中的E（环境）指企业在环境保护和可持续发展方面的表现。各家企业通过管理碳排放、能源消耗、废物处理、水资源利用和生态保护等手段，将对自然环境的影响最小化。在评估产品/包装的碳排放量时，研究机构引入了碳足迹的概念。

碳足迹即由个人、组织、事件或产品直接和间接造成的温室气体（GHG）排放总量，以二氧化碳当量（CO_2e或CO_2E）表示。通俗来说，碳足迹就是产品从“摇篮到坟墓”全过程的碳排放。

碳足迹按照尺度划分，可分为个人、产品、企业、国家四个层次。对于个人，碳足迹则是指开车或乘坐飞机等活动方式对环境造成的影响；对于产品，碳足迹反映一件产品对环境的友好程度；对于企业，碳足迹意味着企业的可持续发展竞争力；对于国家，碳足迹意味着各行业碳排放量总和。

虽然包装的碳排放只占一件产品碳排放的5%~10%，但是因为包装废弃物是很显眼的存在，往往比产品本身更受环保人士和公众的关注，所以包装的碳足迹管理就成为ESG战略中一个重要的环保指标。

为实现有效的包装碳足迹管理，目前包装企业和品牌商主要从以下几个方面入手。

（1）包装材料选择：选择可回收和低碳的材料是减少包装碳足迹的关键。例如，使用可再生材料、回收材料或生物降解材料可以减少原材料开采和生产过程中的碳排放，选择轻量化的材料也可以减少运输过程中的能源消耗和碳排放。

（2）设计优化：通过优化包装设计，可以减少材料用量和废弃物的产生，从而降低碳排放。采用更高效的包装形式，如折叠箱或可堆叠设计，可以减少运输过程中的空间占用和能源消耗。采用可循环使用的包装解决方案，如可回收包装和可重复使用包装，也可以减少包装的碳排放。

（3）运输优化：优化运输方式和路线，可以减少包装运输过程中的碳排放。采用集装箱运输、多式联运或共享运输等方式可以提高运输效率，减少能源消耗和碳排放。

（4）利用清洁能源：在包装生产和运输过程中采用清洁能源，如太阳能和风能，可以减少碳排放。此外，通过优化能源管理和采用高效能源设备，也可以降低碳排放。

3.3.2 包装的碳足迹管理

上述碳足迹管理措施在实践工作中如何落实呢？例如，你如何知道以下每种包装形式

（见图 3-6、图 3-7、图 3-8）的碳足迹数值？对同一个设计方案，如何评估采用不同材料制成的包装对环境的影响？

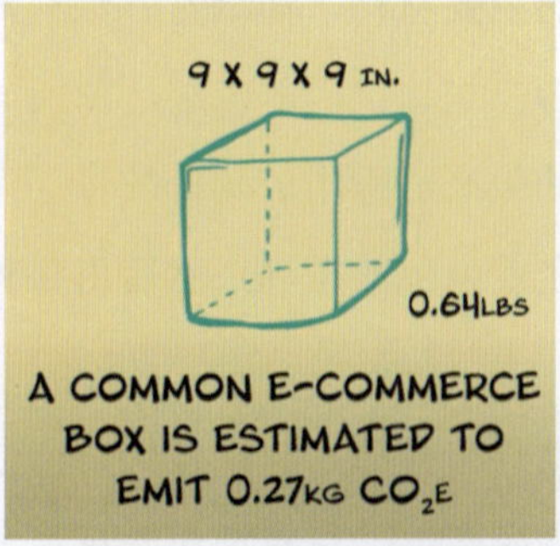

图 3-6　一个常用快递包装纸箱的碳足迹

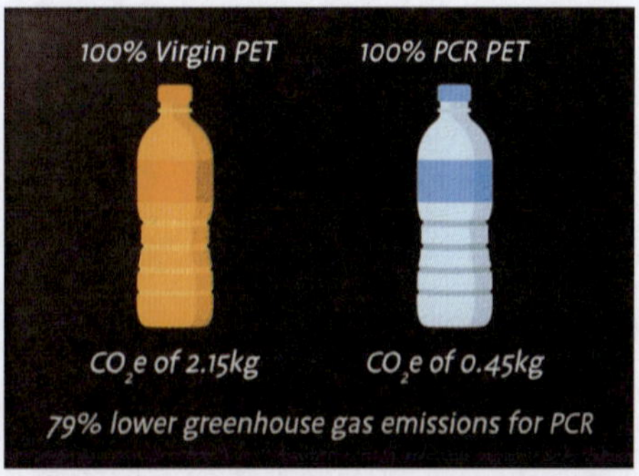

图 3-7　原生 PET 瓶和再生 PET 瓶的碳足迹比较

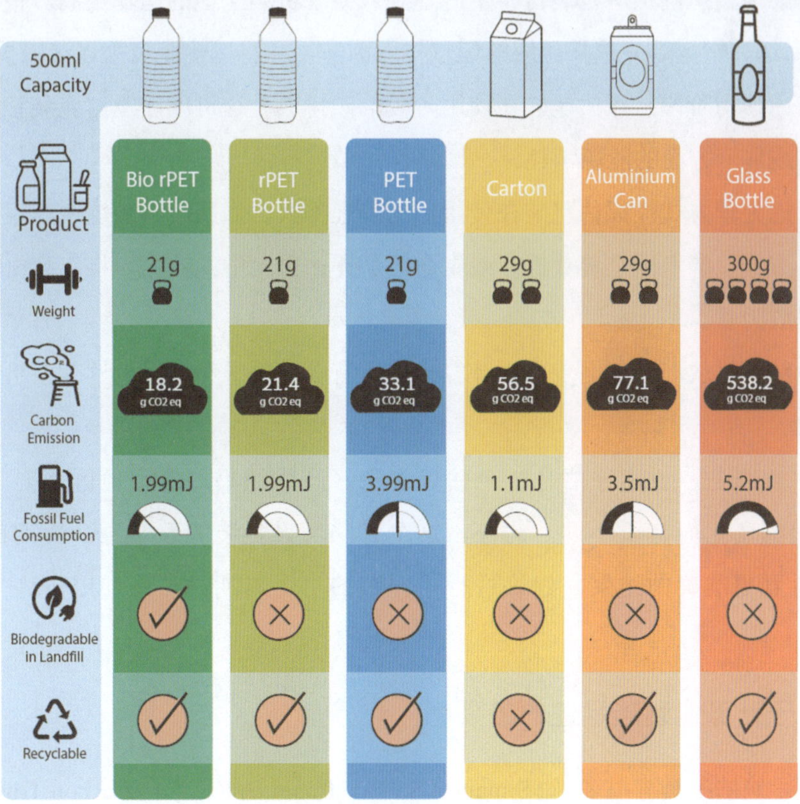

图 3-8　各种不同包装材料的碳足迹比较

1. 包装碳足迹的评估方法

包装碳足迹的评估方法主要有生命周期评估法（以下简称 LCA）、投入产出评估法和混合分析评估法。目前对包装的碳足迹评估主要以生命周期评估法为主。

下面以某款手机包装的碳足迹计算为例来说明 LCA 的流程：

（1）确定包装材料：首先，确定手机包装所使用的主要材料，如纸盒、塑料薄膜、纸标签及内衬等。记录下每种材料的数量。

（2）计算材料生产的碳排放：研究每种包装材料的生产过程中的碳排放量。可以参考碳足迹数据库、生命周期评估数据库、供应链数据和企业内部数据等，然后将每种材料的数量乘以相应的碳排放因子。

（3）考虑制造过程：评估包装制造过程中的能源消耗和排放，包括裁切、印刷、后道等工序。再次参考碳足迹数据库或生命周期评估研究中的数据，将每种包装材料的数量乘以相应的碳排放因子。

（4）考虑运输：确定从包装材料生产地到最终手机装配地的运输距离。根据运输方式（如陆运、海运、空运等）选择相应的运输排放因子，并将运输距离乘以运输排放因子。

（5）考虑使用阶段：评估包装在使用阶段的碳排放。这可能涉及与包装相关的能源消耗，如存储或展示方面的能源消耗。

（6）考虑处理方式：评估包装在使用后的处理方式，如回收、焚烧或填埋等。根据所选择的处理方式，参考碳足迹数据库或生命周期评估研究中的数据，将包装材料的数量乘以相应的排放因子。

（7）总结碳排放：将前面步骤中计算出的所有碳排放求和，得到这款手机包装总的碳足迹。

需要注意的是，上述评估是一个估算方法，具体结果可能因地区差异、能源使用和生产过程的变化而有所不同。此外，这个方法假设包装的整个生命周期都被考虑在内，若想得到更准确的结果，建议进行更详细的生命周期评估或使用更为专业的工具和软件。

2. 用于计算包装碳足迹的工具

计算碳足迹的工具有很多，如 Simapro、Sphera、Ecoinvent 及来自 Carbon Trust 的 Carbon Footprint Calculator 等，但专门用于包装碳足迹的计算器并不多。以下是目前业内比较认可的几款包装碳足迹计算器：

（1）CleanMetrics 2.0。

（2）Trayak 公司的 Ecoimpact。

（3）Amcor 公司的 ASSETTM（主要用于软包装）。

（4）ECOENCLOSE 公司的网站也提供对于某些型号的纸包装制品的快速简便的碳足迹计算。它的所有原材料数据来自于 Environmental Paper Network's Paper Calculator 4.0。

同样地，由于数据来源和估算方法不尽相同，所有这些计算器的准确性和效率肯定有轻微差别，在笔者看来，计算包装碳足迹最好的办法是根据您所在企业的实际状况，制定自己的包装碳足迹计算器。

包装碳足迹计算器举例：

欧洲某公司计划比较各种饮料包装（由不同包装材料制成）的碳足迹，找出对环境影响最小的包装材料。饮料瓶的材料有 4 个来源：单次用玻璃、可多次重复利用的玻璃、单次用铝塑复合纸板及 rPET（回收料占比达 50%），如图 3-9 所示。

图 3-9　制作饮料瓶的 4 种材料

该公司用 Excel 编制了一个 LCA 碳足迹计算器（见图 3-10），分别输入不同包装材料的基本数据（容量、成本、回收料所占比例等）、加工过程、发货到灌装厂的方式和距离、灌装、存储、发货到物流中心的方式和距离、发货到消费者手中的方式和距离，以及最后的包装废弃物管理等生命周期各个环节的碳排放信息，就可得到这款包装材料对应的碳排放数据（见图 3-11）。

图 3-11 中的柱状图数据从左至右依次为可多次重复利用的玻璃瓶、单次用玻璃瓶、单次用铝塑复合纸盒及 rPET 瓶的碳足迹。每种包装的数据又由原材料生产、加工成容器的过程、运输分发、返还回收、清洁，以及废弃物处理等分数据组成。

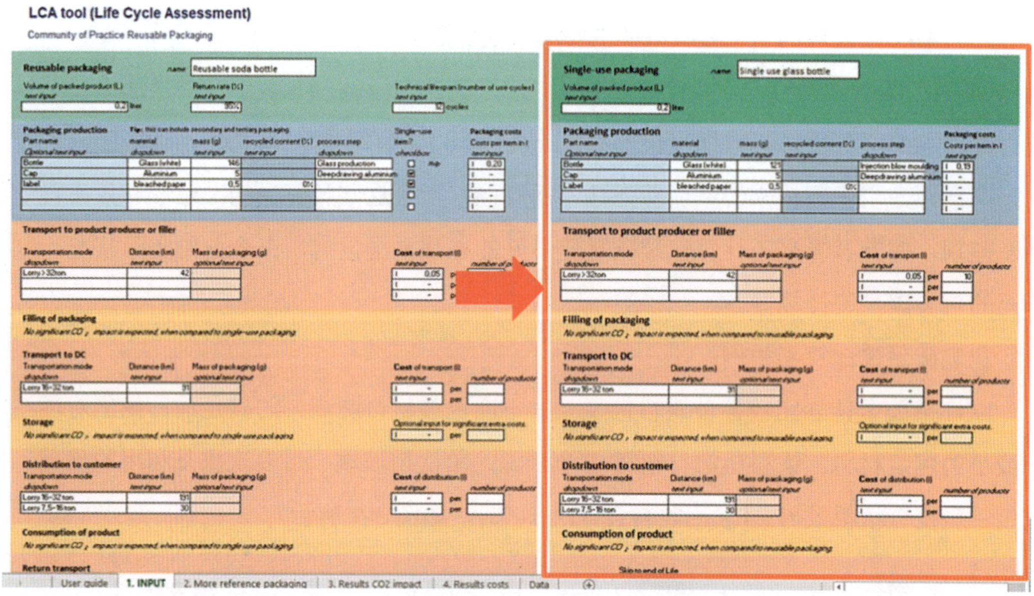

图 3-10　不同包装材料的 LCA 各阶段的数据输入

LCA tool (Life Cycle Assessment)

RESULTS　　CO_2 emissions (kg) per trip

	Packaging name	Total CO_2 emissions (kg)	Extra CO_2 emissions (%)	Material production	Production processes	Transport / distribution	Return transport	Cleaning	End-of-life
Reusable packaging	Reusable soda bottle	0,05	-	0,115	0,010	0,006	0,006	0,001	-0,086
Single use packaging #1	Single use glass bottle	0,07	47%	0,259	0,010	0,007	-	-	-0,201
Single use packaging #2	Drink carton 25cl	0,03	-32%	0,026	0,002	0,001	-	-	0,007
Single use packaging #3	Plastic bottle 20cl	0,05	4%	0,027	0,018	0,001	-	-	0,008

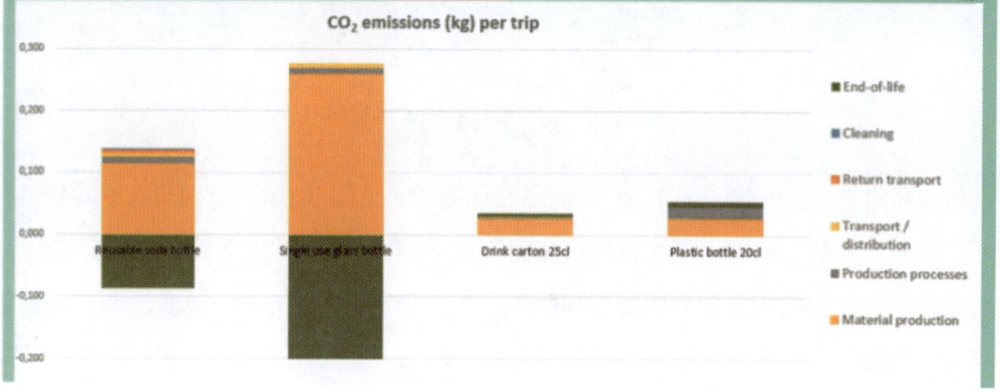

图 3-11　4 种包装材料制成的包装的碳足迹数据对比

跟铝塑复合纸盒及 rPET 瓶相比，两种玻璃瓶的生产、加工和运输过程的碳足迹并不占优势，但从废弃物管理的角度来说，它们又是占优势的。这就呼应了我们在前面说的，不同的包装材料各有利弊，没有一种包装材料是普适的。企业需要根据成本、消费者体验、品牌形象、ESG战略、量产适配性等综合决策。

3. 碳标签

碳标签是产品碳足迹的量化标注，可以向消费者直观展示该产品的碳足迹。这种方法在一定程度上可引导公众提高对绿色低碳消费的支持，也可激励企业更加重视环保。

按照标签属性，现行的产品碳标签可分为由政府机构发布的公共碳标签及由私人机构发布的私有碳标签，如图3-12所示的软包装上的碳标签就是由Carbon Trust认证的碳标签。

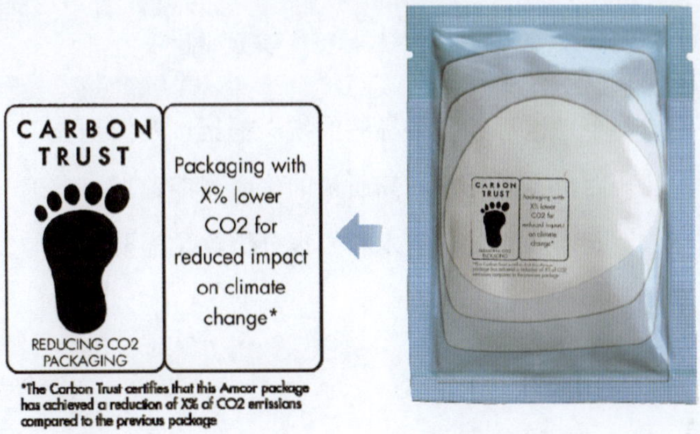

图3-12 碳标签举例

关于碳标签，目前还没有形成统一的国际标准，很多企业往往疲于认证或佐证，但实际收效不大。从消费者的角度来看，大部分消费者平时工作忙碌，在超市中购物都是匆匆忙忙的，不太愿意花时间去详细阅读产品包装或碳标签上的密密麻麻的信息。对碳标签相关领域不甚了解的消费者对碳减排比例是如何计算得来的也很困惑，所以一个国际通用的、对消费者友好的碳足迹框架非常有必要。欧盟计划于2024年建立统一的气候标签体系，这种标签比Carbon Trust的碳标签更易于被消费者理解（其参考概念图见图3-13）。气候标签将适用于进口到欧盟但尚未纳入CBAM（碳边境调节机制）的产品，以及从欧盟出口到其他国家的产品。我国出口企业的包装团队要关注相关政策变化，积极更新包装BOM，协助产品继续顺利出口到欧盟。

图 3-13　气候标签参考概念图

笔者评论：即使是一个地区性的气候标签的统一框架，要做到在单个产品和包装层面让消费者觉得可信，其背后也需要一整套高质量的生命周期数据、准确一致的计算方法和有效的沟通作为支持，这既需要复杂的技术和心理分析，又需要考虑与参与的成员国的政策联动。

扫描下方二维码，
获取更多关于可持
续包装的视频：

第四篇

包装创新是一种“信仰”

4.1 包装创新案例分享

现代管理学之父、二十世纪最有影响力的商业思想家之一 Peter Drucker 认为商业具有两种功能——营销和创新。包装作为产品和商业的一部分，正好就是要实现这两项功能。创新的包装能吸引消费者的注意力，同时也是一种成功的营销。

包装创新可以是材料、技术、结构设计、视觉设计、印刷工艺、环保主题等的单项创新，也可以是几项合成的组合创新。药品领域和“硬科技”领域的包装创新相对而言更加聚焦在材料技术和交互设计方面，日用消费品的包装创新因为受成本的限制，多侧重在材料和视觉设计上。近些年的包装创新领域提出的用户友好（User Friendly）和环境友好（Eco-friendly），也可以说是主打人文关怀和可持续包装理念的创新。

4.1.1 包装材料的创新

图 4-1 中左边的 Tottle 瓶（双腔倒置瓶）因为其使用方便和易于携带的优势，再加上创新材料的加持，受到日化产品包装领域的青睐。这款 Tottle 瓶由造纸厂加工木材过程中产生的天然副产品制成，制造过程中可以添加一定比例的 PCR，该材料可以与 PP/PE 包装一起回收。在生命周期分析（LCA）中，它的碳足迹数值甚至可以达到负数的级别。这种材料具有很强的耐化学腐蚀性，其表面处理工艺可以是 UV 喷涂、丝印或烫金。

您能猜到图 4-1 中右边的啤酒瓶是什么材质的吗？在我们固有的认知里，一般啤酒包装要么用玻璃瓶，要么用铝罐，而 ANHEUSER BUSCH 把这两种概念组合在一起，设计出了新的包装——铝瓶。它很特别，表面的色彩很绚丽，而且是整体可回收的。这个概念其实很简单，奇怪的是在此之前没人想到过，啤酒业是竞争激烈的行业，大厂商想方设法要在竞争中胜出，借此创新设计，ANHEUSER BUSCH 成功地在一众厂商中“出圈”。

图 4-1　包装材料的创新案例

4.1.2　关注食品和药品安全的创新包装

图 4-2 所示的这款 DeXel 的智能包装组件可以为食品和药品的安全护航。尽管很多包装上都会印有保质期或“在此日期前最佳”等字样，但放置时间长了，这些字样就可能会被磨掉，即使保存完好，也可能因为尺寸过小而使眼神不好的老年人看不清，这时，DeXel 的这款设计就发挥作用了。

这款 DeXel 的智能包装组件是一种智能计时器设备，它可以磁吸的方式固定到产品的包装盖上，通过运动感应技术和 LED 灯系统跟踪产品的使用日期，并给出建议。具体操作方法就是在开启包装前，用户使用智能手机扫描包装上的二维码，在 APP 中输入设备的颜色和日期，此时这款 DeXel 的智能包装组件将对“该产品（通常是食品或药品）是否仍然可用”给出答案。例如，如果十字架看起来完全是绿色的，表示该产品可以安全使用；如果只出现一个绿色条，表示当天如不使用就会过期；如果显示为红色，那么最好把它扔掉。

图 4-2　关注食品和药品安全的创新包装案例

4.1.3　充满人文关怀的包装创新设计

在前面的先导片就介绍过微软的 Xbox 的人性化包装设计的案例，在此我们再分享一个医药和保健品行业的用户友好型包装设计。

图 4-3 中左边是一款保健品的包装盒，在其底部有一个条形码，此条形码可被一个名为 Seeing AI 的 APP（由英国保健品公司 Haleon 和微软联合开发）识别。消费者在扫描包装盒底部的条形码后，Seeing AI 会自动识别产品名称和包装上的所有文本并将这些信息转化成声音播放出来。这样，视障人士就能听到该保健品的相关信息。这种设计对盲人、视力低下或因识字率低而难以阅读包装标签的人特别友好。

图 4-3 中右边的包装盒和里面的药品软包装也是为记忆力衰退的老年人设计的。很多老年人不记得每天服用几种药，服用量是多少，经常会吃错药，于是 Packbill 就想出一个把药品分装的办法，把老年人每月的服用药量都按天分配后，封装到一卷软包装袋里，然

后再用一个纸质或其他硬质包装盒装好。老年人只要每天撕下一包服用即可。这样做的前提是，药品之间的作用不能互相冲突。

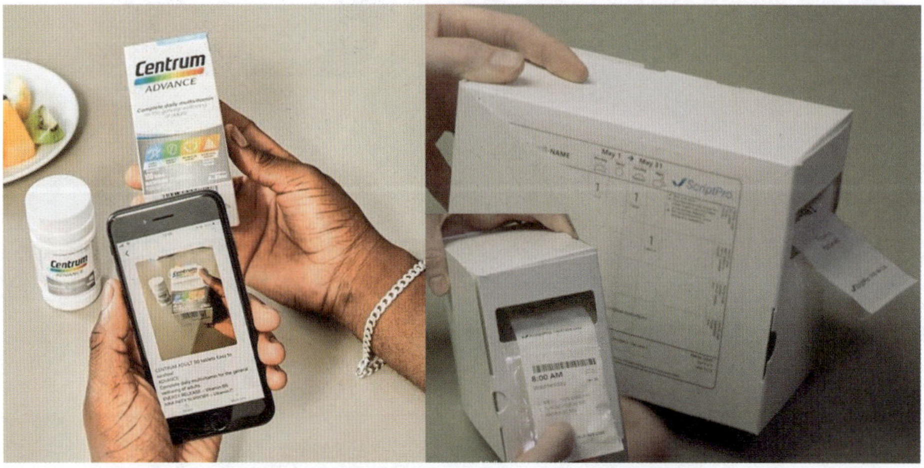

图 4-3　充满人文关怀的包装创新设计案例

4.1.4　创新的包装结构设计或造型

许多产品与消费者的互动都是通过包装结构设计来实现的。

图 4-4 左边的华硕笔记本电脑包装盒可以被完美地组合成一个支架，成功实现了包装资源的重复利用；图 4-4 右边的 DAWN 的新包装旨在让消费者不需要翻转或摇晃瓶子即可用完最后一滴洗洁精，当然，这个倒置的瓶子也很难不让人想起 2000 年初亨氏率先推出的倒置番茄酱包装。

图 4-4　包装结构设计创新案例

4.1.5 有趣的包装视觉设计

好看又有趣的包装，总会引起消费者的好奇心或购买欲。如果想快速提高设计水平，可以经常看看国内外优秀设计机构的作品（见图 4-5），总会有新的灵感被激发。

图 4-5 国内外优秀设计机构的作品

4.1.6 模式创新

图 4-6 所示是亨氏的共创（Co-creation）包装实验，虽然包装瓶本身可能没有创新，但这个实验本身属于模式的创新。

图 4-6 亨氏的共创（Co-creation）包装实验

这个实验是匿名参与的，通过这个实验，亨氏选出 250 个新颖的设计，并将其在限量版包装瓶上展示！但它起到的效果显然不止如此，亨氏能够一举两得：定制版的包装和用户的热情参与。这个实验的效果出众，说明包装对一个品牌非常重要，品牌可以借助包装成功营销。以后当人们想到番茄酱时，他们就很有可能会想到亨氏——从深红色的独特名称到梯形标签，当然还有标志性的包装瓶，可以说这是一个接近完美的通过共创包装实验进行创新的成功案例。

4.2 创新工具包和创新思维

4.2.1 为什么要创新

对于“为什么要创新？”这个问题的一份调查结果如图 4-7 所示。

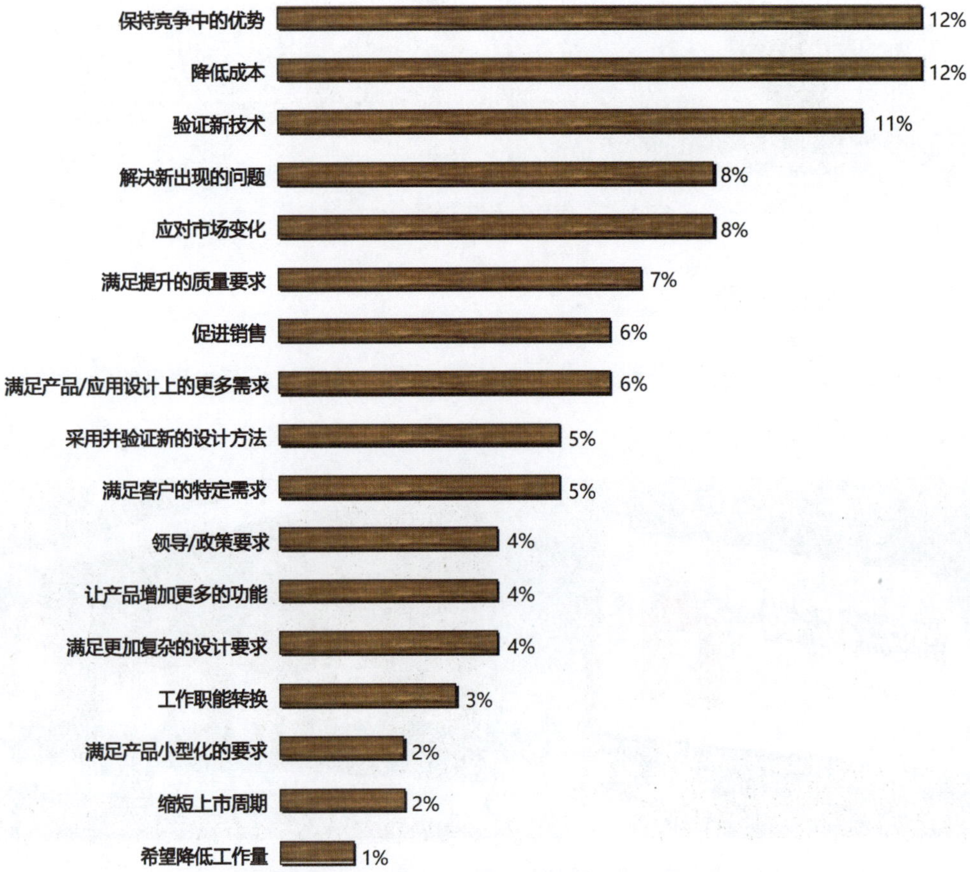

图 4-7 为什么要创新

对于企业来说，持续创新的最重要原因依次是保持竞争中的优势（12%）和降低成本（12%）、验证新技术（11%）、应对市场变化（8%）和解决新出现的问题（8%）。

4.2.2 包装的创新为什么那么难

任何技术或商业模式的创新，首先是思维的创新，然而很多从事包装相关业务的人士，工作时间越长，知识框架越陈旧，思维越固化，以至于坐井观天，缺乏全球化的视野和与众不同的思路。

包装的创新难，其另一个重要原因是全行业整体的审美能力仍显不足。好的包装设计方案是技术和艺术的完美结合，而当前，至少在国内，我们从小到大接受的美学教育却是非常有限的（艺术及相关领域的除外）。这就导致即使偶尔有好的包装创新创意方案出现，决策者或面临成本的压力，或因为审美能力不够，也没有放手去做的魄力。

最后，这是一个“不缺投资但缺优秀人才”的年代，相当多的具有较强的学习力和执行力的优秀人才都更加倾向于投身热门行业，而在相对冷门的包装领域，很少有人愿意在浮躁的氛围里坚持去做一些有价值的创新。

目前，国内品牌商的包装创新能力尚且不足，至于国内的包装制造企业，则更是技术创新的洼地。大多数包装制造企业不具备适应市场需求的研发能力，即使有些企业实现了技术创新，也缺乏持续的创新力。对于包装制造企业来讲，应重视标准和技术创新。

很多包装创新的技术来自欧洲，因此，若想在包装领域有较快的发展，建议包装企业积极“出海”，参与到国际合作和竞争中，在品牌商严苛的供应链管理和质量管理中提升自己的创新和管理水平，同时借鉴、学习同行和客户对新技术应用、新产品推广，以及知识产权保护的经验。

4.2.3 包装创新工具包（Packaging Design Innovation Kit）

您可以花上几千或几万美元从包装设计公司那里得到一些创新或创意，当然也可以靠自己去想、去实践。这里有一个包装创新工具包，希望可以帮您打开思路，带领包装团队做出有新意的包装。

1. 灵感阶段（Inspiration）——探索机会

定义您的受众（Define Your Audience）：尽量扩大用户的范围。写下会被您的设计方案直接触及到的群体（可以是程序员，也可以是学生或教师……），将这些信息写到便笺上，再添加与他们有关的周边群体，如跟他们有直接来往的群体等。想一想这些人跟您的设计有什么关联，哪些人会喜欢您的设计，哪些不会，将以上信息整理成一个示意图，贴到墙上，以便设计时随时可以参考。您可能还需要关注一些社会相关组织或同行的动态。以用户为中心、从用户体验出发、关注产品的使用场景，这都是老生常谈的话题，但实际上在进行具体工作时却经常被忽略。

二次研究（Secondary Research）：当开始进行创新设计时，二次研究可以帮您梳理脉络。在此环节，要迅速搜索相关领域的与您的创新方向有关的最新消息，通过网络、专家或者熟人等渠道获得最新资讯，这些资讯可以是技术、实践或理念方面的，消化这些最新资讯有助于形成有针对性的思路，让您可以了解其他的同类方案，哪些可以借鉴，哪些没用，以及哪个方案可以直接激发您自创方案的灵感。

组建项目团队（Build a Project Team）：团队成员的知识面和擅长的技能尽量多元化。一个由不同的思考者、创造者所组建的跨学科团队几乎能够应对所有设计难题。当然，组建团队前，首先应搞清楚，您的项目需要什么类型的人（如工程师、设计师、很有能力的撰稿人等），需要多少人，评估这些人擅长的技能及他们是否会加入您的团队，什么时候启动和结束您的项目。如果有必要，也可在设计过程中随时招一些短期合作的技能型人才。

2. 构思阶段（Ideation）——寻找方案

开展头脑风暴：得到好想法的一个重要方式，就是从许多想法中选择。以下是头脑风暴规则（Brainstorm Rules）：

（1）不要轻易下结论：您永远不能预知一个好的想法出自哪里，应该让每个人都觉得他可以提出自己的想法并在此基础上随意发挥。

（2）鼓励大胆的想法：大胆的想法经常因其创造力而让大家的思路有新的飞跃，对于那些稀奇古怪的想法，不应轻视或忽视，这有助于我们脱离技术和原材料的束缚，从另一个角度考虑我们真正想要的东西。

（3）借助别人的想法：在别人想法的基础上进一步深度挖掘或发散思路，尽量在讨论中用“并且”代替“但是”。

（4）关注主题：尽量围绕中心议题进行讨论，力求做到“发散但不跑偏”。

（5）一次讨论一个话题：一旦有人提出一个好的想法，团队里每个人就应全神贯注地思考其可行性，并试图以这个想法为基础提出全新的、更好的方案。

（6）可视化：在进行头脑风暴的时候，应尽量把所想的内容画出来（即使您不是画家也没有关系），以使思考过程尽量可视化。

（7）越多越好：尽可能提出很新的想法，理想状态是在一个小时内提出 100 个想法，快速从中挑出比较好的那些。

快速制作原型（Rapid Prototyping）：原型可以验证一个想法的可行性。您可以制作任何形式的原型，不需要做得完美，只要能够对想法进行验证就可以。原型做好后，邀请用户进行测试时，一定要得到一些反馈，这样您就可以根据这些反馈快速地对原型进行迭代。

共同创新（Co-Creation Session）：把用户带入设计过程中。首先确定您想进行共同创新的特定人群，安排一个场所，准备好必需品（笔、纸等），邀请特定人群的代表加入。把他们当成设计师，向他们介绍您的设计过程，并听取反馈，这样也许您会获得更有价值的意见。

3. 执行阶段（Implementation）

配备项目工作人员（Staff Your Project）：类似于灵感阶段的组建项目团队，将您的想法付诸行动。进行此环节时，应先确定最重要的成员，按优先级列出最重要的技能，再看一下您的团队是否能满足这些技能需求，并据此适当对人员进行增减和替换。

创建一个项目计划（Create a Project Plan）：仔细思考您的进度安排、您所参与的部分、您招募的人员、您的预算、您需要的技能、您的出差计划等，并以此为基础形成一个项目计划。

持续得到反馈（Keep Getting Feedback）：向用户征集反馈是一个永无止境的过程，也是进行包装创新的重要部分。为了获得有效反馈，您可以询问重要的利益相关方和供应商（或零售商），从他们那里获得信息，并跟您的团队成员分享这些反馈。

开始路演（Create a Pitch）：向利益相关方介绍您的创新。先快速介绍背景、方案的主旨，以及与现有设计的不同点。介绍时不要纠结于模糊的细节，主要讲它为什么有价值。在此环节，您会跟不同的人进行交流，要注意掌控沟通的内容和时间。

以上内容节选自 IDEO 的官方网站，如果对此内容感兴趣，您可以自己上网搜索相关内容，或许会有更多发现。

第五篇

如何高效管理多个包装项目

5.1 端到端（E2E）项目管理

就像**人的一生**可以分为童年期、青年期、中年期和老年期**四个阶段**一样，**包装开发的过程**也是一个类似的端到端（End to End，E2E）的生命周期过程（见图 5-1）。它包括前期酝酿（Front End）、产品开发（Product Development）、正式投产（Production）和产品下架（End Of Life）**四个阶段**。微软、索尼和罗技都在硬件产品开发方面积累了类似的产品研发项目管理经验。

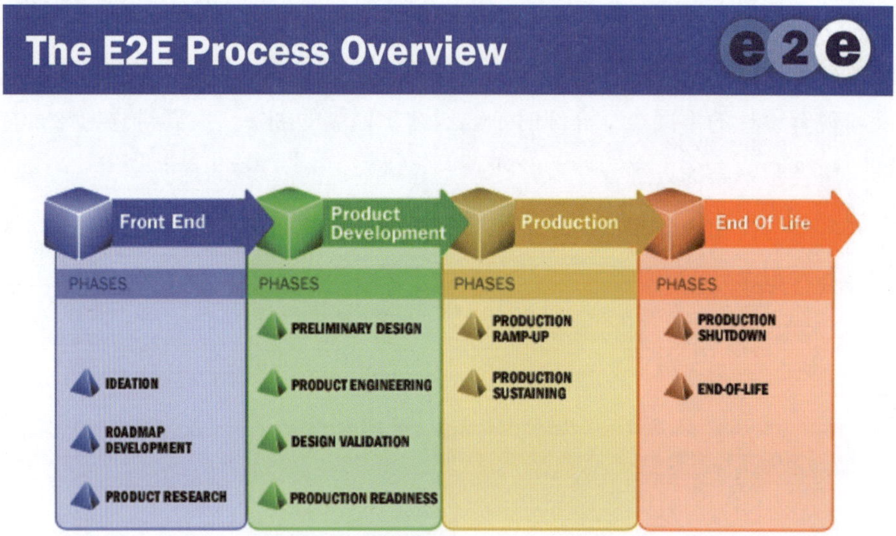

图 5-1　端到端（E2E）的生命周期过程

简单来讲，E2E 是一个管理产品研发过程的工具。我们来看一下怎样将 E2E 灵活运用到包装项目的管理上（见图 5-2）。

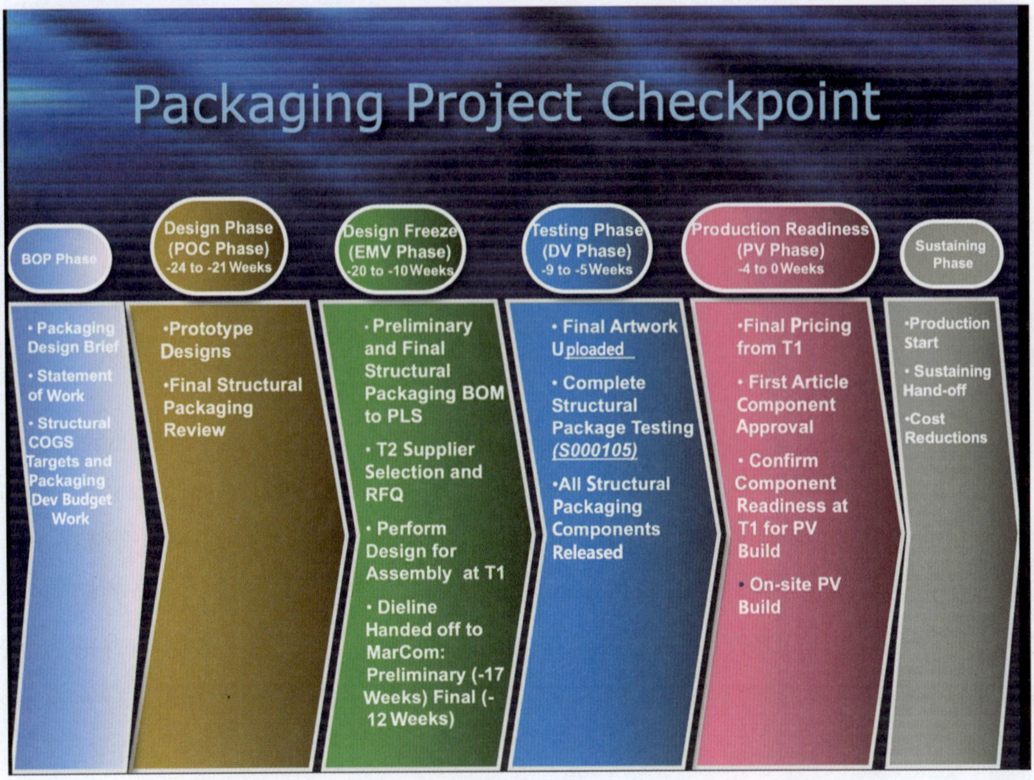

图 5-2　包装项目的端到端（E2E）管理

BOP Phase（立项阶段）：向项目团队提交包装工作说明、包装设计概要、包装成本和开发预算。

POC Phase（设计阶段）：根据市场、供应链和 ID 等的要求，开始进行包装结构设计、原型制作和设计评审。

EMV Phase（工程实现阶段）：包装结构设计定稿，做出原型，并交给相关团队评审，建立最终的包装 BOM，选定 T2（包装供应商）并要求提供初步报价，让 T1（ODM 厂商）在工厂生产线测试包装结构设计，提交初步刀线图给视觉设计团队。

DV Phase（设计验证阶段）：执行包装测试，确定所有包装材料的工程规格（SPEC），并在试产前 5 周左右上线正式文件。

PV Phase（试产阶段）：确认包装材料的最终报价，签署包装首样，确认 T1 收到所有必需的包装材料，进行现场试产验证。

Sustaining Phase（续航阶段）：开始量产，交接后期的维护工作。如果产品销售情况好，需要进行包装的迭代或削减包装成本。

5.2 包装项目管理中重要时间节点（Checkpoint）

对于消费类电子产品的包装设计过程，有三个时间节点非常重要，分别是：EV Build（工程验证）、DV Build（设计验证）、PV Build（生产验证）。这三个验证都需要包装工程师到生产现场实地参与。下面分别介绍这三个验证的工作内容和重点。

5.2.1 工程验证（EV Build）

EV Build 主要评测包装的结构设计及其对生产线组装的影响，如包装设计是否影响生产线组装效率（即前面讲过的验证包装的 DFA）、各个包装物料能否顺利地合装在一起、包装设计是否照顾到了用户的开箱体验、各包装物料的尺寸是否正确，以及外箱的尺寸是否正确等。通常，ODM 工厂会在生产线上试装 50 套样品（产品+包装），并借这个过程发现包装设计存在的问题，再与 T1 和 T2 合作以改进，并对这 50 套样品进行初次包装测试。

在完成初次包装测试后，检查产品和包装的损坏情况，然后对 EV Build 和初次包装测试发现的包装设计问题一并进行分析和改进。

5.2.2 设计验证（DV Build）

进行 DV Build 时通常也会在生产线上试装至少 50 套样品（产品+包装）。如果产品有多个 SKU，则需要试装所有的 SKU。此时所用的包装材料都应是按照最新版本的工程规格打样或小批量生产出来的。这个环节主要解决 EV Build 发现的问题，验证最终的包装结构设计，并充分利用试装好的样品进行最后一轮的包装测试。

5.2.3 生产验证（PV Build）

前面已经讲过 PV Build 的工作内容，这里不再赘述。在此环节，通常每个 SKU 要在生产线上装配 100 套（产品+包装）。在此环节，所有的包装材料要跟 BOM 一致，版本、规格都不能再更改。

5.3 包装项目风控管理

包装项目的风险项相对较少，也容易控制，但对于一些特殊产品，产品本身性能不达标或包装测试不过关，都会导致项目进度滞后。但这在工作实践中时有发生，遇到这种小概率事件时，请您不要紧张，也不要“甩锅”，专注解决问题即可。等积累足够多的经验后，就能预判哪个节点可能出问题。

当您管理的包装项目过多时，可能会出现顾此失彼的情况。这就跟杂技中的转碟一样，手中的碟子越多，它们掉下来摔碎的可能性越大。为避免项目失控，您要么减少项目的数量，要么提高自己的时间管理技能，要么借助一些科学的项目管理工具。

包装设计领域的项目管理工具很多，每个工具的特点都不同，具体怎么选、怎么用，要看使用者的个人工作风格和时间管理技能。

例如，有的包装工程师喜欢很工整的、看上去就很专业的甘特图（见图 5-3）。

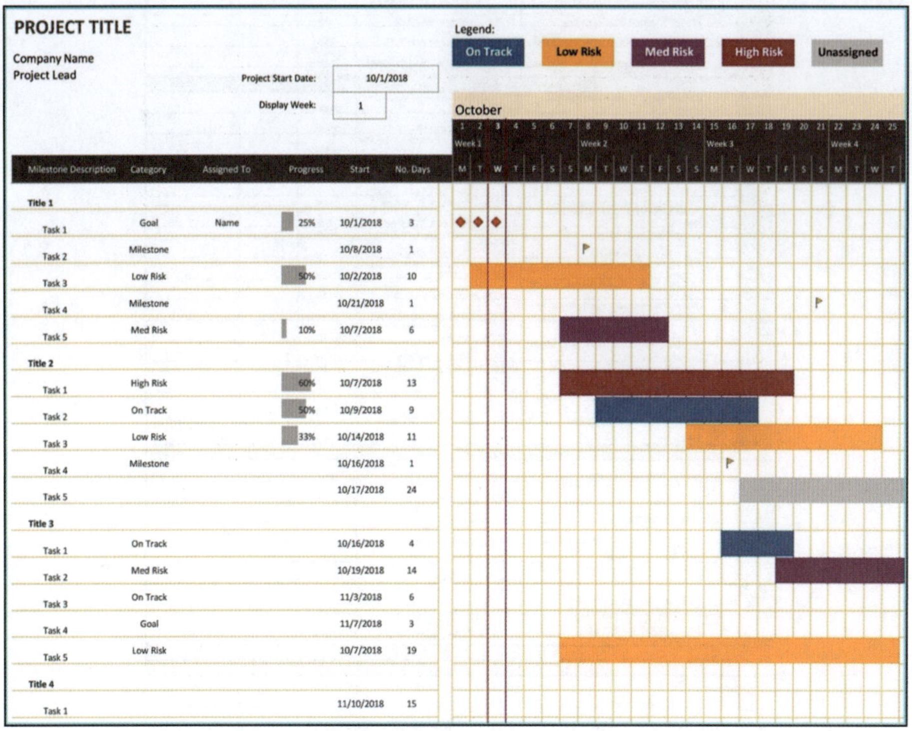

图 5-3 项目管理工具之甘特图

有的包装工程师喜欢用 Excel 表格（见图 5-4）。

MAGIC AR PACKAGING MILESTONES

Milestone and Deliverable Based Checklists to Ensure & Verify Program Integrity

Project: VISION PRO　　Project Name: MAGIC AR

PV Date: August 1, 2023　　Project Link:

Ref. #	Weeks from PV	Task	Owner	Deliverable / Output	Due	Actual Date/ NA	Document Link/ Comments
Front End							
Product Research Phase (PR)							
PR 1	Var	Packaging design requirements	MarComm	Requirements to SP PM			
PR 2	Var	Competitive Analysis- as required	SP PM	Information gathered			
PR 3	Var	Statement of Work (SoW) and Product Spec for RFI / RFP	SP PM	Confirmation of template			
PR 4	Var	Structural target COGs and Structural Packaging Dev Budget to Dev PM	SP PM	email to Dev PM and cc: PLM			
PR 5	Var	Prepare 1 page Packaging slide for BOP	SP PM	PPT Slide to Dev PM and cc: PLM			
PR 6	Var	Business Opportunity Proposal (BOP)	PLM / Dev PM	BOP Approval			
Product Development							
Preliminary Design Phase (POC- Proof of Concept)							
POC 1	-24	Two 0.9 Models (final ID) delivered to SP PM	Dev PM / ID	Model Delivered	14-Feb		
POC 2	-23	SP Design Brief prepared and Design vendor strategy established	SP PM	Final Design Brief available for Pkg Design Vendor	21-Feb		
POC 3	-22	SP Design Review #1: present SP concept options	SP PM	Concept Direction and DR #1 Summary	28-Feb	14-Feb	
POC 4	-22	Retail Pkg - Preliminary Dieline Dimensions to Marketing	SP PM	Retail Box Dimensions	28-Feb	26-Feb	
POC 5	-22	Manual size established (for Pkg. Structural Design)	UA	Size of Manual	28-Feb		
POC 6	-22	Communicate program EV/DV HW unit needs to Dev PM (design, test, etc.)	SP PM	# units/timing request to Dev PM	28-Feb		
POC 7	-21	SP Design Review #2 Retail Pkg Design Concept Frozen	SP PM	Retail Design Concept Frozen; Design Review #2 Summary	7-Mar	5-Apr	
POC 8	-21	Review packaging concepts with PSM	SP PM	Strategy communicated	7-Mar		
POC 9	-21	ASR (Architectural and Spec Review)	Dev PM	One Page Slide to Dev PM	7-Mar		
Product Engineering Phase (EMV)							
EMV1	-20.5	Plastic Component Design Kick-off; prototype development initiated	SP PM	Prototype plastic samples	10-Mar		
EMV2	-19	NA & LOC page count estimates & preliminary print spec (# colors) to SP PM	UA/ LOC PM	E-mail sent to SP PM	21-Mar		
EMV3	-19	Preliminary RSM Packaging BOM to PLS	SP PM	BOM component requirements list	21-Mar		
EMV4	-18	Preliminary Specification (material and size) to PSM for all new packaging components	SP PM	Component Spreadsheet	28-Mar		
EMV5	-17	Final Structural Design Review (#3) w/ plastics	SP PM	Design frozen and Key stakeholders sign-off	4-Apr	20-Apr	
EMV6	-17	Preliminary Retail Pkg Dieline Hand-off to Marketing	SP PM	Release Spec to RSM (.eps file only if necessary) and cc: PPM for Spec number	4-Apr		
EMV7	-14	Packaging supplier (Tier 2) Selections completed	PSM	Tier 2 selection finalized	25-Apr		
EMV8	-14	Order/Produce samples for DFA evaluation	SP PM	Pkg components ordered	25-Apr		
EMV9	-13.5	EV units (incl. pkg components) available at Tier 1 for DFA	SP PM/ Dev PM	EV units ordered	28-Apr		
EMV10	-13	Perform Design for Assembly (DFA) at Tier 1	SP PM	DFA Report	2-May	DFA	
EMV12	-13	Creative Artwork Review	ART/ MarComm	Input/ Alignment with ART on artwork strategy	2-May		
EMV13	-13	Print Test for new art concepts as required	ART	Strategy approved	2-May		
EMV14	-12	Final Retail Pkg dieline sent to Print Production and Marketing/ RSM	SP PM	.eps file posted to RSM	9-May	14-May	
EMV16	-11	Updated Packaging Component Specifications sent to PSM	SP PM	Email latest Spec spreadsheet to PSM	16-May		
EMV15	-10	RSM BOM Review & Baseline Complete	PLS	BOM available in RSM	23-May		
EMV17	-10	Approval to build production tooling (plastic & paper)	SP PM	Tooling Initiated by T1/T2	23-May		
EMV18	-10	Procure materials for final structural Package testing	SP PM	Packaging Components to Tier 1	23-May		
EMV19	-10	EMV- Engineering and Marketing Verification	Dev PM	One Page Slide to Dev PM	23-May		
Design Validation Phase (DV)							
DV1	-9	CD Label artwork file posted to RSM for China Licensing	UA/MarComm	Print specification available in RSM	30-May		
DV2	-9	SP PM receives Preliminary CD Release for China Licensing	Software PM	SP PM ships CD to T1 / T2	30-May		
DV5	-9	Pre-Print review meeting for NA Print Component	PPS	Approve Bleed, Dims, and no print zones	30-May		
DV3	-8	Authorized Replicator Provides samples to T1 for China Government Registration	T1/T2	CD	6-Jun		
DV4	-8	EV/DV units and Packaging components (4 shippers) available at T1 for Pack Out	Dev PM	Begin Final Package Testing	6-Jun		
DV11	-7	NA/ 1st region Print Specification available in RSM	T1/PPM	Readiness for PV confirmed	13-Jun		
DV12	-7	Release and initiate DPO & confirm press check required	T1	Readiness for PV confirmed	13-Jun		
DV13	-7	NA manuals completed and available in RSM	UA/ LOC PM	Readiness for PV confirmed	13-Jun		
DV6	-6	Provide HW device weight to PLS	PLS/Supply Chain	PLS receives HW weights	20-Jun		
DV7	-6	Complete Package Testing (per S000105) & HW Functional tests	T1/ SP PM	Package & Functional Test Report to SP PM	20-Jun		
DV8	-6	Updated Packaging Component Specifications sent to PSM	SP PM	Email latest Specs to PSM	20-Jun		
	-6	Release Shipper and Pallet Pattern Specifictions for Logistics W & M	SP PM	Specifications released to RSM	20-Jun		
DV9	-5	Plastic Tooling Qualification Completed	SP PM	Tier 2 report & FAI approval complete	27-Jun		
DV10	-5	Release Final Engineering specifications (all remaining individual components)	SP PM	All specifications released to RSM	27-Jun		
DV13	-5	LOC manuals completed and available in RSM	UA/ LOC PM	Readiness for PV confirmed	27-Jun		
DV14	-5	BOM Release and Review with T1	SP PM	Conf. Call/E-mail confirmation of BOM	27-Jun		
DV15	-5	Confirm T1 Procurement of materials for Packaging Production and PV	SP PM	Email confirmation of PO from T1	27-Jun		
PV2	-5	All Loc Pkg Pre-Print Review Meetings	PPM	Review Digital Proof/sign-off			
DV16	-5	DV Review	Dev PM	One Page Slide to Dev PM	27-Jun		Template to include costed BOM
Production Readiness Phase (PV)							
PV1	-4	Software RTM/Available in RSM	SP PM	Gold master for physical delivery to T2	4-Jul		
PV5	-4	LOC Pkg Print Specs available in RSM and Digital File (or film) sent	PPM	Readiness for Production confirmed	4-Jul		
PV4	-3	Release and initiate DPO	T1	Readiness for Production confirmed	11-Jul		
PV3	-3	NA Component Level FAI's received and approved	SP PM	Audit completed; Results shared w/ T1 & T2	11-Jul		
PV6	-1	Software Registration complete	SP PM	Confirmation of Registration	25-Jul		
PV7	-1	Packaging Component Readiness for PV Build; all NA components delivered to T1	SP PM	Confirmation email from T1	25-Jul		
PV7	0	On-Site LOC Component Level FPP Audit	SP PM	Audit completed; Results shared w/ T1	1-Aug		
PV8	0	First Day of Production Varification (PV)	Dev PM	PV starts	1-Aug		
PV9	0	Packaging PV Run	SP PM	Packaging PV Summary to Core Team	1-Aug		
PV10	0	Production Go/No Go Meeting	Dev PM	One Page Slide to Dev PM	1-Aug		
Production							
Production Ramp-Up Phase (P)							
P2	+2	Production Start	Dev PM		15-Aug		
P3	+3	NA SKU (Production) Packaging FPP FAI	SP PM/ Dev PM	Approval to ship	22-Aug		
P5	Var	Photo audits as required (on-going)	SP PM/ VAM/ NPI	Approval to ship			
Production Sustaining Phase (SH)							
SH1	+6	Sustaining Hand-Off to VAM Meeting	NPI PM	Check Point & Supporting Documents	12-Sep		

图 5-4　项目管理工具之 Excel 表格

有的“天赋型选手”只需要在 Word 里简单记录一下，就可以轻松管理好诸多项目（见图 5-5）。

PM for Structural Development:

Feb 14 Packaging preliminary dieline dimensions to Marketing for creative development

Mar 8 Final structural design frozen and key stakeholders sign-off

Apr 30 EV units (incl. pkg components) available at Tier 1 for DFA

May 16 Final retail pkg dieline sent to print production, marketing and RSM

June 29 EV/DV units and packaging components (4 shippers) available at T1 for pack out (Dev PM begin final package testing)

July 13 NA Component Level FAI's received and approved

Aug 3 On-Site PV

PM for Graphics development:

- Parallel creative in conjunction with structural packaging concepts
- 2/14 Design agency kick off
- 3/8 Creative review
- 3/12-3/25 Focus groups
- 3/15 Creative and structural design selection
- 3/19 Exec review
- 3/20 - 3/22 Usability testing
- 4/12-4/19 China press tests
- 5/16 Artwork release to RSM

BOM readiness:

- 2/13 SKUs created
- 4/6 BOM Baseline
- 6/15 NA Packaging/Manuals released to RSM
- 6/22 BOM review with Agile
- 7/15 LOC Packaging/Manuals released to RSM

Packaging Milestones	Device	Accessories
Design Review #1	Completed	Completed
Design Review #2	April 12	April 12
Design Review #3	April 30	April 30
Structural Packaging Concept Locked	April 30	April 30
Focus Groups	May 1-5	May 1-5
User Studies	May 7	May 7
Structural Exe Review	TBD	TBD
Manufacturing DFA (Design for Assembly) Review	May 11-13	May 28-30
Final Structural Packaging Design File RSM release to Agile	May 14	May 14
Artwork File Release	June 22	June 22
Final Packaging Distribution testing	June 29	June 29 - July 13
Packaging Available for PV Build	July 25	July 25 - Aug 4

图 5-5 项目管理工具之 Word 文档

其他项目管理工具如 WBS（Work Breakdown Structure）、日历、时间线、状态表、HOQ 及思维导图等，您可以自行搜索其相关信息，在此不再一一赘述。

第六篇

包装供应链管理那些事儿

包装供应链管理的内容不仅包括供应商管理，还包括计划管理、成本控制、质量控制、产品交付、产能分析、库存管理、风险管控等。本篇重点讲解开发新的供应商、供应商管理及包装质量管理。

6.1 供应商遴选和资格审核

知名品牌商选择包装供应商时，其操作会非常谨慎、规范，流程漫长，遴选时间长达一年甚至两年。这些品牌商的采购部门会组织包装团队去参观印刷厂，然后从多个方面对这些潜在供应商的资质进行打分，分数最高者成为正式供应商。

如果贵司没有知名品牌商那样雄厚的实力，建议您简化流程，先从同行推荐或展会认识的厂商中进行初步筛选，经过初步的交流面试后，再把您的包装设计方案发给他们，并以此考查其合作态度、响应速度、工程变现能力、报价、样品质量、印刷生产管理水平及员工专业素质等方面，这样也可以较快地确定适合您的供应商。

此处把知名品牌商对潜在供应商进行评估的文件样例和审核细节分享给您，希望对您和采购团队筛选包装供应商有所帮助。

采购团队对潜在包装供应商的审核指标主要包括以下几方面：公司运营水平、创新能力、财务状况及组织健康程度等，如图6-1～图6-4所示。

Category Weighting: 25%		Attribute Weight	Supplier				Rating Key						
Total Attributes: 7			Measure	Score	Previous Score	Weighted Points	6	5	4	3	2	1	0
1	First Pass Yields	25%		6		25	Equal to or greater than 99%	Equal to or greater than 98%	Equal to or greater than 97%	Equal to or greater than 96%	Equal to or greater than 95%	Equal to or greater than 94%	Equal to or greater than 93%
2	Number of Past Due Corrective Actions	10%		6		10	0	1	2	3	4	5	6
3	Functional and Cosmetic OBA DPPM	5%		6		5	Less than 100	101 - 150	151-200	201 - 300	301 - 400	401 - 500	Over 500
4	Ratio of problems reported in factory vs.field (PSS)	5%		6		5	8 : 1	6:1	5:1	4 : 1	3:1	2:1	Even
5	Inventory Turns (Excluding MS Req'd Buffer)	5%		6		5	Exceeds 25	15 - 25	10 - 24.9	7 - 9.9	5 - 6.9	3 - 4.9	Less than 3
Operational Excellence Score Total		100%		6	0	100							

图 6-1 采购团队对潜在包装供应商的审核指标（1）

Category Weighting: 25%		Attribute Weight	Supplier				Rating Key						
Total Attributes: 9			Measure	Score	Previous Score	Weighted Points	6	5	4	3	2	1	0
1	% of Project Deliverables changed w/o prior MS approval (per SOW)	25%		5		21	None	Less than 2%	2% -5%	Over 5% but less than 8%	Over 8% but less than 11%	Over 11% but less than 15%	15% or More
2	Number of proactive suggestions implemented per program during month	5%		4		3	6 or more	5	4	3	2	1	0
3	Quick turn of unplanned development changes	5%		6		5	1 day or less	2 days	3 days	4 days	5 days	6 days	7 or more days
4	% of revenue invested in Research & Development (that supports MS business) - rolling 12 months	5%		6		5	10% or more	8.0% - 9.9%	7.0% - 7.9%	5.5% - 6.9%	4.0% - 5.4%	0.1% - 3.9%	0%
5	Product or Process Issues Resurfacing after Proof of Concept (POC)	10%		6		10	None	0-1.5%	1.5% - 3%	3% - 4.5%	4.5% - 6%	6% - 7.5%	> 7.5%
6	Projects using DFMEA analysis	5%		6		5	100%	90% - 99.9%	70% - 89.9%	40% - 69.9%	15% - 39.9%	0.1% - 14.9%	0%
7	Design review with MS prior to testing (all disciplines: reliability, agency, etc.)	10%		6		10	100%	97% - 99.9%	95.0% - 96.9%	90.0% - 94.9%	80.0% - 89.9%	80.0% - 79.9%	Less than 70%
Innovation Score Total		100%		6	0	94							

图 6-2 采购团队对潜在包装供应商的审核指标（2）

Category Weighting: 25%		Attribute Weight	Supplier				Rating Key						
Total Attributes: 5			Measure	Score	Previous Score	Weighted Points	6	5	4	3	2	1	0
1	Rolling 12 Mo % decrease in COGS	25%		6		25	> 10%	6.1% - 10%	4.1% - 6%	3.1% - 4%	2.1% - 3%	0.1% - 2%	> 0$
2	COGS performance (at launch) vs.SOW Target %	25%		5		21	>20% below	10% - 19.9% below	0% - 9.9% below	Even	0% - 9.9% above	10% - 19.9% above	>20% above
3	Total SC Management Cost (as a % of COGS)	20%		4		13	Less than 7%	7% - 13.4%	12.5% - 17.4 %	17.5% - 19.9%	20.0% - 22.4%	22.5% - 25.0%	>25%
4	Material Acquisition Cost (% COGS)	20%		6		20	Less than 1.0%	1.0 % - 1.9 %	2.05 - 3.9%	4.0% - 5.9%	6.0%-6.9%	7.0-10%	Exceeds 10%
Finance Score Total		100%		6	0	89							

图 6-3　采购团队对潜在包装供应商的审核指标（3）

Category Weighting: 25%		Attribute Weight	Supplier				Rating Key						
Total Attributes: 8			Measure	Score	Previous Score	Weighted Points	6	5	4	3	2	1	0
1	% of electronic data matching the actual parts as verified at build milestones.	10%		6		10	100%	99%	98%	97%	96%	95%	Less than 95%
2	Turnover of any lead project resources not agreed upon in SOW	25%		5		21	0 in past 12 months	0 in past 6 months	.5 headcount in past 12 months	1 head count in past 12 months	1.5 headcount in past 12 months	2 headcount in past 12 months	more than 2 headcount in past 12 months
3	Financial Health or Stability (Use official Microsoft rates)	15%		4		10	4A to 5A	1A - 3A	CB - BA	DD - CC	FF - EE	GG - HH	Unrated
4	Cross training 3 or more areas in past 12 months	5%		6		5	> 50% of workforce	40% - 50%	30 %-39.9%	20% - 29.9 %	10% - 19.9%	0.1% - 9.9%	No cross training apparent
5	Training hours as % of work hours	5%		6		5	Over 10%	8.0% - 10%	6.0% - 7.9%	4.0% - 5.9%	2.5% - 3.9%	0.1% - 2.4%	0%
6	Unplanned factory down time days past 12 months	5%		6		5	0	0.1 - 2.0	2.1 - 4.0	4.1 - 6.0	6.1 - 8.0	8.1 - 11.9	12.0 or more
7	Product safety reports past 12 months	5%		6		5	0	0.1 - 2.0	2.1 - 4.0	4.1 - 6.0	6.1 - 8.0	8.1 - 11.9	12.0 or more
8	Corporate Social Responsibility Audit (Score comes direct from audit)	10%		6		10	6	5	4	3	2	1	0
Organizational Health Score Total		100%		6	0	91							

图 6-4　采购团队对潜在包装供应商的审核指标（4）

考查包装供应商的印刷厂（俗称审厂）时，不仅要看硬件水平，也应暗中观察工厂的一些细节。这些细节也许可以让您更深入地了解印刷厂的实际运转情况，在此列举一些细节考查点供您参考。

- 印刷厂的设计能力和工程、技术支持能力。

- 印刷生产车间/仓库的温湿度控制。
- 看色标准光源箱是否具备双光源。
- 印前彩色数码打样的质量，包装样品室的摆放。
- 工人的着装、精神面貌，新老员工如何区分。
- 参观通道、物流通道、人流通道是否各有单独的标志，客货梯是否分开。
- 是否能看到水杯、食品、垃圾箱等。
- 化学药品标志是否清楚。
- 仓库中成品、半成品的摆放，通风状况，车间的灯光照明状况等。
- 纸毛纤维、纸屑等垃圾的处理，卫生间的清洁状况。
- 生产线 SOP、培训记录，保密要求等（体现文件管理能力）。
- 安保检查是否规范、欢迎审厂的接待水平（是否有胸牌，是否准备了鞋套、防静电服等）。

品牌商会定期从价格、质量、交货期、配合度、售后服务等各方面对现有供应商进行考核和评估，例如，图6-5所示的供应商KPI得分表就是从连续供应能力（COS）、业务管理能力(Business Mgmt)、成本(Cost)、新项目导入(NPI)、质量&合规性(Quality & Compliance)等方面评价供应商表现的。

	Max Score	S	L	D	Li	U	I	K	Y	C	Sta
COS	**20.0**	**15.8**	**15.0**	**18.0**	**14.8**	**15.2**	**15.4**	**15.4**	**14.3**	**13.2**	**13.6**
On-Time Delivery	6.0	4.8	4.7	6.0	4.5	5.2	4.8	4.7	4.5	4.0	3.8
Capacity Management	6.0	4.8	4.7	5.5	4.3	4.0	3.8	3.8	3.8	3.8	4.0
Buffer Inventory	4.0	3.2	3.3	3.0	2.8	3.0	3.2	3.5	2.5	3.0	3.0
Order Lead-Time	2.0	1.4	1.3	2.0	1.8	1.6	1.8	2.0	1.8	1.2	1.6
Notification	2.0	1.6	1.0	1.5	1.5	1.4	1.8	1.5	1.8	1.2	1.2
Business Mgmt	**20.0**	**17.0**	**17.3**	**15.0**	**16.3**	**15.5**	**16.6**	**13.9**	**14.8**	**14.9**	**15.2**
Acc't Mgmt	6.0	5.2	4.5	5.5	5.3	4.5	4.5	4.0	4.2	4.2	4.6
Contract Mgmt	6.0	4.7	5.5	4.0	4.5	5.0	5.0	4.3	4.5	4.3	4.8
Communication	4.0	3.3	3.3	3.5	3.5	2.7	3.5	2.6	2.6	2.8	2.7
Contract Commitment	2.0	2.0	2.0	1.0	1.5	1.8	1.8	1.3	2.0	2.0	1.8
Purchasing	2.0	1.8	2.0	1.0	1.5	1.6	1.8	1.7	1.5	1.6	1.4
Cost	**20.0**	**15.8**	**13.7**	**14.5**	**13.8**	**12.5**	**12.3**	**16.4**	**15.5**	**13.8**	**12.0**
Cost target	6.0	4.7	4.0	4.0	4.3	3.8	3.7	5.0	5.2	4.0	4.2
cost reduction	6.0	4.8	4.0	4.5	4.0	3.4	3.2	4.8	4.5	3.8	2.8
RFI/RFP execution	4.0	3.2	3.3	4.0	3.0	3.0	3.2	3.0	2.8	3.0	3.0
Best-if-Clase Price	2.0	1.4	1.3	1.0	1.3	1.0	1.0	2.0	1.8	1.2	1.0
Sourcing	2.0	1.8	1.0	1.0	1.3	1.3	1.3	1.7	1.3	1.8	1.0
NPI	**20.0**	**17.3**	**16.8**	**15.0**	**16.0**	**18.0**	**15.8**	**10.7**	**11.2**	**12.8**	**13.5**
Product Qualification	6.0	5.3	5.3	5.0	5.0	6.0	4.8	3.0	3.3	4.3	3.3
Engineering Changes	6.0	5.3	4.7	5.0	4.3	5.7	4.8	3.3	2.7	3.0	4.5
Quality Management Plan	4.0	3.0	3.3	2.5	3.3	2.7	3.0	2.3	2.0	2.5	2.8
Qualification Samples	2.0	2.0	2.0	1.0	1.7	1.7	1.8	1.0	1.7	1.5	1.5
Research & Development	2.0	1.8	1.5	1.5	1.7	2.0	1.5	1.0	1.5	1.5	1.5
Quality & Compliance	**20.0**	**15.1**	**15.3**	**15.5**	**15.3**	**14.7**	**14.8**	**13.5**	**13.7**	**14.5**	**14.4**
CM Factory Performance	6.0	4.4	5.0	5.0	4.3	4.4	4.8	4.0	4.5	3.8	4.4
Compliance Management	6.0	4.3	4.5	6.0	5.0	4.3	4.0	5.0	4.7	4.3	4.0
Microsoft Factory Assessments	4.0	3.5	2.5	2.0	3.0	3.0	3.0	2.5	2.0	3.5	3.0
Supplier Quality Metric Reporting	2.0	1.3	1.5	1.0	1.5	1.3	1.7	1.0	1.5	1.7	2.0
Corrective Action Reporting	2.0	1.5	1.8	1.5	1.5	1.7	1.3	1.0	1.0	1.2	1.0
Total:	**100.0**	**80.9**	**78.0**	**78.0**	**76.1**	**75.9**	**74.9**	**69.9**	**69.4**	**69.1**	**68.6**

图 6-5　供应商 KPI 得分表

6.2 包装质量管理

前面 Step3 里已讲过，包装材料的使用，如回收料含量、重金属限制和制造工艺等，必须符合其制造、销售区域的相关环保法规要求，这对包装材料的选材和制造都提出了一定的要求。这里重点讲一下在包装质量管理中，如何确保包装供应商交付的物料在外观和功能上都达标，即如何管控包装材料的制造质量。品牌商对于其产品包装的主要材料都会设置相应的工艺质量标准（Quality Workmanship Standard），以下举例说明。

对于主包装材料（如精品盒或其他一级包装）的工艺质量标准，一般需要先定义区域（如将彩盒表面分为A、B、C、D这几个区域）和各类质量缺陷，然后给出一般验收准则和具体的验收准则。以某品牌商的工艺质量标准设置为例。

1. 定义彩盒表面区域

A区：彩盒正面和顶部，出现品牌LOGO、产品名称、产品图像的区域，以及这些产品标志周围延伸出0.5英寸（12.7mm）的区域。

B区：彩盒正面和顶部，除A区外的其余区域。

C区：彩盒的底部、背面、侧面和内翻盖，出现品牌LOGO、产品名称、产品图像的区域，以及围绕这些产品信息延伸出0.5英寸（12.7mm）的区域。

D区：彩盒的底部、背面、侧面和内翻盖，除C区外的其余区域。

2. 定义各类质量缺陷

某品牌商对各类质量缺陷的定义如图6-6所示。

3. 验收标准

对彩盒进行验收的部分标准如下。

- 对于 A 区：不允许有严重质量缺陷，允许出现小瑕疵（如墨点）但不可多于 1 处。
- 压痕、模切、裁切、折叠、粘合处的误差不能超过 3mm。

Die Cut/Trim: Carton must be cut to match the die-line as specified in the engineering specification drawing. Trim refers to area of a press sheet that does not have the product printed image. No excess trim should be visible on the die-cut carton.

Glue Joint: Area of the carton that overlaps and is held together with glue. Glue should cover at least 75% of the glue joint area.

Spots: Spotted images on the printed surface that is not on the customer's artwork or in the normal structure of the material.

Streaks: A line or band of different color or texture on the press sheet that was not on the customer's artwork.

Scratches/Tears: A tear that penetrates the surface ink or coating and may cause the underlying color or stock to show through. (See "Score Line Cracking" below for score line defects).

Marks: A visible mark on the package coating that causes a contrast with the surrounding coating surface.

Creases/False Scoring: A non-specified bend, fold, crease or crack in the printed material substrate.

Indentations: Dent in the carton substrate that includes roller & gear marks, etc.

Puncture: A hole that penetrates through all layers of materials of retail carton.

Ink Color: As specified on the ink specification and artwork/film supplied.

Ink Density: A gradient degree of ink film thickness applied to the substrate.

Registration/Trapping: Ink and images positioned correctly on the substrate in relation to each other and the edges of the paper.

Skew: When an image is cut or converted out of compliance with the specified edge trim at an irregular or diagonal direction.

Copy Clarity: Type must be clear and legible. Type should be solid with no feathering on the sides of the letters.

Moire: Wavelike or checkered effect caused by incorrect screen angles.

图 6-6　某品牌商对各类质量缺陷的定义

某品牌商对彩盒进行验收的完整验收标准如图6-7、图6-8所示。

Table #1
Accept/Reject Criteria

DEFECT TYPE	ZONE A Reject When:	ZONE B Reject When:	ZONE C Reject When:
Die-cut/Trim	More than 1/4 of the die-cut has flashing of 1/32" or greater.	More than 1/4 of the die-cut has flashing of 1/32" or greater.	More than 1/4 of the die-cut has flashing of 1/32" or greater.
Rigid Box Forming	Not Applicable	Box forming dimensions have a variance of +0/- 1mm (0.0393"), or greater	Box forming dimensions have a variance of +0/- 1mm (0.0393"), or greater
Rigid Box Component Dimensional Alignment	Not Applicable	1) Box forming dimensions of separate outer components to allow gaps not greater than +1mm / -0mm (0.0393") between component parts. 2) Folding skew of Inner Component Flaps or mated sections not greater than + 0.8mm / -0mm (0.0315").	1) Box forming dimensions of Inner Cavity or compartment joints to allow gaps of +0.5mm / -0mm (0.020") 2) Folding skew of Inner Component Flaps or mated sections not greater than + 0.8mm / - 0mm (0.0315"). 3) Inner Cavity liner edge fold over flatness at fold edge not greater that + 0.8mm / -0mm (0.0315").
Glue Joint	N/A	N/A	Glue extends beyond joint onto surfaces or joint is misaligned by greater than 1.0mm (0.0393") and exceeds more than half the length of the joint.
Rigid Box Glue Spots or Streaks	1) Spot is greater than 1/8", (3.2mm) in diameter or there are 3 or more present that are 1/16" (1.6mm) or greater in diameter 2) Streak is 1/8" (3.2mm) in width and ¼" (6.4mm) in length or there are 3 or more present that are 1/16" (1.6mm)/ 1/4" (6.4mm) or greater in width / length.	1) Spot is greater than 1/8", (3.2mm) in diameter or there are 4 or more present that are 1/16" (1.6mm) or greater in diameter 2) Streak is 1/8" (3.2mm) in width and ¼" (6.4mm) in length or there are 4 or more present that are 1/16" (1.6mm)/ 1/4" (6.4mm) or greater in width / length.	1) Spot is greater than 1/8", (3.2mm) in diameter or there are 5 or more present that are 1/16" (1.6mm) or greater in diameter 2) Streak is 1/8" (3.2mm) in width and 1/2" (12.7mm) in length or there are 5 or more present that are 1/16" (1.6mm)/ 1/2" (12.7mm) or greater in width / length.
Spots	Spot is greater than 1/16", (1.6mm) in diameter or length or there are 2 or more present that are 1/16" (1.6mm) or greater. Note: For rigid box, no raised spots ("bumps") allowed in Zone 1, and no other spots of any type allowed in Zone 1.	Spot is greater than 1/16", (1.6mm) in diameter or length or there are 2 or more present that are 1/16" (1.6mm) or greater. Note: For rigid box, no raised spots ("bumps") allowed in Zone 2, and no more than 1 other type of spot of 1/8" (3.2mm) or less.	Spot is greater than 1/16", (1.6mm) in diameter or length or there are 2 or more present that are 1/16" (1.6mm) or greater.
Streaks	Streak is greater than 1/32" (0.8mm) wide and 1/8" (3.2mm) long.	Streak is greater than 1/32" (0.8mm) wide and 1/8" (3.2mm) long.	Streak is greater than 1/8" (3.2mm) wide and 1/4" (6.4mm) long.

图 6-7　某品牌商对彩盒进行验收的完整验收标准（1）

Registration/Trapping	Registration varies more than 1 row of dots for a 150 line screen in any one direction.	Registration varies more than 1 row of dots for a 150 line screen in any one direction.	Registration varies more than 1 row of dots for a 150 line screen in any one direction.
Registration – Spot UV Areas	Registration varies more than +/- 1mm from artwork files and/or approved gold master.	Registration varies more than +/- 1mm from artwork files and/or approved gold master.	Registration varies more than +/- 1mm from artwork files and/or approved gold master.
Skew	Skew is greater than 1/16" (1.6mm).	Skew is greater than 1/16" (1.6mm).	Skew is greater than 1/16" (1.6mm).
Copy Clarity	Clarity is inconsistent with the approved press proof/sheet or consists of illegible, missing or broken characters.	Clarity is inconsistent with the approved press proof/sheet or consists of illegible, missing or broken characters.	Clarity is inconsistent with the approved press proof/sheet or consists of illegible, missing or broken characters.
Moire	Carton contains visible screen pattern.	Carton contains visible screen pattern.	Carton contains visible screen pattern.

DEFECT TYPE	REJECT WHEN:
Score Line Cracking – *Inside* Liner (tearing of the paper fibers of the inner liner)	• Score line cracking of any individual tear greater than 15mm (0.59") • Score line cracking of the sum of individual tears is greater than 20% of the total score line length. • Score line cracking at the end points of the score line that exceeds 3.2mm (0.125") in length.
Score Line Cracking – *Outside* Liner (tearing of the paper fibers or separation of the ink from the surface of the liner)	• Score line cracking of any individual tear greater than 5mm (0.20") • Score line cracking of the sum of individual tears is greater than 10% of the total score line length. • Score line cracking at the end points of the score line that exceeds 3.2mm (0.125") in length.
Retail Carton Assembly Set-up Requirements	• Damage to the approved retail carton of any kind that occurs after ICQ inspection or during carton assembly. • False scoring during carton set up assembly • Closures show distortion and/or do not close fully • Gaps in adjoining assembly panels are greater that 1/8" (3.2mm) • Fully packaged product does not fit into shipper without shipper bulge.

图 6-8 某品牌商对彩盒进行验收的完整验收标准（2）

以上验收标准主要考察印刷质量和成形加工两方面。对于化妆品的一、二级包装来说，印刷质量常规检查项目为印刷墨层耐磨性（抗刮擦性能）、附着牢度及色差范围等。

零售产品的包装五花八门，没有统一的标准。这就需要您根据贵司的产品和包装特点，制定属于自己的验收标准，对于瓦楞纸箱、标签、说明书、内衬等辅助材料，质量标准的制定相对容易。以瓦楞纸箱为例，相关的质量标准主要包括以下两方面。

（1）硬性要求。

瓦楞纸板的边压强度（ECT）、空箱抗压强度（BCT）和耐破度必须达标。对瓦楞纸箱而言，最实用的就是看空箱抗压强度，因为纸箱的抗压能力及堆码层数是与边压强度正相关的。包装厂或品牌商通常会根据不同的产品类型、运输方式和使用环境等因素来确定瓦楞纸箱的边压强度极值。

出口到欧美等地的瓦楞纸箱的生产商一般会在其产品上加盖边压强度（ECT）质量保证章（Box Maker's Certificate，BMC）（见图 6-9）。有些生产商为了降低索赔风险，也会在BMC上标出纸箱的耐破度，其实这个指标意义不大。例如，一款瓦楞纸箱的面纸使用125gsm的俄卡，而芯纸和里纸使用 125gsm 的国产 B 级仿牛卡（Testliner），其耐破度甚至可能高于常用瓦楞纸，但实际上其边压强度很差，纸板的挺度也比较差。

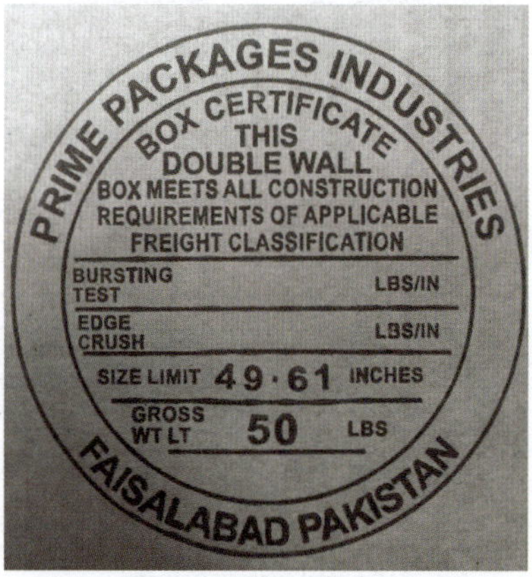

图 6-9　边压强度（ECT）质量保证章

（2）一般质量要求。

对瓦楞纸箱外观的要求：箱面不能有明显损坏或污迹，垂直四条棱边（或面）不能弯曲，分切刀口位置、开槽打孔位置光洁无毛刺，无撕裂等现象，边缘整齐，不叠角等。

对箱体封闭质量的要求：四周无漏洞，各箱盖合拢后无缝隙和参差不齐的现象，接合规范，所用胶水为淀粉黏合剂，不能用金属钉等。

对于尺寸公差的要求：箱体内径与设计尺寸的公差应不高于±5mm（大箱）或±3mm（小箱）。

对于耐折度的要求：箱盖经 180° 往复开合至少 5 次后，面层和里层的裂缝长度总和不大于 70mm。

对于需要印刷的纸箱，要求印刷文字及图案套印准确，墨色均匀一致；同一批次面纸经目视检查不应有较大色差，印刷位置误差不超过 7mm（大箱）或 4mm（小箱）。

温馨提示：

很多包装印刷厂在减少生产失误方面仍需要依靠大量的人力和物力去实现。建议您积极利用 AI 和其他创新工具，减少人工干预，提升供应链管理和包装制品的质量管理水平。例如：您可以督促包装供应商利用 AI 视觉识别等新技术优化产品检测流程，这样能比人工检查更快地发现包装制品的缺陷，如精品盒的边缘锐利度、凹痕、划痕、斑点、水波纹、光晕、凸起、裂痕、爆线等，让质量问题在生产源头就得到解决，从而大大缩短交货时间。

AI还可用于模拟数字仓库和工厂中的工作流程变化，为每个包裹分配唯一的RFID标签或用于其他跟踪技术，提高整个供应链的效率和可靠性。

结束语

恭喜您！读完本书，您也可以称得上是熟悉整个包装设计开发过程的专业人士了！

接下来，您就可以活学活用本书中的案例、工具、模板等，在包装实践工作中小试牛刀，逐步积累在设计开发、项目管理和创新方面的经验，建立优势和壁垒，努力做一个不会被 AI 取代的包装“守”艺人。如果有余力，您还可以学点专业英语（我们在附录里已经为您精心挑选了部分常用包装专业词汇），积极与国内外同行交流，努力成为一个具有全球视野的包装人！

如果您对于本书中的内容有任何意见或建议，也欢迎您随时跟我们探讨，让我们一起将它迭代得更好！

附 录

包装设计开发工作中常用专业词汇

说明：以下词汇在包装设计领域中对应的含义与其本义可能有差别。

包装设计	Packaging Design
工业设计	Industrial Design
包装结构设计	Structural Packaging Design
图文设计	Graphic Design
创意设计	Creative Design
视觉设计	Visual Design
通用设计	Generic Design
设计机构	Design Agency
开箱体验	Out of Box Experience（OOBE）
包装设计概要	Packaging Design Brief
设计概念	Design Concept
设计评审	Design Review
设计稿	Artwork
版面	Layout
文字样式	Typography
字体	Font
适合装配的设计	Design for Assembly（DFA）
设计稿审批过程	Artwork Approval Process

包装设计准则	Packaging Design Principle
“保持简单”原则	Keep It Simple and Stupid（KISS）
消费者洞察	Consumer Insight
焦点小组	Focus Group
原型	Prototype
快速制作原型	Rapid Prototyping
单位成本	COGS
包装开发预算	Packaging Development Budget
工作说明	Statement of Work（SOW）
利益相关方	Stakeholder
包装系统	Packaging System
包装形式	Packaging Format
零售包装	Retail Packaging/Retail Box
电商包装	E-Commence Packaging
消费品	Consumer Packaged Goods（CPG）
精品盒	Rigid Box
软包装	Flexible Packaging
防盗包装	Temper Evident Packaging
吸塑	Blister
泡罩	Clamshell
裱坑盒	Litho-laminated Carton
折叠纸盒	Folding Carton
0201 纸箱	RSC Shipper
手册	Manual
零售展示	Retail Display
快速展示箱	Product Displayed Quickly（PDQ）
条形码	Barcode
包装材料	Packaging Material
瓦楞纸板	Corrugated Paperboard
粉灰卡	Clay Coated News Back（CCNB）

单粉卡	Solid Bleached Sulfate（SBS）
纤维板	Fiberboard
纸浆模	Molded Pulp
塑料	Plastics（films, thermoforms, molded）
收缩膜	Shrink Film
泡沫	Foam（molded/fabricated）
木材	Wood
金属	Metal
加工泡沫	Molded Foam（EPS, EPP, R-CELL）
内卡	Insert
内衬	Cushion pad
隔板	Divider
堆码	Stacking
透明标签	BTS Label
零售标签	Retail Label
外箱标签	Shipper Label
防盗标签	Security Label
传感标签	Sensormatic Label
射频标签	RFID Label
封箱标签	Seal Label
塑料袋	PE Bag
硅胶	Silicone
伸缩膜	Stretch Wrap
粘合剂	Adhesive
包装工程	Packaging Engineering
包装物料	Packaging Component
刀线图	Dieline
物料表	Bill of Material（BOM）
包装规格	Packaging Specification（SPEC）
集装箱尺寸	Container Dimensions

外箱尺寸	Shipper Dimensions
3D 建模	3D Modeling
开模	Tooling
数码样	Digital Proof
装箱方式	Loading Method
封箱	Box Taping
散货装箱	Loose Loading
包装测试	Packaging Test
托盘转载方式	Pallet Pattern
测试标准	Testing Standard
振动测试	Vibration Testing
跌落测试	Drop Testing
包装手册	Packaging Playbook
生产过程	Manufacturing Process
柔性版印刷	Flexo Printing
胶印	Litho/Offset printing
凹版印刷	Gravure Printing
网版印刷	Screen Printing
移印	Pad Printing
水转印	Water Printing
热转印	Heat Printing
压光（研光）	Calendering
普通光油	General Varnishing
表面处理工艺	Surface finishing
水性光油	Aqueous Varnishing
UV 上光	UV coating
满版	UV Flood UV
局部	UV Spot UV
逆向	UV Reverse UV
磨砂	UV (Frosted UV)

击凸击凹	Embossing/Debossing
磨砂压纹	Frosted Embossing
热烫	Hot Foil Stamping
冷烫	Cold Foil Stamping
覆光膜	Glossy PP lamination
覆哑膜	Matte PP lamination
吸塑	Thermoforming
注塑	Injection Molding
热封	Heat Sealing
压线	Scoring
模切	Die-cut
裁切	Trim/Cut
折叠	Fold
粘合	Joint
爆线	Cracking
边缘锐利度	Edge Sharpness
斑点	Spot
套准公差	Registration Tolerance
剥落	Flaking
垫片线	Shim Line
条纹	Streak
折痕	Crease
凹陷	Dent
刮花	Scratch
水波纹	Water Mark
凸起	Bump
裂开	Tearing
全息转印	Holo-transfer
立体光栅	Lenticular
色块	Color Swatch

潘通专色	PMS color
印刷样张	Press Proof/Sheet
包装项目管理	Packaging Project/Program Management
端到端过程	End to End Process
物流分发	Logistics & Distribution
存续，续航	Sustaining
时间节点	Checkpoint
询价	Request for Quotation（RFQ）
量产	Mass Production
发布	Release
试产	PV Build
包装里程碑	Packaging Milestones
品种	SKU
供应链管理	Supply Chain Management
生命周期评估	Life Cycle Analysis（LCA）
从摇篮到坟墓	Cradle-to-Cradle
碳足迹	Carbon Footprint
可持续	Sustainability
碳中和	Carbon Neutral
减量	Reduce
重复利用	Reuse
回收	Recycle
包装空间	Package Cubic
环保包装	Environmental packaging
回收成分	Recycled Content
包装废弃物	Packaging Waste
成本节约	Cost Saving/Cost Reduction

包装相关网站：